凝练科学问题案例

本书编写组

科学出版社

北 京

内 容 简 介

为引导科研人员围绕“四个面向”凝练科学问题，提升科研选题质量，国家自然科学基金委员会组织编写了本书。

全书以科学基金资助创新实践为基础，以“鼓励探索，突出原创；聚焦前沿，独辟蹊径；需求牵引，突破瓶颈；共性导向，交叉融通”四类科学问题属性为框架，以科研人员发现问题、凝练方向、勇于探索的心路历程为主线，以学术同行的点评和管理人员的观察为视角，汇集科技界各方智慧，形成了凝练科学问题案例共 81 个，为科研人员凝练科学问题提供参考。

本书适合从事基础研究的科研人员、科研管理人员、科技政策领域研究人员，以及有志于从事科学研究的研究生和青年学者阅读。

图书在版编目（CIP）数据

凝练科学问题案例 / 本书编写组编. —北京：科学出版社，2023.1

ISBN 978-7-03-074770-9

Ⅰ. ①凝…　Ⅱ. ①本…　Ⅲ. ①科学研究工作-概况-中国
Ⅳ. ①G322

中国版本图书馆 CIP 数据核字（2023）第 009748 号

责任编辑：马　跃　李　莉 / 责任校对：贾娜娜
责任印制：霍　兵 / 封面设计：有道设计

出版事务统筹：国家自然科学基金委员会科学传播与成果转化中心
张志旻　齐昆鹏

科学出版社 出版
北京东黄城根北街 16 号
邮政编码：100717
http://www.sciencep.com

中国科学院印刷厂 印刷

科学出版社发行　各地新华书店经销

*

2023 年 1 月第 一 版　开本：787 × 1092　1/16
2023 年 2 月第三次印刷　印张：26 1/2
字数：369 000

定价：96.00 元

（如有印装质量问题，我社负责调换）

《凝练科学问题案例》编写组成员名单

编写指导组

组　长：韩　宇

成　员：董国轩　杨俊林　徐岩英　于　晟
　　　　王岐东　刘　克　刘作仪　孙瑞娟
　　　　陈拥军　姚玉鹏　彭　杰

编写工作组

组　长：姚玉鹏

成　员：张攀峰　黄　艳　田艳艳　郑袁明
　　　　赖一楠　张丽佳　李江涛　韩立炜
　　　　戴亚飞　李铭禄　杨　阳

秘书组

李铭禄　杨　阳　齐昆鹏

前　言

习近平总书记深刻指出："科研选题是科技工作首先需要解决的问题。"①国家自然科学基金作为我国资助基础研究的主渠道之一，担负着"资助基础研究和科学前沿探索，支持人才和团队建设，增强源头创新能力"的重要职责，必须深刻认识总书记这一重要论断的思想内涵和实践要求，引导科研人员围绕"四个面向"凝练科学问题，切实提升科研选题质量，确保走好基础研究高质量发展的第一步。

"疑"是人类打开宇宙大门的"金钥匙"，凝练问题是迎接新思想诞生的"助产士"。基础研究是认识自然现象、揭示自然规律，获取新知识、新原理、新方法的研究活动，其本质上就是通过提出和解决科学问题，实现知识体系的扩展，引领和支撑技术的发展。尽管提出问题和解决问题是前提与结果互为存在的统一体，但往往人们更看重问题的先导性和决定性作用。古人云："学贵知疑，小疑则小进，大疑则大进。" 哲学家卡尔·波普尔曾经说过："科学和知识的增长永远始于问题，终于问题——越来越深化的问题，越来越能启发新问题的问题。"当然，关于提出问题的重要性，爱因斯坦说得最透彻："提出一个问题往往比解决一个问题更为重要，因为解决一个问题也许只是一个数学上或实验上的技巧问题。而提出新的问题、新的可能性，从新的角度看旧问题，却需要创造性的想象力，而且标志着科学的真正进步。"

改革开放特别是党的十八大以来，我国基础研究取得了快速发

① 《习近平在科学家座谈会上的讲话》，http://cpc.people.com.cn/n1/2020/0912/c64094-31858850.html。

展，为我国进入创新型国家行列提供了坚强的支撑。据《日本经济新闻》网站 2022 年 8 月 10 日报道，日本文部科学省科学技术和学术政策研究所发布报告称，中国科学论文数量和质量均已超过美国。论文总数、引用次数进入前 10%的“受关注论文”和前 1%的“顶尖论文”数量三大关键指标，中国全部跃居全球首位。这是可喜可贺的了不起的成绩，但也必须清醒地看到我国基础研究原始创新能力还不强，跟跑热点的现象普遍存在，冲破并跑胶着态势的加速度还没达到，领跑世界的领域还不够多。究其原因，在科研选题这一创新起跑线上还存在巨大差距是科技界的共识。在调研中，许多科研人员表示，对判断一个问题是否为科学问题存在较大困难，特别是青年科研人员对如何提出高质量的科学问题信心不足。

国家自然科学基金委员会高度重视科学问题凝练工作，把推动科研范式变革和凝练科学问题作为主动开拓未来的两个重要抓手，先后采取了明确资助导向、完善面向科学前沿和国家重大需求的科学问题凝练机制等一系列政策举措，引导科技界持续提升申请质量，努力扭转“把基础研究做成无目标的应用研究，把应用研究变成低水平的基础研究”的现象。与此同时，我们还启动了《凝练科学问题案例》（以下简称《案例》）编写工作，希望通过总结和宣传我国科学家凝练科学问题的实践经验，从理念和方法上给科研人员以信心和启迪，引导科技界更加自觉地探索和运用科学方法，不断提升凝练科学问题的能力和水平，在科技创新的竞争中赢得先机和主动。

为做好编写工作，编写组围绕基础研究选题、凝练科学问题开展了系统性研究，梳理总结了国内外科技界的经验做法，组织召开 20 余场研讨会和座谈会，充分听取科研人员和管理人员等各方面关于案例编写工作的意见与建议，确定了以中国科学家坚持“四个面向”不断开辟基础研究“无人区”的生动实践为背景，以“鼓励探索，突出原创；聚焦前沿，独辟蹊径；需求牵引，突破瓶颈；共性导向，交叉融通”四类导向为框架，以科研人员发现问题、凝练方向、奋勇攀登的心路历程为主线，以学术同行入木三分的点评和管理人员条分缕析的观察为视角，来揭示创新成果背后的实践逻辑和哲理启示。

一花一世界，一叶一菩提。总览全书 81 个案例，彰显了“条条大路通罗马”般的精彩纷呈，但想要从中概括出普适的“凝练科学问题公式”似乎是徒劳的，这也许就是凝练科学问题“让我欢喜让我忧”的魅力所在吧。虽说如此，以下这些特点还是给我留下了深刻的印象。

——好奇之心引导问题。好奇心人皆有之，但科学意义上的好奇心却常常弥足珍贵。因为这种好奇心不仅可以帮助科技工作者注意到周围事物的存在，还能使人们对其变化和与其他事物的相互关系抱有极大的兴趣。拥有好奇心就拥有探索的种子，保持好奇心就保持了创新的动力。正如英国作家塞缪尔·约翰逊所说的：“好奇心是智慧富有活力的最持久、最可靠的特征之一。”《案例》中“鲫鱼吸附机理及其仿生”，就讲述了 11 年前与一个奇特水下生物邂逅而激发的延续至今的创新故事。

——无穷追问迭代问题。牛顿说过：“没有大胆的猜测就做不出伟大的发现。”凝练科学问题有时候就像破案，找到一个突破口就抽丝剥茧般地盘问，直到找到最后的答案。《案例》中“正反原子核物质的不对称性”科学问题凝练不到千字的介绍中就包括了 9 个环环相扣、引人入胜的寻踪觅迹之问，一个个问号代表着原有认知局限的突破，一个个问号推动着又一次新的出发，一个个问号记录着中国科学家对破解宇宙正反物质不对称之谜的惊喜贡献。

——反常之中深挖问题。基础研究具有不可预测性的特点，阴差阳错导致的种豆得瓜现象时有发生，善于抓住那些多少违反常态的奇点往往会带来创新的跨越式突破，反之囿于一隅、执于一端，不能正确面对矛盾冲突，则会与创新的机遇失之交臂。“铜表面抗氧化防腐的分子机制”研究方向的原创性成果，正是源自研究人员在以甲酸钠为还原剂制备铜纳米材料时的一次意外发现，他们敏锐地抓住反常现象，义无反顾地寻找反常背后的正常逻辑，为金属表面钝化提供了表面配位的全新策略。

——范式变革催生问题。著名科学哲学家托马斯·库恩在《科学革命的结构》中将科学范式定义为："那些被观察和被检查的、那些会被提出的相关问题以及其希望被解答的问题如何组织、科学结论如何被解释。"在库恩看来，"科学革命"的实质就是"范式转换"。《案例》中"病证结合的生物网络基础研究"就是这样一个事例，借助人工智能等先进技术手段，在表型–分子网络基础上推动"证""病"中西医两大不同医学体系的相互理解与对话，从而实现还原论与系统论的有机统一，探索建立了疾病个体化和精准化诊疗的重要途径。

——同行之议收敛问题。科学问题的凝练往往需要同行之间的深度交流，智慧碰撞出来的火花带给彼此的不仅是照亮，更重要的是对于无可限量潜能的触发。正如一位哲人所说："许多思想移植到他人脑中之后，会比在其原来生长的地方长得更为茁壮。"《案例》中许多专家都谈到，一些大方向特别是交叉领域的问题提出之后，通过"群贤毕至、少长咸集"的"双清论坛"，可以汇聚不同领域、不同背景的科研人员，从多元的视角共同探索"独辟蹊径"的前沿拓展之路。

——透视需求抽象问题。习近平总书记指出："我国面临的很多'卡脖子'技术问题，根子是基础理论研究跟不上，源头和底层的东西没有搞清楚。"①在科研实践中，从应用中抽提问题确实十分困难，因为这不仅需要对技术需求的准确把握，还需要对基础研究的洞悉理解，才能拨开迷雾看清本质。"深部原位岩石力学理论和技术"瞄准深地研究中的"保真取芯与保真测试"关键技术问题，凝练出原位保真取芯、原位保真移位、原位保真测试三大科学问题，实现了重大原创性突破。

"亦余心之所善兮，虽九死其犹未悔。"掩卷覃思，深以为然。科学研究是没有终点的旅程，凝练科学问题贯穿基础研究的全过程。科研人员不仅要在选题、申请项目的时候关注科学问题，更重要的

① 《习近平在科学家座谈会上的讲话》，http://cpc.people.com.cn/n1/2020/0912/c64094-31858850.html。

是在日常研究中，坚定科学目标，在选题、研究、总结的循环往复中，永远保持探索未知、开拓未来的豪情，不断提升凝练和提出科学问题的品位和视野，勇立潮头、矢志创新。《案例》中每个故事的背后无不闪耀着科学家精神的特有光芒，那就是勇攀高峰、敢为人先的创新精神与追求真理、严谨治学的求实精神的交相辉映，我想这应当是凝练科学问题所遵循的最底层逻辑吧。

由于成稿仓促，本书难免存在不妥或疏漏之处，特别是限于组稿体例框架的制约，语言的学术味道比较浓，科普式的娓娓道来还显不够。但瑕不掩瑜，相信读者会从中领略到科研人员在科学问题凝练过程中玉汝于成、功不唐捐的风彩。在此衷心感谢所有供稿人、审读人、点评人等各方面的辛勤付出！感谢广大科技界同仁对国家自然科学基金多年来的爱护和支持！同时恳请读者不吝赐教、批评指正，如有任何意见或建议请直接联系编写组（E-mail：zczc@nsfc.gov.cn）。

党的二十大将教育、科技和人才统筹部署，明确提出要“加强基础研究，突出原创，鼓励自由探索”①。国家自然科学基金委员会要深入贯彻党的二十大精神，认真落实习近平总书记关于科技创新特别是关于基础研究的重要指示批示精神，持续深化改革，主动开拓未来，聚焦推动科研范式变革和提升凝练科学问题能力两个重点，不断完善科学问题凝练机制，适时推出富有温度、可见成效的资助政策，努力为实现高水平科技自立自强筑基蓄势，在以中国式现代化推进中华民族伟大复兴的新征程上做出不负时代的新贡献。

韩　宇

2022年12月

① 《高举中国特色社会主义伟大旗帜 为全面建设社会主义现代化国家而团结奋斗——在中国共产党第二十次全国代表大会上的报告》，http://www.gov.cn/xinwen/2022-10/25/content_5721685.htm。

目　录

第一篇　鼓励探索　突出原创

第二篇　聚焦前沿　独辟蹊径

第三篇　需求牵引　突破瓶颈

第四篇　共性导向　交叉融通

Part I

第一篇

鼓励探索　突出原创

一、结构超滑

凝练科学问题的过程及意义

1. 科学问题的探索过程

“结构超滑”被定义为两固体表面直接接触且发生滑移时，摩擦近零、磨损为零的状态。结构超滑体系的物理特征是界面处为原子级光滑表面，受范德瓦耳斯力等非键合作用且晶格非公度，其物理实现在工程装备、功能器件等领域具有重大应用潜力，可为第四次工业革命催生一系列从“0”到“1”的技术，引导力学-物理-材料-电子等基础和交叉科学问题的前沿探索。2002 年，研究者理论预测多壁碳纳米管内外管通过轴向相对滑移可实现十亿赫兹振荡器，由此提出第一个结构超滑器件模型并引起广泛关注，随即成立了由力学、物理、材料、器件等领域专家组成的多学科交叉协作研究组，开展实验研究，而其中的关键科学问题之一正是范德瓦耳斯界面处实现近零摩擦与无磨损的物理机制。2004 年，考虑到技术应用的潜力，研究组转向微米尺度石墨片滑移自回复运动的实验研究。虽然理论模型预测刚性非公度界面可实现静摩擦为零的“超滑”状态并在纳米尺度进行了实验验证，但国际上多位著名学者曾论证微米尺度以上的结构超滑因材料变形等因素“不可能”实现。研究组基于对各向异性材料力学的理论理解，在经历数年尝试

介绍研究背景及学术界认知局限：认为在理论模型中预测、纳米尺度实验中实现的结构超滑技术不可能拓展到微米尺度。

基于对结构超滑机制的理解和技术创新，研究思路从一维材料体系转变至二维并拓展至异质、异维体系，实现微米级超滑技术的突破与代表性应用。

失败后仍坚持探索，最终在 2008 年通过实验直接观测到微米石墨片界面的滑移自回复运动现象，在 2012 年证实该现象的结构超滑本质并揭示其微观机制，这标志着结构超滑技术的诞生。此后的研究确定了实验体系中摩擦力与能量耗散的来源并发展了相关技术对其进行抑制，为实现结构超滑的应用奠定了基础。进一步的探索将结构超滑推广至层状异质和层状/块体异维材料体系，并在机械电子、储能、发电器件等方面实现了代表性应用。

2. 解决本科学问题面临的困难

然而，结构超滑理论体系和实验技术仍然存在不足，对摩擦机制的理解与定量预测理论不够完善，大尺度结构超滑体系的物理实现、微尺度超滑结构大规模组装集成技术缺乏，这些困难限制了结构超滑技术的应用场景。结构超滑是新的运动界面状态，其中由声子、电子激发等物理过程引起的动摩擦机制不明确，缺乏理论理解；大尺度结构超滑界面处材料变形的多尺度特征及其对摩擦与能量耗散机制影响的理解不足，缺乏定量预测方法；大尺度原子级光滑表面制备困难，微米尺度结构超滑体系的组装集成技术不够成熟。受材料体系和结构超滑界面单晶畴区大小、形貌起伏的限制，目前的结构超滑体系大小局限于数十微米尺度，实现更大尺度或基于组装集成的结构超滑体系是实现重要器件设计与应用的基础，需要进一步探索。

根据以上结论，凝练出新的科学问题：理论体系不够完善、实验技术不足。

3. 研究本科学问题过程中的创新点

与传统表界面科学中将摩擦、磨损作为能量耗散、材料损伤基本过程的思路不同，结构超滑研究从各向异性材料力学理论的理解出发，结合物理概

创新点：转变思路，探索摩擦力几乎为零、无磨

念与材料、微机械电子系统技术，探索摩擦力几乎为零、无磨损这一新型运动界面状态的物理实现、物性功能调控与创新型应用。通过原子级光滑、非公度晶体表面从原理上消除结构超滑界面处的静摩擦，利用界面范德瓦耳斯力等相互作用的非键合特征抑制动摩擦与材料磨损，通过结构与工艺优化设计避免其他摩擦来源，实现近零摩擦、无磨损的运动界面状态。建立定量描述结构超滑界面运动状态的微纳米力学理论与体系设计方法，优化原子级光滑单晶材料表面制备与加工工艺，发展微纳米结构操控与组装、集成技术以实现结构超滑体系的物性功能调控与器件开发。

损运动界面，实现新物性、新应用。

4. 研究本科学问题的意义

针对结构超滑的原理与应用研究建立了该体系的基本科学概念与理论框架，揭示了结构超滑界面摩擦、磨损与能量耗散的微观机制与物理实质，提供了探索结构运动界面状态与其所涉及声子、电子激发等过程的研究平台，为研发在工程装备、功能器件等领域中的颠覆性技术和高性能、高效率、长寿命应用带来了新思路。其中针对原子级光滑表界面力学特性的探索对于理解剪切、位错、变形局域化等力学过程有重要的意义，对范德瓦耳斯力等非键合作用界面处的声子、电子激发过程的研究为理解能量耗散动力学、非平衡统计力学与激发态动力学提供了新的研究平台和实验事实，大尺度结构超滑体系的构建对于材料制备、加工和微观结构操控、组装、集成工艺的严苛要求将催生出新的实验方法与技术。结构超滑运动界面的近零摩擦、无磨损的极端特征为应用探索打开了新的设计维度，在

研究意义：建立了结构超滑理论框架，为实现长寿命、高效器件提供了颠覆性技术及思路。

机械电子、储能、发电器件等方面的应用为高端制造、航天航空、信息通信、健康医疗等领域中实现从“0”到“1”创新提供了机遇。

案例点评

摩擦和磨损会对机械器件及部件的使用、安全与寿命产生严重影响，并带来环境污染等问题。在微米尺度，材料的表面效应变得十分显著，摩擦和磨损所带来的问题将会更为严峻。减小和控制摩擦以及降低磨损对于微纳功能器件和微纳机电系统的发展与应用具有重要的科学意义。超滑通常指两个物体表面之间的滑动摩擦系数低于 0.001 量级的润滑状态。在微纳米尺度利用原子级光滑晶体表面间（如完美的双壁碳纳米管管壁间或石墨烯等二维原子晶体层间）的非公度性实现的超滑，被称为结构超滑。在大面积范围上，由于两个原子晶体表面间的公度性会变化、晶体缺陷、表面污染、声子振动以及晶体边缘等的影响，结构超滑往往在微纳米尺度容易实现，在宏观体系中实现存在挑战。此外，结构超滑的研究目前还主要聚集在一维、二维等低维材料，但低维材料可控的大面积无缺陷生长制备和转移在技术层面仍面临挑战，比如所获得的二维材料往往会有缺陷，结构的平整性也难于精确保证，不均匀的正压力会导致不均匀的变形等。因此，在材料的制备、转移与操控技术和摩擦副的制造方面都会面临困难。揭示结构超滑体系中界面摩擦与能量耗散以及热力耦合作用下的跨尺度物理力学规律，提出控制界面摩擦和磨损的结构超滑器件原理和设计方法，可为结构超滑器件的发展和技术创新提供新的思路和途径。

案例供稿部门：数学物理科学部力学科学处

案例审读人：浙江大学　曲绍兴

案例点评人：南京航空航天大学　郭万林

二、暗物质粒子的实验研究

凝练科学问题的过程及意义

1. 科学问题的探索过程

介绍研究背景及研究方向选定：暗物质和暗能量。

现代的“暗物质”概念最早于20世纪30年代由瑞士籍科学家 Fritz Zwicky 提出，用于解释观测中星系团的动力学质量和可见恒星质量不一致的问题。20世纪70年代 Vera Rubin 等对星系旋转曲线的精细研究，成为天文观测上暗物质存在的直接证据。20 世纪末对宇宙微波背景辐射各向异性的精确测量和各类大型巡天项目对宇宙大尺度结构的测量，更是确认了暗物质在宇宙和星系尺度上的存在与分布。而物理宇宙学的发展将暗物质与宇宙的形成和演化紧密地联系在一起，暗物质和暗能量已经成为今天“标准宇宙学”的支柱。但对暗物质究竟是什么这个问题，科学家依旧所知甚少。从最初理论家提出的“修改引力”理论，到天文上一些不可见的星体和黑洞，均在过去的几十年中接受了一轮又一轮观测数据的严格限制。粒子物理学家则是提出了各种超出标准模型的新粒子模型，目前仍被认为有很强“理论动机”的暗物质模型有“弱相互作用大质量粒子”（weakly interacting massive particle，WIMP）、“轴子”和惰性中微子等。WIMP和普通物质的微弱相互作用，恰好可以使它们在早期宇宙中脱离热平衡，产生今天宇宙中观测到的暗物质密度；轴子可以“一石二鸟”地解决强相互作用中的电荷-宇称对称性问题和暗物质问题；惰性中微子是标准模型中三类左手中微子的延伸，是“温暗物质”的候选粒子，也可以解释中微子实验中的一些反常。经过几十年的努力，实验学家利用多种探测手段，包括在中国锦屏地下实验室分别通过液氙和高纯锗探测器对重质量和轻质量暗物质开展的直接探测以及在“悟空”号卫星上开展的间接探测，不断推进暗物质探测灵敏度的提高。尽管目前未找到这些暗物质粒子存在的确凿证据，但仍然有很大的参数空间尚未扫描到，需要进一步提高实验灵敏度。近年来，很多理论家也认为暗物质有更加广泛的可能性，并重新审视过去的理论和假设，而实验家们也正以更加开放的态度对暗物质粒子进行实验寻找。

2. 解决本科学问题面临的困难

20 世纪 70 年代后，粒子物理理论体系主要是探索标准模型之外的新物理，提出了“大统一”“超对称”“额外维”“中微子跷跷板”等理论模型，并预言了有很强理论动机的 WIMP、轴子、惰性中微子等暗物质候选者。到今天，在多种实验手段的多年努力下，科学家尽管未找到暗物质粒子的实验证据，但也不能够排除现有理论。当前理论工作面临的最大问题是“自上而下”的理论方面未出现突破性的进展，未对实验起到决定性的指导作用；而实验证据的缺乏也反过来限制了理论模型和唯象研究的发展。在实验方面，为了全面扫描暗物质参数空间，对实验灵敏度的要求逐步提升，则需要进一步扩大探测系统规模、降低探测阈值、拓宽探测区

解决本科学问题面临的局限：理论对实验指导作用趋弱，实验探测的技术难度和投资要求大幅增大。

间和降低系统本底，相应的技术难度和投资要求也大幅增大。另外，理论家提出的一些新的暗物质粒子，需要研发新的探测方法。这些都需要长期、稳定的支持和研究积累。

3. 研究本科学问题过程中的创新点

在大型暗物质实验研究中，随着实验技术水平和探测器灵敏度的提升，实验对例如中微子基本性质测量、中微子粒子天文探测、极稀有事件探测等方面的潜力也大幅度提升。长期坚持这样的实验研究，既可能孕育出暗物质粒子的发现，在新的科学方向上也可能出现创新性的突破，日本神冈和超级神冈实验测量质子衰变却发现超新星中微子和中微子振荡就是历史上的绝佳范例。同时，有创新性想法的探索性小型实验也应受到鼓励，比如结合量子器件和精密测量，开拓暗物质探测的新手段等。在理论研究方面，应大力鼓励国内理论和实验家更加紧密地合作，开展唯象学研究，挖掘实验数据的潜力。同时，近年随着天文学观测的高速发展和引力波、中微子等新信使测量手段的突破，“宇宙实验室”带来的全新数据也可以为暗物质理论研究提供重要线索。

面对上述困难，指出解决本问题的针对性手段：提升实验技术和探测器灵敏度，鼓励探索性小型实验，理论与实验紧密合作。

4. 研究本科学问题的意义

人类对未知事物的本质的研究通常会带来科学的革命，正如 19 世纪对热的本质的研究催生了能量守恒律，20 世纪对以太和光的本质的研究引出了狭义相对论和量子力学、对辐射本质的研究导致粒子物理和标准模型的建立。可以预见，一旦我们在实验和理论的推动下敲开暗物质本质的大门，这将是人类知识体系的革命性的发展，可能催生全

研究的潜在应用价值。

新的物理学。作为即将建成的国家重大科技基础设施，中国锦屏地下实验室为暗物质研究提供了得天独厚的条件，也是国家对深地科学的战略布局之一。通过暗物质等相关基础研究，适当时机发起大国际科学合作计划，也有重要的战略意义。在科学应用上，目前暗物质直接探测的一些尖端技术不仅可以直接应用在中微子性质研究、中微子粒子天文探测等基础前沿领域中；也可以实现先进半导体探测技术和新型光电探测技术的大规模产业化，并将之应用到固定和移动式反应堆监控等方面，甚至中微子远程通信也未来可期。此外，在实验探索的过程中，克服各种全新探测技术、读出电子学、特种材料、超痕量元素的计量和示踪、同位素提纯、海量数据处理等方面的挑战，不仅会提高暗物质科研团队的攻关能力，也会大幅促进国内高科技企业技术和自主研发能力的提升。这些尖端技术经转化后实现商用化，可广泛应用在环境保护、航空航天、化学化工、核应用、人工智能等领域。

案例点评

暗物质是假设存在于宇宙中的只参与引力相互作用的一种不可见物质。自天文学家卡普坦（Jacobus Kapteyn）于 1922 年提出可以通过星体系统的运动间接推断出星体周围可能存在的不可见物质，即我们现在所说的暗物质以来，人们一直在寻找和研究暗物质。1980 年之后，随着实验观测技术和方法的发展以及精度的提高，人们对背景星系团引力透镜效应、星系和星团中炽热气体的温度分布、宇宙微波背景辐射的各向异性等的观测结果表明，暗物质可能大量存在于宇宙中，约占宇宙质能的 25%，并认为暗物质的主要成分不是已知的任何微观基本粒子。这对当前成功的粒子物理标准模型提出了严峻挑战。

二

当今的粒子物理领域正在通过各种手段寻找暗物质粒子，如在空间上通过探测高能宇宙线间接寻找暗物质粒子；在深地通过探测暗物质粒子与探测器靶物质的原子核或电子直接作用产生的信号寻找暗物质粒子；在加速器实验上寻找高能粒子对撞或打靶直接产生的暗物质粒子，或由产生的其他粒子衰变而来的暗物质粒子。我国在过去 10 余年间开展的“悟空”实验、粒子和天体物理氙探测器（Particle AND Astrophysical Xenon Detector，PandaX）实验与中国暗物质实验（China Dark matter EXperiment，CDEX），分别在空间和深地进行了暗物质粒子的寻找，取得了重要的进展和成就。我国科学家同时也在北京正负电子对撞机、大型强子对撞机上开展了暗物质粒子的寻找，对低质量暗物质粒子的寻找也取得了重要的成果。

至今我们还并不知道暗物质是什么，它以什么样的形式存在于宇宙中。因此，对暗物质的寻找和研究，将是人类探索宇宙奥妙长期重大的基础前沿领域。实验上需要极大提高对大尺度天体组成及运动规律的探测准确度和精度，极大提高对标准模型基本粒子产生的微弱信号的探测和鉴别能力，极大提高粒子束的强度或探测器物质的总量。同时还要发展新的数据分析处理方法，以进一步提升实验灵敏度。这些尖端技术和先进方法的发展与应用对相关领域的其他研究也具有重要作用，如在粒子物理方面对中微子的探测。另外，理论上需要综合所有观测结果给予合理解释，并提出可观测量的预言，从根本上说，需要建立超出现有粒子物理标准模型、宇宙学的新理论和模型。

案例供稿部门：数学物理科学部物理科学二处

案例审读人：清华大学　岳骞

案例点评人：中国科学技术大学　赵政国

三、正反原子核物质的不对称性

凝练科学问题的过程及意义

1. 科学问题的探索过程

越来越多的科学实验结果支持宇宙起源于一次大爆炸。在大爆炸中，夸克-反夸克成对产生，那么，当宇宙冷却下来，是不是物质、反物质应该体量相当？然而，迄今的观测告诉我们答案是否定的。其中经历了什么，使得自然界中几乎仅存在正物质，是一个复杂而深刻的科学问题，是当前物质世界的重大之谜。

介绍研究背景及研究方向选定：正反物质不对称性。

研究人员经过深入探索和讨论，包括多次组织专题学术研讨会，并在 2006 年邀请著名华人科学家李政道先生访问上海，向其当面请教物质-反物质对称性缺失的科学现象，坚信了在高能重离子碰撞中探测反物质原子核作为研究正反物质不对称性的一个突破口。

反物质原子核的直接寻找具有久远历史，包括丁肇中先生领导的阿尔法磁谱仪（Alpha Magnetic Spectrometer，AMS）国际实验组经过多年的测量，尚未观测到质量数超过 1 的反物质原子核。这是不是和反氘以上系统在核物质中反应截面数据缺失存在间接关系？如果我们能够在实验室中制造出反物质原子核，并测量其在核反应中的产生截面等参数，这些珍贵的数据将可以为 AMS 升级等科学探索提供重要的参考和评估。

根据前期研究结论，凝练出新的科学问题：在高能重离子碰撞中探测反物质原子核，研究正反物质不对称性。

幸运的是，随着科技的发展，尤其是加速器和探测技术的发展，物理学家在重离子对撞机实验室制造的核物质温度和密度越来越高，逐渐接近宇宙大爆炸早期的极端情况。在重原子核对头碰撞事例中寻找反物质原子核信号，并测量其截面、质量、寿命、作用力等关键物理量；测量反物质原子核相对反应中产生的普通物质原子核产额比、方位角关联等表征其演化动力学信息的物理量；将测量结果作为研究宇宙演化，尤其是早期情形的输入参数，有望进一步理解正反物质不对称性之谜的起源。

2. 解决本科学问题面临的困难

理解正反物质的不对称性是否需要超出标准模型的新物理？标准模型中已经包含 Sakharov 提出的实现正物质净生成的三大必要条件，但是这些已知的对称性破缺尺度太小，还无法解释当下宇宙正物质超过反物质当量。那么新物理是什么？能不能在实验上直接测量主导亚核自由度的“强作用”信号对称破缺？宇宙早期是极端高温的夸克汤，而目前的宇宙已经处于冷暗状态，因此，需要我们创造新的实验条件来追寻宇宙早期，特别是大爆炸后百万分之几秒的极端高温高密的新物质形态。在这样的状态中，是否产生了反物质原子核？如果产生了，这些奇特原子核是否能够存活下来？存活下来的反物质原子核怎么被精准捕捉？需要什么样的先进探测器，才能在重核对撞产生的巨大物理噪声中找到这些独特信号？这些都是面临的困难。

解决本科学问题面临的局限：是否需要超出标准模型的新物理？如何创造实验条件来追寻宇宙早期的极端高温高密的新物质形态？如何捕捉探测反物质原子核信号？

3. 研究本科学问题过程中的创新点

宇宙空间中氢、氦等轻元素具有相对高的丰度，那么能不能在实验室制造出这类轻元素的反物质？能不能在原子核层面上研究正反物质不对称性？由于反物质原子核产生阈值高、截面低，需要超高能的加速器来加速重离子到接近光速对撞，使其在单位体积内沉积巨大能量，并且需要足够的实验机时来累积海量实验数据。一方面，我们升级了数据获取电子学系统，使得单位时间读出提高近 1 个数量级；另一方面，我们完善了实验中闲置的高阶触发算法，在海量碰撞事例中快速找出可能含有反物质原子核信号的事例。在有限的实验时间和有限的存储空间下，获得宝贵的物理信号。我们也提出了反质子对动量关联研究反物质相互作用和产生机制的新思路，将传统核物理研究方法应用到反物质研究上。

面对上述困难，指出解决本问题的针对性手段：升级数据获取电子学系统，完善高阶触发算法，提出研究反物质相互作用和产生机制的新思路。

4. 研究本科学问题的意义

研究人员发现了首例反物质超核（反超氚核）并进一步完成了对正反超氚核质量和结合能的精确测量，探测到迄今为止最重的反物质原子核（反氦 4），通过反质子对动量关联分析实现了反物质间相互作用力的首次测量。这一系列实验结果刻画了人类探索大自然的征程，同时在学科上也丰富了研究内容，包括在反物质空间上拓展了三维核素图，填补了奇异原子核层面正反物质不对称性测量的空白，从核力相互作用上进一步检验了电荷–宇称–时间基本对称性，知识体系增量集中体现在强相互作用中基本对称性的研究上。

对知识体系产生的增量。

同时，本系列研究还有助于人们评估利用正反原子核湮灭产生巨大能量的潜在应用的经济性。以前这样的讨论多出现于科幻小说的宇宙航行中。现在，欧洲核子研究中心的科学家已经可以在实验室制造出长寿命的反氢原子，他们正在尝试安全的存储和运输等反物质应用的重要步骤。未来，随着实

研究的潜在应用价值。

验室制造反物质原子核技术的发展，包括稳定的反核子束流和可控的强磁场约束技术等，在实验室制造出可观的反物质原子核是值得期待的。到那时，反物质将更深刻地影响人类日常生活。

案例点评

1928 年狄拉克提出了正电子的概念，从而开启了反物质研究的辉煌历史。1930 年，赵忠尧先生在硬伽马射线与重核相互作用实验中观测到了一种特殊的辐射，这实际上是正负电子对湮灭过程中产生的；1932 年，安德森在宇宙射线实验中发现了正电子；1959 年，塞格雷和张伯伦在美国劳伦斯伯克利国家实验室的回旋加速器上探测得到了反核子；1965 年，丁肇中实验团队在美国布鲁克海文国家实验室的质子同步加速器上成功观测到反氘核；1971 年，苏联科学家团队在其国家的 70 GeV 质子加速器上探测到反氦 3。那么人类对反物质探测的极限在哪里呢？2010 年，马余刚带领的中国合作组与美国合作者在布鲁克海文国家实验室的相对论重离子对撞机上的实验中，观测到第一个反物质超核；2011 年又观测到反氦 4，这是迄今为止发现的最重的反物质原子核。反氦 4 的发现利用了中国合作组研制的基于多气隙电阻板室（Multi-gap Resistive Plate Chamber，MRPC）技术的新型飞行时间（Time of Flight，TOF）探测器，该 TOF 探测器创新之处在于采用先进技术达到了处于世界领先水平的时间测量精度，通过 TOF 精确地测量了反物质原子核的质量，从而精准地捕捉到反氦 4，该研究工作将影响深远。这些对反物质原子核的不懈探测极大地拓展了人类对物质性质的基本认识，并有助于破解宇宙正反物质不对称之谜。同时，在原子层次的反物质，如反氢原子，自 1995 年被欧洲核子研究中心科学家首次制备出来后，一系列的基础研究也在如火如荼地开展中。有理由相信，对我们物质世界的镜像的持续研究会带来更多的惊喜和突破。

案例供稿部门：数学物理科学部物理科学二处
案例审读人：北京大学　许甫荣
案例点评人：中国科学院近代物理研究所　赵红卫

四、单原子催化

凝练科学问题的过程及意义

1. 科学问题的探索过程

多相催化对推动现代社会的进步与经济发展至关重要，目前约90%的化学工业过程需要使用多相催化剂，其中一半以上为负载型贵金属催化剂。一方面，随着工业生产对催化剂需求的快速增加，如何提高贵金属利用效率及其催化选择性是催化科学的核心问题之一。另一方面，催化活性位点的精准构造和反应机理的确立一直是催化科学领域的重大挑战，其根源在于催化剂结构的复杂多变和反应途径的多样性。因此，设计活性中心结构明晰、简单均一的催化剂是多相催化科学长期以来的梦想与挑战。

研究背景介绍和科学问题的凝练：如何提高多相催化剂的金属利用率，明确催化活性位点和反应机理。

在催化科学研究过程中，对某些特定金属组分的分散逐渐从纳米尺度突破到亚纳米尺度。表面科学家将亚纳米尺度的金属团簇软着陆于氧化物载体表面，促生了亚纳米催化剂研究的新方向。与此同时，电子显微镜技术发展取得了突破性进展，随着球差校正技术的发展和成熟，通过电子显微镜可以直接观测负载型亚纳米团簇乃至金属单原子，为多相表面单原子催化剂的制备与表征的结合提供了历史机遇。

根据前期研究结果，提出“单原子催化”新概念。

正是在亚纳米催化剂的研究过程中，科研人员发现所制备的催化剂中含有一定数量的以单个原子中心形式存在的活性金属，而单原子是金属纳米颗粒高分散的极限。表面单原子分散不仅能够实现金属原子利用效率的最大化，而且兼具均相催化剂的孤立活性中心及多相催化剂的稳定性和可循环使用性能，有望成为均/多相催化的桥梁。此外，结合与载体表面相对均一的单原子活性中心，使获得高稳定性和高选择性成为可能。正是基于对上述这些特点的思考与认识，科研人员迅速调整研究方向，将研究重心从亚纳米尺度转向单原子。

经过反复努力，科研人员最终成功制备出仅含有单个孤立原子的多相单原子催化剂，发现其不仅具有高的活性和原子利用效率，而且具有较好的稳定性。通过球差校正电镜、X 射线吸收谱(EXAFS①+XANES②)、X 射线光电子能谱以及探针分子吸附的红外光谱表征确定催化剂的单原子分散性质和化学态，通过量子理论计算确定单原子催化剂的精确结构与反应机理，形成单原子催化的研究范式，实现了单原子催化剂的制备、表征、反应与机理研究的有机结合，最终在此基础上提出多相单原子催化的新概念。

多相单原子催化是单原子催化剂作用下的表面催化过程。单原子催化剂是指催化剂中活性金属以单个原子中心的形式分散并结合于载体上，是催化反应活性中心在空间尺度的最小极限，也使活性金属的原子利用效率达到最大，能够为在原子尺度深入理解多相催化作用机理提供准确几何构型并

① extended X-ray absorption fine structure，扩展 X 射线吸收精细结构。

② X-ray absorption near edge structure，X 射线吸收近边结构。

丰富量子水平上的基础催化理论。

2. 解决本科学问题面临的困难

多相单原子催化目前仍处于方兴未艾的阶段，对单原子催化的理解还需进一步加深。目前存在的挑战包括：单原子微配位环境的调控；催化的热力学测量和动力学过程的表征；如何获得高载量的单原子催化剂；如何实现稳定性和反应活性之间的平衡；如何实现其工业应用；等等。另外，实现单原子微环境在反应条件下的分辨以及动态变化的表征，实时监测单原子在催化反应过程中的动态演变，发展高能量分辨和高空间分辨的先进技术也是一个较大的挑战。工业用载体的不均匀性意味着并非单原子催化剂中的所有单个金属中心位点都是同等可及的或催化性能完全相同的，而且很多情况下单个金属原子活性中心难以使催化反应进行。事实上，一些反应步骤可能发生在周围的载体原子上或反应条件下动态生成的团簇活性中心。因此，反应条件下什么才是真正的活性中心有待进一步探究。

单原子催化面临的挑战：高稳定性和高活性单原子催化剂的创制与原位表征。

3. 研究本科学问题过程中的创新点

多相单原子催化是由我国科学家提出的原创概念，现已发展成为国内外催化领域最活跃的研究前沿之一，有机会成为多相催化科学新的学科发展点和中国催化引领世界的突破口。

创新点："单原子催化"新概念的内涵和理论形成。

发展单原子催化理论，阐明单原子活性位点的活性本质，揭示单原子催化剂高选择性的原因，明晰其稳定性机制，探究其动态反应机理，丰富单原子催化的理论认知，促进单原子催化由概念向理论的提升。

发展单原子催化精准设计与制备方法。目前亚纳米尺度催化剂主要通过“原子层沉积”（atomic layer deposition，ALD）、“质量选择”团簇等方法制备。单原子催化剂可在原子精度上构筑原子数目可控的活性位。

高灵敏度、高空间分辨、高能量分辨和高时间分辨的单原子催化剂及催化机理表征新方法，不仅静态表征催化剂中的单原子位点，还要获得单原子周围环境（如配体、不同层的配位原子等）的结构及其与单原子中心的协同作用与相互影响，并考察单原子催化剂在反应中的动态变化及活性中心的演化规律。

4. 研究本科学问题的意义

多相单原子催化研究促使传统催化从活性位无法有效区分而形成的“平均”化的催化概念，转变为对活性中心配位环境的精确识别和统计的定量方法。可以解决传统多相催化剂的表面混沌状态，在原子和化学键层面建立精确的配位催化循环，师法均相分子催化及自然界的生物催化机制，推动均多相催化的融合发展。

单原子催化的研究与发展催生了“单原子”理念，即从“单原子”水平进行多相催化科学研究与思考。多相表面“单原子”理念将在化工、生物医药、酶催化、原子器件、原子制造等领域得到探索与潜在应用，为这些领域乃至更多科学领域发展带来新的历史机遇。

新概念的科学意义：单原子催化改变传统异相催化研究的理念，明确催化活性中心结构和反应机理，并对实际体系具有重要的应用价值。

单原子催化的发展，不仅面向世界科技最前沿，也面向国民经济主战场和国家重大需求。单原子催化剂有望在大化工过程中得到成功应用，如烯烃纯化（选择性加氢）、烷烃（氧化）脱氢、聚氯乙烯制备、氢甲酰化反应、羰基化等。其应用不仅有望降低成本，促进经济发展，同时也有可能降低生产能耗，有利于CO_2减排。

案例点评

在催化科学发展的近200年历史中，1925年Taylor提出的催化作用中“活性中心”的概念是催化科学的核心概念之一。与均相和生物催化中的相对明确的单金属中心或多金属团簇活性中心不同，多相催化中由于纳米粒子催化剂具有成百上千甚至上万个原子，其活性中心往往难以确定，各种活性位点可能共存，导致难以明晰多相催化作用的机制，从而无法实现其理性改进和设计。另外，贵金属纳米粒子的使用大大增加了多相催化剂工业应用的成本。因此，亟须发展具有明确活性中心的、最大分散度的多相催化剂。近年来，催化剂制备技术的提高，以及电镜、光谱等表征手段和量子理论计算的日臻成熟，为这一目标的实现提供了可能。

我国科学家于2011年发现多相表面负载的贵金属单原子具有优异的催化性能，并首次提出了多相单原子催化的新概念。这一原创概念的提出推动了多相催化由纳米尺度向原子尺度的转变，为发展具有精准的单原子活性中心和贵金属最高原子利用率的多相催化剂奠定了基础。长期以来，新型催化剂的发现基本上是以“炒菜式”的试错方式进行，单原子催化概念的提出为实现多相体系的精准催化及借助于机器学习和量子理论进行理性设计的催化研究新范式提供了可能。目前，多相体系的单原子催化研究已经成为国内外催化科学研究的前沿领域，我国科学家引领了单原子催化领域的实验和理论研究的发展，实现多相单原子催化剂的工业应用有望开发出中国原创的新型催化剂。

案例供稿部门：化学科学部化学科学二处

案例审读人：中国科学院化学研究所　郑企雨

案例点评人：清华大学　李隽

五、铜表面抗氧化防腐的分子机制

凝练科学问题的过程及意义

1. 科学问题的探索过程

铜是一种具有优良导热性、导电性和延展性的重要有色金属，已被广泛应用于日常生活和工业生产中。与铝和镍等金属不同，铜表面无法形成致密、稳定的钝化层，致使铜表面会被持续氧化腐蚀。历史上，铜的大规模使用得益于其抗氧化腐蚀技术（如黄铜、青铜等冶炼技术）的发展。虽然铜合金具有良好的减缓氧化能力，但其导热和导电性能往往大打折扣。如何开发既有强抗氧化能力又能保持铜优越导电、导热性能的表面涂层技术，一直是铜抗氧化防腐领域备受关注和亟待解决的挑战性难题。

介绍研究背景：铜表面的特殊性及其表面防腐的挑战。

通常铜纳米材料在空气中仅能稳定数小时。2017 年，研究人员意外发现，在以甲酸钠为还原剂制备铜纳米材料时，所得到的超薄纳米片（厚度仅 1 nm）具有超强抗氧化能力，可以在空气中稳定 1 年以上。这一发现引发了研究人员对使用甲酸钠能够提升铜抗氧化能力原因的一番思考。在前期研究中，研究人员已经发现 CO、有机胺等配位小分子可以与金属表面形成特异性配位，进而在金属纳米材料合成中控制其形貌、表面结构并改变它们的性能。因此，研究人员通过红外、程序升温脱附-质谱等手段发现，甲酸根不仅是还原剂，还存在于

科学问题的凝练：如何在分子层面理解甲酸-铜表面配位结构及其与抗氧化性的关系。

所合成铜纳米片的表面，初步推测甲酸根在铜表面的配位是其拥有强抗氧化能力的关键。为什么甲酸根的表面配位能够使铜表面具备强抗氧化能力？一个简单假设是甲酸根吸附在铜的表面，使铜表面不再吸附活化氧气。为验证这一假设，研究人员将清洗处理后的商业铜箔浸泡在甲酸钠的水溶液中，但无论浸泡多长时间，铜箔的抗氧化能力并没有得到提升，这意味着甲酸根在铜上绝非简单的吸附。在否定以上假设后，借鉴甲酸钠还原制备铜纳米片的合成条件，在甲酸钠水溶液中水热（200℃）处理铜箔，发现经 24 h 处理后铜箔展现出很强的抗氧化能力。这一结果展示了甲酸根在铜表面配位的独特性，铜表面极有可能在甲酸根的配位作用下通过原子迁移重构后才能拥有抗氧化防腐能力。接下来，要解决的首要科学问题是如何在分子层面上表征甲酸根在铜上的表面配位结构，理解相关结构与抗氧化性能的关系。

2. 解决本科学问题面临的困难

与简单的金属配合物和完美的单晶相比，实际应用的金属材料多不具备分子化合物的组成和结构确定性以及单晶表面的结构规整性，导致科研人员难以用现有的结构表征技术手段去研究有机配体在实际金属材料表面的键合结构，也就很难在分子水平上深入理解表面有机配体层影响金属材料化学性能的机制。在构筑有机配体保护的超薄/超细金属纳米模型材料体系的基础上，研究人员通过 X 射线吸收谱、原位电化学谱学等表征手段提取了一些金属功能材料表面配位的重要结构信息，并结合理论计算提出了利用有机表面配体优化金属纳

研究挑战：表面不确定的组成成分及非规整的结构特征导致现有的表征手段难以有效发挥作用。

米催化性能的“空间位阻”和“界面电子效应”。但是所发展的方法无法在埃级的空间尺度上对配体在纳米材料上的键合结构进行高分辨表征，难以解开铜抗氧化之谜。

3. 研究本科学问题过程中的创新点

在空间分辨能力上，原子分辨的扫描隧道显微镜（scanning tunneling microscope，STM）和基于 qPlus 传感器的非接触原子力显微镜（atomic force microscope，AFM）表征是分析甲酸根在铜表面配位结构的理想手段，但通常要求单晶样品。基于 qPlus-AFM 表征单晶上水所形成的氢键结构方面的工作，研究人员提出将相关技术应用于实际非单晶铜箔样品的可能性。通过材料制备–结构表征–理论计算的通力合作，发现经甲酸根水热处理的铜箔表面重构为具有 c（6×2）超结构的 Cu（110）表面，该表面由甲酸铜二聚体$[Cu(\mu\text{-}HCOO)(OH)_2]_2$桨轮状单元和 O^{2-}共同保护，而这一表面配位钝化层给 Cu（110）表面穿上了严实的“防护服”，有效地阻止了 O_2 与内部金属铜原子的作用。更为重要的是，在深入理解分子机制的基础上，通过引入烷基硫醇配体进一步钝化无甲酸根修饰的台阶或缺陷位点，使铜表面的整体抗氧化性能提升 2 个数量级，可与银媲美，为用铜替代银制备导电电子浆料提供新路径。

创新点：针对科学问题建立了有效的表征方法；从分子层次上阐释了甲酸根的抗氧化机制；通过机理理解提出更优的铜表面防腐性能。

4. 研究本科学问题的意义

本项源于意外发现的原创成果不仅为金属表面钝化提供了表面配位全新策略，更为重要的是，深入的基础研究为实际应用开发打下了坚实基础，使得所发展铜抗氧化防腐技术可以适用于制备铜箔、铜线、铜纳米材料，为铜替代银制备导电电子

基础研究攻克了行业痛点问题，实现了更廉价、更优性能新材料的应用。

浆料提供全新策略。例如，硅太阳能电池正在进行新一代技术的迭代，其中异质结太阳能电池在效率、稳定性、工艺流程上均有明显优势，但痛点在于需要用到更多的低温银浆，使价格偏高，而上述所开发的铜防腐技术有望解决这一痛点问题，最终推动异质结太阳能电池的规模化应用。

案例点评

金属铜的抗氧化在氧化防腐领域备受业内关注。如何开发既有强抗氧化能力又能保持铜优越导电、导热性能的表面涂层技术，一直是业内具有挑战性的难题。近期，研究人员在以甲酸钠为还原剂制备铜纳米材料时，意外发现所得到的超薄纳米片（厚度仅 1 nm）具有超强抗氧化能力，且可以在空气中稳定 1 年以上。为了对这个意外发现给出机理上的深入理解，研究人员通过材料制备–结构表征–理论计算的通力合作，确认经甲酸根水热处理的铜箔表面发生重构，形成具有 c（6×2）超结构的 Cu（110）表面。该表面由甲酸铜二聚体$[Cu(\mu\text{-}HCOO)(OH)_2]_2$桨轮状单元和 O^{2-}共同保护，有效地阻止了 O_2 与内部金属铜原子的作用。在深入理解分子机制的基础上，研究人员通过引入烷基硫醇配体进一步钝化无甲酸根修饰的台阶或缺陷位点，使铜表面的整体抗氧化性能提升 2 个数量级。这项原创性研究成果不仅为金属表面钝化提供了表面配位全新策略，也为进一步的实际应用开发打下了坚实基础，为用铜替代银制备导电电子浆料提供新路径。

案例供稿部门：化学科学部化学科学三处
案例审读人：中国科学院化学研究所　郑企雨
案例点评人：苏州大学　迟力峰

六、地质新时代的人类世：时限、特征与影响

凝练科学问题的过程及意义

1. 科学问题的探索过程

人类世概念是 21 世纪初诺贝尔化学奖获得者 Paul Crutzen 和湖泊生物学家 Eugene Stoermer 在 19 世纪意大利地质学家 Stoppani 论述人类活动对环境影响的基础上提出的。它是人类活动改变地球系统边界条件的关键时段，因人类营力日益增加而导致其地质生物记录显著不同于此前的全新世时期。2008 年，Zalasiewicz 等探讨"人类世"作为全新世之后新地质年代单元的可能性，将"人类世"引入了地层学研究。21 世纪，卫星遥感技术飞速发展，从多视角证实了大气中温室气体浓度的增加，证实和支持了近百年"人类对气候系统的影响确定无疑"的观点[①]。人类世研究在全球自然和社会科学领域的兴起标志着当前地球科学研究进入了新时代，将会引发地球科学领域的深刻变革。

介绍研究背景及研究方向选定：人类世概念的提出及相关研究。

当前地球系统科学研究主要基于过去全球变化研究提供的长期自然变化历史、现代观测资料和数值模拟三方面。因其对象复杂，面临两方面制约：一是提供地球系统边界条件的过去全球变化研究往往尺度大且只考虑自然营力驱动，人类营力研究

基于不确定性分析，聚焦人类世。

---

① IPCC：《气候变化 2014：综合报告》。

囿于学科划分而很少被考虑进来；二是由于人类营力将地球系统推离自然运行轨道，历史相似性研究将面临全球气候环境变化超出自然因子所能解释框架的挑战。要解决人类活动在地球圈层级别的重要影响导致我们对地球系统的认识存在不确定性问题，必须聚焦到具体的人类世地质载体上，通过具体实体研究对象来解析人类活动和自然变化对气候环境产生的相对作用比例。

在时间尺度上，人类世目前主要聚焦于晚全新世到现在的时段。人类营力改变地球环境的速率和幅度在某种程度上可与自然营力的影响相比拟，这是人类世开始的标志。但人类与自然营力对地球系统的作用程度及关系尚不确定，导致起始时间仍存在争论。判别人类当前所处位置，要考虑千年甚至万年尺度的气候环境变化，并结合工业革命至今的观测资料来考察气候环境变化的自然趋势背景以及人类活动的影响程度。人与自然的结合的地球系统科学研究需要提供新的研究手段和方法，人类世独特的“技术化石”记录及大气圈、水圈和生物圈独特的全球性人类活动信号是重要的突破口。

分析人类世起始等争论，引出人类世记录和人类活动信号是突破口。

与国际上人类世研究迅猛发展相比，我国对人类世研究仍重视不够。瞄准国际地球科学前沿，聚焦地质新时代——人类世，通过地质学、地理学、地球化学、大气科学、生态学、社会科学等多学科交叉的集成研究，在人类世起始时间和全球层型剖面研究基础上，重建自然与人类营力对地球系统扰动幅度和速率相对变化的历史，揭示人类活动对人类世气候环境变化的影响，提出对人类世的适应对策和方案，将对推动地球系统科学发展，为我国应

总结人类世的主要研究方向，提出人类世的适应对策和方案，指出其科学意义。

对全球气候环境变化，开展生态文明建设、制定可持续发展方略和开展气候环境外交提供不可或缺的科学支撑。

2. 解决本科学问题面临的困难

国际上关于人类世研究存在着人类世起始时间、自然与人类营力对地球系统相互作用强度及速率如何等急需解决的科学问题。根据全球变化领域研究前沿和发展趋势，地球科学部组织专家针对地质新时代——人类世开展研究，拟聚焦我国人类世地质生物记录与全球变化研究，揭示出自然与人类营力对地球系统扰动幅度和速率相对变化的历史，增强人类世古今结合、人与自然结合的全球环境变化与地球多圈层相互作用理解。通过一系列研讨，提出我国在该方向上急需关注和解决的重要基础科学问题：人类世起始时间，以及地球系统中自然与人类营力如何变化和相互作用。随后，地球科学部又组织地质学科咨询组和咨询委员会专家对上述调研成果进行分析、质询、补充和完善，进一步凝练科学问题，形成了该前沿领域的重大科学问题——地质新时代的人类世：时限、特征与影响。

先介绍国际上人类世研究现状，后引出我国国家自然科学基金委员会通过多轮研讨，最终凝练出我国人类世的重大科学问题。

3. 研究本科学问题过程中的创新点

（1）将野外观测、样品采集、室内分析测试、统计和集成分析，以及计算机模拟结合，从地质历史气候变化的角度研究人类世出现背景及人类世起始时间。

（2）通过代用指标体系研究，提取出区别于自然活动的人类标志物体系及首要标志物，寻找具有大范围环境变化指示意义的地质生物载体，从而建立中国的人类世典型剖面；利用我国学者的国际人

（1）和（2）介绍人类世起始的研究方法，建立典型剖面的研究内容及愿景。

类世工作组成员身份，积极参与到人类世工作组组织的全球人类世层型剖面比对工作中，力争让中国的人类世典型剖面成为全球界线层型剖面（金钉子）或者辅助层型剖面。

（3）从模拟和记录相结合的角度，探讨人类在长期的地质历史中对于自然的影响和适应，尤其是在人类活动加剧的人类世，人类怎样适应和影响自然环境变化。从自然科学的角度，使人类世成为正式的地层单位，为解决人类自身活动强度不断增加所带来的各种影响及人类适应服务，也必将极大地提高我国科学家在国际人类世研究中的地位。

（3）总结研究人类世研究的意义。

4. 研究本科学问题的意义

通过对可全球比对的人类世地层界线层型剖面的遴选和集成研究，提出人类世起始时间，揭示其作为地质新时代的关键特征及影响，为培育新的学科生长点，发展人与自然相结合的地球系统科学做出贡献，具体如下。

阐明对科学知识体系产生的增量。

（1）查明全新世以来人类活动关键时段人类活动变化强度，明确我国人类活动变化历史中可靠的人类世时间界限，进而揭示不同时期人类生产方式对自然环境的影响，着重查明人类活动强度及影响剧烈增加的关键时段，为确立人类世的底部界线提供历史背景。

（1）和（2）指出研究的潜在应用价值。

（2）建立区分自然过程和人类活动的标志物体系，区分气候环境变化记录中人类和自然营力的相对贡献，初步建立起一套可以在地质生物记录中提取人类活动影响信号的强度范围的指标体系。

（3）在我国不同地理环境单元有研究基础的沉积记录中遴选人类世全球界线层型剖面，积极参

（3）和（4）指出研究的潜在应

与国际地层委员会人类世工作组的人类世层型剖面国际对比计划研究，在我国建立人类世典型剖面和辅助剖面，力争成为人类世金钉子或辅助层型剖面。

（4）提取自然与人类营力对气候环境变化幅度和速率的影响分量，综合评估人类世关键时段人类活动与自然因素强迫对不同尺度气候变化的驱动作用和相对贡献，评估人类世人类营力对地球系统的改变程度，在不同适应情景下预估人类活动对气候环境变化的影响并提出人类世适应方案。

用价值。

案例点评

近百年来的快速升温正导致地球生态系统全面恶化，生物多样性可能正以前所未有的速度丧失，然而自然与人类营力对目前的全球变化作用的程度及速率难以估计，如果人类活动起到了重要作用，从什么时候开始也难以确定，确定人类世的起始时间和地层学标志在国际地层委员会也产生了热烈讨论和巨大分歧。因此，人类世究竟是一个重要时代还是一次突发性事件已经成为地质学、地理学、地球化学、大气科学、生态学、社会科学等领域的重大科学问题，国际地质科学联合会希望极力推动关于人类世的研究。该案例聚焦国际地球科学前沿，从人类世的起点、人类活动对全球变化的影响程度、人类怎样影响自然环境变化以及如何适应等新视角出发，拟根据中国的地质记录，提出中国的综合研究方案，这将对推动地球系统科学发展，为我国应对全球气候环境变化，制定可持续发展方略和开展气候环境外交等提供不可或缺的科学支撑。

案例供稿部门：地球科学部二处

案例审读人：中国科学院地质与地球物理研究所　孙继敏

案例点评人：南京大学　沈树忠

七、钒同位素高温下的分馏机制、储库组成及重要应用

凝练科学问题的过程及意义

1. 科学问题的探索过程

钒（V）位于元素周期表中第一排过渡族，是一种非常特殊的元素。V 可以提高钢铁的强度，被誉为“金属维生素”；它也是现代工业不可或缺的材料，被称为“现代工业的味精”。V 在自然界中以多种价态形式存在（0 价、+2 价、+3 价、+4 价、+5 价），其地球化学行为对环境的氧化还原条件非常敏感，因此 V 常常结合单一价态元素（例如 Sc）来示踪氧逸度变化。但是，由于岩浆作用时残留矿物的差别可能影响 V 元素的行为，V 元素数据和氧逸度的关系还有较大争议。

介绍研究背景及研究方向选定，基于 V 的多价态和相关同位素效应，预测 V 同位素可用于研究地质过程中氧化还原条件变化，以此作为研究切入点。

V 有两个稳定同位素 ^{51}V 和 ^{50}V，自然丰度分别为 99.76%和 0.24%。因为 V 是变价元素，理论上 V 同位素在氧化还原反应中可以产生显著的同位素分馏。V 同位素数据结合 V 的元素数据，有望成为一种新型示踪剂，用来制约地球和类地行星形成与演化过程及其氧化还原状态的变化。因此，V 同位素研究已成为国际地球化学领域的前沿方向。

虽然 V 同位素具有良好的应用前景，但已有的研究还非常少，特别是可靠的 V 同位素数据很匮乏。瓶颈问题首先在于 V 同位素的测量难度极大，

总结研究现状并提出 V 同位素研究领域的关键瓶

高精度的 V 同位素数据要求高质量的化学提纯和稳定的仪器状态。目前在国际上只有英国牛津大学和美国伍兹霍尔海洋研究所等少数实验室初步建立了方法，但其数据精度和可靠性尚待提高。高质量 V 同位素数据的匮乏又进一步导致人们对 V 同位素的地球化学行为非常不了解，因此大大限制了其在地球科学上的应用。

颈：V 同位素高精度测量存在困难，限制了此领域的发展。

解决以下三个问题对 V 同位素地球化学的发展至关重要：①V 同位素分馏机理，这是理解 V 同位素数据的基础；②地外样品（陨石）及地球主要储库 V 同位素组成，这是在地球演化过程中 V 同位素分馏的总体框架和应用基础；③应用 V 同位素解决重要的地球科学问题，这是 V 同位素地球化学研究的目的。总之，V 同位素的研究非常具有原创性，也极具挑战性和探索性。

提出 V 同位素地球化学研究中重要的三个科学问题：分馏机理、储库组成、地学应用。

2. 解决本科学问题面临的困难

V 同位素地球化学进展较为缓慢，主要是因为高精度 V 同位素分析十分困难，对 V 同位素的示踪原理更是缺乏了解。分析方法上，存在的技术难题包括，两个稳定同位素的自然丰度相差悬殊（$^{51}V/^{50}V \approx 400$），以至于信号接收器（法拉第杯）不能兼顾两个同位素的信号，质谱分析过程受到同质异位素（例如 ^{50}Cr、^{50}Ti）和多原子分子干扰，化学提纯流程冗长复杂导致回收率不稳定等。英国牛津大学和美国伍兹霍尔海洋研究所的团队较早报道了 V 同位素的分析方法，但是他们的方法仅适用于 V 含量较高的自然样品，且分析精度不足以识别高温下的 V 同位素分馏。前人的 V 同位素分析

简述高精度 V 同位素分析的困难，以及由此造成的 V 同位素示踪原理研究的匮乏。由此总结出 V 同位素地球化学研究的核心挑战。

方法还存在耗时长、效率低、样品消耗大等实际操作问题。这些技术难题严重制约了我们对自然界 V 同位素储库组成和分馏机理的认识，严重阻碍了 V 同位素地球化学的发展和应用。

3. 研究本科学问题过程中的创新点

为解决 V 同位素地球化学研究的关键技术和科学问题，科研人员申请了题为“钒同位素高温下的分馏机制、储库组成及重要应用”的基金重点项目并获得资助。本项目在多个方面展示出明显的创新特色。①在研究思路上，围绕 V 同位素分馏机制和重要地质储库的 V 同位素组成开展研究，并将 V 同位素地球化学应用到一些重要的地球科学问题中。②在分析方法上，相比于前人的化学分离方法（需要将样品进行 6～8 次色谱柱化学分离流程），结合阳离子和阴离子树脂，将化学流程简化至 3～4 次色谱柱分离提纯，大大提高了分离效率；将 ^{50}V 和 ^{51}V 分别置于 10^{11} Ω和 10^{10} Ω电阻的法拉第杯上，有效提高了 ^{50}V 的信号，降低了 ^{51}V 的信号，由此将自然样品的分析精度由前人分析方法的±0.17‰左右提高到了±0.08‰（两倍标准偏差）以内；将样品溶液测试浓度由前人的 3～5 μg/g 降低到 0.8 μg/g，样品中 V 的消耗量降到 6～8 μg。③在样品代表性和覆盖面方面，在显著改进分析方法的基础上，面向关键科学问题，与国际国内同行广泛地合作，获得大量有代表性的样品，可以测量较低 V 含量的岩石和矿物，对地球储库进行全面研究。④在研究技术上，结合自然样品测量和高温高压实验，

为解决以上核心技术和理论问题，以五个方面提出具有针对性的创新手段：研究思路、分析方法、样品选择、研究技术、应用拓展。

产出大量高质量的 V 同位素数据,厘清了高温下 V 同位素在关键矿物–矿物、矿物–熔体、熔体–熔体的分馏机理。⑤在应用拓展上,利用 V 同位素来制约核幔分异、地幔氧逸度时空变化、岩浆作用和 V-Ti 磁铁矿矿床的成因等基础、前沿和热点地球科学问题。其中,对洋中脊和洋岛火山岩序列的 V 同位素研究工作证明了 V 同位素可以用来研究壳幔演化过程的氧逸度变化,并为未来应用 V 同位素研究地幔熔融和岩浆演化过程的氧逸度变化提供了参考模型。

4. 研究本科学问题的意义

在 V 同位素分析方法、分馏机理和应用等方面取得了全面的进展,使得我国的 V 同位素地球化学研究处于国际领先水平。

在国内率先建立起高精度的 V 同位素测试方法,获得了高质量的 V 同位素数据,数据精度和准确度都超过国际同行。6 年来的长期外部精度好于 0.08‰(两倍标准偏差),显著优于美国伍兹霍尔海洋研究所(0.15‰)、英国帝国理工学院(0.19‰)和牛津大学(0.12‰)、德国汉诺威大学(0.18‰)的同类实验室,为目前国际最佳;据不完全统计,近 5 年来在基金项目支持下,在国际高水平学术期刊上发表了 9 篇 V 同位素论文和 247 个 V 同位素数据,均超过同期全世界 V 同位素论文和数据发表总数的三分之一。

按照“分析方法改进—储库标定—关键地球科学问题研究”的逻辑,分条罗列了项目的技术进展和研究成果,有效展示其对知识体系产生的增量。将 V 同位素分析精度推到了国际顶尖的水平,是项目成功的关键。

测量了普通球粒陨石和灶神星陨石 V 同位素组成,发现 V 同位素在太阳系中分布不均一,可能与星云吸积最早期的辐射相关；测量了洋中脊玄武质-英安质岩浆岩样品及蚀变洋壳钻孔剖面 V 同位素组成，发现热液蚀变作用不会改造洋壳原始的 V 同位素组成，而岩浆演化过程 V 同位素会发生显著的分馏，且和岩浆氧逸度相关；测量了大洋铁锰结壳样品的 V 同位素，制约了海水和结壳之间的分馏系数；测量了砖红壤风化剖面的 V 同位素组成，发现玄武岩风化过程不会产生显著的 V 同位素分馏；测量了一系列典型的地幔橄榄岩包体、科马提岩和苦橄岩的 V 同位素组成，重新厘定了硅酸盐全地球的 V 同位素组成为-0.91‰±0.09‰（2SD）；分析了夏威夷基拉韦熔岩湖浮石、橄榄石玄武岩和脉体的 V 同位素组成，查清了影响 V 同位素分馏的一个重要因素（Fe-Ti 氧化物的结晶）。

以上工作为利用 V 同位素研究核幔分异、氧逸度变化、矿床形成、陆壳演化和岩浆作用打下了坚实基础。

最后总结在地球科学其他研究中潜在应用价值。

案例点评

非传统稳定同位素地球化学的创建和发展是 21 世纪地球化学领域的重大突破之一。我国这一方向在过去 10 年也得到迅猛发展，并成为一支重要研究力量。钒作为一个具有多价态的变价元素，其同位素在自然界的组成和变化对环境的氧化还原非常敏感，因此具有重要的研究价值。然而，由于钒仅有的 2 个同位素丰度差 400 倍，造成质谱同位素分析比较困难，高质量的同位素数据极其有限，因此人们对钒同位素分馏机制的了解尚非常有限，并进而阻碍了应用钒同位素开展地球和类地行星的形成与演化过程及其氧化还原状态等重要科学问题的研究。

七

该项工作首先通过调整质谱两个钒同位素信号接收器（法拉第杯）的阻抗以及化学分离的离子交换技术，克服了钒同位素分析的技术难点，建立了高效、低样品消耗量和高精度的钒同位素分析方法，数据质量达到国际领先。在此基础上，对于高温下钒同位素的分馏机制以及重要地质储库的钒同位素组成获得了一系列重要的认识；利用钒同位素探讨了核幔分异、地幔氧逸度时空变化、岩浆作用和钒-钛磁铁矿矿床的成因等重要科学问题。因此，该项工作科学目标清晰，针对存在问题及难点，通过质谱分析和化学分离的系统性技术革新，在国际上率先突破了钒同位素高精度分析的难点，实现了钒同位素在分析方法、分馏机理、应用等方面的系统创新，有力推动了高温钒同位素地球化学研究的发展。

案例供稿部门：地球科学部二处

案例审读人：南京大学　李伟强

案例点评人：中国地质大学（北京）　李曙光

八、深部原位岩石力学理论和技术

凝练科学问题的过程及意义

1. 科学问题的探索过程

深地、深空、深海开发并称为我国“三深”战略，向地球深部进军是我国必须解决的战略科技问题。地球浅部矿产资源已逐渐枯竭，深部资源安全高效开发的关键基础是原位环境下岩石物理力学行为认知。然而，目前深部资源开发的基础研究均采用传统岩石力学理论，无法考虑不同深度原位环境条件下的物理力学测试、分析与建模。因此，传统岩石力学理论对深部资源开发和深部工程建设的指导具有局限性。毫无疑问，深部原位环境“看不见、摸不着”，传统岩石力学理论中针对深部岩石特性的研究仅仅是通过对取出的试样施加围压模拟深部原位应力状态、施加温度场模拟深部原位温度环境、施加渗流场模拟深部原位渗压环境，无论试样取自多深，几乎都是在解除原位应力与赋存环境失真条件下开展的实验研究，获得的是岩石基本物理力学属性，通常在岩石力学测试与理论分析中将岩石物理力学参数（弹性模量、泊松比等）假设为常数，没有充分考虑不同深度岩石原位赋存环境影响，得到的不是真正意义上的深部岩石原位物理力学行为。

根据前期研究结论得出探索非常必要，并凝练出新的科学问题：深部岩石保真取芯与保真测试原理和技术。

那么，有什么新思路、新方法和新技术来探索真正符合深地赋存环境原位条件的岩石力学规律和理论呢？我们必须从源头上创新，首要任务是实现在保持原位赋存的环境下进行取芯和测试，从而获得真正的岩石原位物理力学参数等数据。因此，“深部岩石保真取芯与保真测试原理和技术”的原创性构想应运而生，旨在解决深部原位岩石保真探测背后的理论与技术难题，并建立深部岩层真正意义的原位环境重构与岩芯的制备–移位–保真测试的一体化技术体系，从而实现深部岩石的保真取芯与测试分析，为建立深部岩石力学理论、探明深地科学规律、提升深部资源获取能力，提供重要的理论技术和硬件支撑。

2. 解决本科学问题面临的困难

要获取保真岩芯并实现保真力学参数的测试，在理论、技术与装备上极具挑战性。需要确定保真岩芯“保什么”“怎么保”和如何进行“保真测试”。为此，创新性地提出“五保”（保压、保温、保质、保湿、保光）的保真取芯全新构想，建立自主原创的“深部原位岩石保真取芯与保真测试系统”，即通过深部原位岩石保真取芯来获取地球深部真实的岩石“活体”样本，并基于深部原位保真测试分析，获取深部原位环境条件下的岩石成分、结构与力学行为特征。

国际上还没有真正的保真取芯技术，只有密闭取芯技术，保压性能差（最高保压能力为 70 MPa），仅适合深海天然气水合物取芯，无法适用于深地硬岩取芯，深地保压乃至保真取芯仍是世界性难题，而主动保温、保质、保湿和保光取芯则是技术空白。同时，对于密闭取芯样本国际上也只能进行声波测

解决本科学问题面临的局限：国际上还没有真正的保真取芯技术，缺乏深地保真取芯技术与装备。

试等简单的物理性质分析测试，难以在保真环境下对岩芯进行物理力学测试分析，保真测试技术处于空白。

3. 研究本科学问题过程中的创新点

核心创新主要体现在思想原理、技术装备以及测试平台三个层次。一是思想原理创新，打破当前取芯技术限制，形成了深部原位“五保”保真测试构想框架，并建立深部原位自触发保压取芯原理、深部原位自适应相变密封原理、深部赋存环境原位保真重构原理等保真取芯关键理论体系。二是技术装备创新，创新多向型自触发保压保温控制技术，实现岩芯压力自动密封与温度自动控制，破解深部原位保压保温取芯难题；自主研制深部原位固态传质相变膜的触发与密封技术，填补原位岩芯保质、保湿、保光取芯的技术空白；提出原位保真环境重构与转换技术，实现岩芯深部原位环境下的移位、制备与测试。三是测试平台创新，自主研发保压取芯实验室模拟测试平台、保温取芯实验室模拟测试平台、保质保湿保光随钻成膜取芯实验室模拟测试平台、“五保”能力率定平台等实验室模拟测试装置，自主研发出深部原位岩石保真取芯与测试系统。

创新思想的体现：保真取芯思想原理、技术装备与测试平台。

4. 研究本科学问题的意义

围绕向地球深部进军必须解决的“深部原位岩石力学理论与技术”难题，提出了“保压、保温、保质、保湿、保光”深部保真取芯系统构想与技术体系，能够实现深部环境条件下岩芯的保真获取，并创新研发深部原位保真岩芯测试系统，实现在深部原位环境条件下进行岩芯保真物理力学行为的测试和分析，从而全面支撑深部原位岩石物理力学

对知识体系产生的增量。

行为、深度效应、工程响应的基础科学规律研究。

深部岩石保真取芯与测试系统的核心突破在于填补了不同赋存深度岩石物理力学“原位”研究的原理、技术和装备空白，为创建深部原位岩石力学新理论奠定了关键性硬件基础，不仅成为未来能源与资源矿产开发、深地探矿等深地资源与空间开发工程的必备手段与引领技术，也为深海天然气水合物保真取芯、深地钻探保真取芯提供了全新的技术方法和基础，同时还将为深地环境科学、深地医学、深地微生物与生命科学等未来新兴交叉学科的建立与发展提供不可或缺的技术平台，从而全面支撑向地球深部进军的基础科学规律探索。

研究潜在应用价值。

案例点评 1

随着浅部能源、矿产资源等不断减少和枯竭，深部资源与地下空间的开发利用成为必然趋势，而一切与岩石有关的理论、技术和工程都离不开对岩石物理力学性质及力学行为的充分了解。与浅部相比，深部岩石环境具有高应力、高地温、高渗透压等特征，深部岩石力学行为出现非线性、大变形、时间效应、深度效应、温度效应等一系列新的特性。传统适用于浅部的岩石取样方法、实验室岩石力学实验方法与仪器设备已不适用于深部岩石环境，亟须提出新的深部岩石力学测试原理，开发新的测试技术和装备，以真实反映深部岩石的本质力学行为规律，为向地球深部进军提供理论支撑与技术、装备与平台保障。解决本科学问题对推动岩石力学理论、深地资源开发等领域的发展与技术进步具有重要作用。

该科学问题紧紧抓住深部岩石力学的两个关键问题：原位与保真，突破传统岩石取样与测试存在的脱离岩石真实环境、不能反映岩石本真性质的核心问题，提出深部原位保压、保温、保质、保湿、保光“五保”保真测试思想，建立自触发保压取芯、自适应相变密封、原位保真重构等基础理论，测试思想与理论具有显著的原创性。创新研发保压保温、密封、保真环境重构与转换等技术，并开发一系列“五保”测试平台，在测试技术、方法及装备方面创新性突出。

案例供稿部门：工程与材料科学部

案例审读人：煤炭科学技术研究院有限公司 康红普

案例点评人：煤炭科学技术研究院有限公司 康红普

案例点评 2

目前，深部资源开发的基础研究均采用源于材料力学、弹性力学等的经典传统岩石力学理论,没有充分考虑不同赋存深度原位环境(压力、温度等)对岩石物理力学行为影响的差异性规律。因此，传统岩石力学理论对深部资源开发和深部工程的指导具有局限性。国际上只有密闭取芯技术，保压性能差(最高保压能力为 70 MPa)，无法适用于深地硬岩取芯，还没有真正的保真取芯技术，深地保压乃至保真取芯仍是世界性难题，而主动保温、保质、保湿和保光取芯则是技术空白。该案例提出的“深部岩石保真取芯与保真测试原理和技术”，提出了深部原位保压、保质、保温、保光、保湿“五保”保真取芯系统构想与技术体系，核心创新主要体现在思想原理、技术装备以及测试平台三个层次，旨在解决深部原位保真探测背后的三大科学技术难题——原位保真取芯、原位保真移位与原位保真测试，并建立深部岩层真正意义的原位环境重构、标准岩芯的制备-移位-保真测试的一体化技术体系，从而实现深部岩石的保真取芯与测试分析，为建立深部原位岩石力学新理论、探明深地科学规律、提升深部资源获取能力提供重要的理论、方法、技术和硬件支撑，有望发展成为未来矿产与油气资源开采、深地探矿等深地资源与空间开发工程的必备手段与引领技术。

案例供稿部门：工程与材料科学部

案例审读人：中国石油大学（北京） 李根生

案例点评人：中国石油大学（北京） 李根生

案例点评 3

深地、深海、深空开发并列为我国“三深”战略，抢占“三深”科技领域的制高点和话语权是我国科技发展的重大战略需求。

“深部原位岩石力学理论和技术”这一关键科学问题，是针对我国必须解决的深地重大战略科技领域难题所提出的。从思路、手段和技术三大层面深入剖析了当前国际上的技术瓶颈和“卡脖子”难题，率先提出了“深部岩石保真取芯与保真测试原理和技术”的原创性构想，指明了当前深地科学领域的深部原位岩石力学研究的核心攻关方向，学术内涵逻辑性强、创新性强，对深地科学领域知识体系增量的产生具有极强的推动作用和引领作用。同时，该关键科学问题，可延展性突出、可塑性显著，可以辐射至深地领域交叉的医学、微生物学、农学、深海探测、外星体探测等多个研究方向，有望促进未来新兴交叉学科的开创与发展。

总体而言，该科学问题归纳属性高屋建瓴，兼具基础性、前沿性和挑战性，能够作为很好的科学问题凝练的参考案例。

案例供稿部门：工程与材料科学部

案例审读人：中国科学院武汉岩土力学研究所　杨春和

案例点评人：中国科学院武汉岩土力学研究所　杨春和

九、面向软件开发的群体智能调控机理

凝练科学问题的过程及意义

1. 科学问题的探索过程

互联网为人类个体之间的交互和协作提供了一种全新的基础设施，促进了以开源软件、众包软件、应用程序商店为代表的新型社会化、群体化软件开发实践的出现与持续发展，给软件开发方法的创新发展带来了新的机遇。如何认识并有效利用成功的互联网软件开发实践背后蕴含的规律和机理，发展形成互联网环境下的新型软件开发方法，进一步提高软件开发活动的规模、质量及效率，成为一个具有重要价值的挑战性问题。能否有效利用互联网群体的智慧和能力进行软件的开发，也已成为互联网环境下国家科技实力和软实力的重要标志。

介绍研究背景及研究方向选定：以互联网环境下的新型软件开发方法作为研究切入点。

成功的互联网软件开发实践突破了传统软件开发的管理瓶颈，展现出良好的开发者群体规模可扩展性。通过对比传统软件开发与互联网软件开发，可以发现，两者之间的关键差别在于如何对开发者群体进行管理或组织：传统软件开发主要采用传统的层级式集中管理方式；互联网软件开发则采用基于互联网的去中心化程度更高的组织方式。

总结前期研究概况以及得出结论：群体智能是理解互联网软件开发规律和机理的关键。

互联网在催生新的软件开发模式的同时，也催生了许多新的群体智能（collective intelligence）现象。互联网突破了物理空间对群体聚集的时空约束，为群体智能的涌现提供了跨时空的高扩展性网络空间。这些针对不同领域问题的互联网群体智能现象体现出鲜明的共性特点：基于互联网的开放的大规模人类群体，通过个体之间的直接或间接交互以及大量个体行为的汇聚融合，涌现出针对特定问题的有效解决方案。同时，可以看到，成功的互联网软件开发实践也在一定程度上呈现出上述特点。但由于软件开发是一种典型的社会-技术协同演化进程，具有高度复杂性，目前成功的互联网软件开发实践仍然处于群体智能的原始形态。

这些互联网群体智能现象，展现了面向人类群体、通过群体智能解决现实问题的可能性，并引发了一个更深层次的问题：群体智能现象背后是否存在一般性的基本原理，使得人们能够利用这种基本原理设计出更加高效的人工群体智能（artificial collective intelligence）系统，从而为那些人类目前还无法求解或无法有效求解的问题找到新的求解途径。特别地，能否构造面向软件开发问题的人工群体智能系统，有效克服软件开发对个体开发者存在的本质性困难。其中蕴含的一个核心科学问题是“面向软件开发的群体智能调控机理”。

根据以上结论，凝练出新的科学问题：面向软件开发的群体智能调控机理。

2. 解决本科学问题面临的困难

解决本科学问题面临三方面的困难。一是群体智能现象的复杂性。现有研究主要从自然科学的角度出发，关注对物理空间中的低等生物群体智能现象的观察与解释，还未能充分揭示群体智能的一般性规律和机理，更无法实现人工群体智能系统的可控构造。二是软件及软件开发活动的复杂性。与物理制品的生产相比，软件开发具有复杂性、一致性、

解决本科学问题面临的困难：群体智能现象的复杂性、软件及软件开发活动的复杂性、群体智能与软件开发相结

易变性和不可见性等四种本质性困难。软件工程等学科经过几十年的发展，仍然无法彻底克服软件开发的本质性困难。三是群体智能与软件开发相结合的复杂性。软件具有复杂的逻辑结构，采用群体智能方式对软件进行构造所面临的特殊性是什么，如何基于这种特殊性对群体智能的一般性原理进行定制和扩展？对于这些问题，当前的研究和实践还缺乏系统深入的认识。

合的复杂性。

3. 研究本科学问题过程中的创新点

解决“面向软件开发的群体智能调控机理”这一问题的突破点在于如何理解群体智能这一基本概念。对于群体智能的研究和实践存在两个不同的路径：一是对物理空间群体智能现象的研究，主要从自然科学的角度出发，关注如何对已经发生的群体智能现象进行解释与分析，探寻其中的规律和机理；二是对网络空间群体智能系统的实践，主要从技术应用的角度出发，关注如何针对特定的问题求解，构造出能够汇聚众多个体智能的群体智能系统。如何将群体智能的解释性研究与构造性实践进行有机融合，是认识群体智能一般性原理的突破点。

基于以上困难分析，提出针对性的创新手段：建立物理空间与网络空间群体智能现象之间的同构映射。

基于上述认识，首先做出同构性假设，即物理空间与网络空间中的群体智能现象之间存在同构性；然后，通过对两种空间中典型群体智能现象进行解构分析，识别其共性特点；进而考察某一空间中的共性特点在另一空间中的存在形式；从而实现“物理空间群体智能现象的解释性理论”与“网络空间群体智能系统的构造性实践”间的相互启发和有机融合，为探索面向软件开发的群体智能调控机理构建清晰的概念框架。

本科学问题及其研究过程的创新性体现在三个方面。第一，创新视角。从群体智能的视角观察软件开发活动，为理解互联网环境下的新型软件开发实践提供了重要理论基础，进而定位到“面向软件开发的群体智能调控机理”这一关键科学问题。第二，创新思路。从同构性假设出发，尝试为物理空间中的自然群体智能现象与网络空间中的人造群体智能系统建立统一的框架模型，进而在群体智能的解释性理论与构造性实践之间建立相互连通与反馈的桥梁。第三，创新实践。以一种统一的群体智能框架模型为指导，针对软件开发、知识图谱构造、群体形状控制等问题开展了构造人工群体智能系统的探索性实践。

4. 研究本科学问题的意义

本科学问题的研究意义体现在以下三个方面。

一是探索应对软件开发本质性困难的创新方案。1987 年，软件工程领域著名学者 Frederick Brooks 指出软件开发面临的四种本质性困难（复杂性、一致性、易变性和不可见性），进而断言在未来 10 年内，不会出现一种单一的技术或管理方法，能够使软件的生产效率、可靠性或易理解性得到数量级的提升。目前看来，软件开发的本质性困难仍将长期存在。面向软件开发的群体智能调控机理的研究是对“在互联网环境下解决软件开发面临的本质性困难，提供创新性解决方案”的一种有益尝试，也是极具潜力的可行途径。

对知识体系产生的增量。

二是为构造求解其他复杂问题的人工群体智能系统提供参考。明确群体智能的内涵及调控机理，对如何构造求解特定问题的人工群体智能系统提供了可供借鉴的理论与技术框架。

研究的潜在应用价值。

三是探索互联网环境下人类群体的新型组织方式。2005 年，*Science* 列出了 125 个科学问题，其中，第 16 个问题是“合作行为如何演化”（How did cooperative behavior evolve）。2021 年，*Science* 联合上海交通大学发布了新版 125 个科学问题，其中“群体智能如何涌现”（How does group intelligence emerge）被列为人工智能领域 8 个重大科学问题之一。群体智能调控机理研究的直接目的是确保群体智能的可控涌现，从而使得人工群体智能系统具有基本的可构造性，为支撑人类在网络空间中的群体合作创新活动提供一种可行途径。

研究的潜在应用价值。

案例点评

人类社会的本质是一个巨大的复杂自适应系统，大量具有自适应能力的个体，通过相互交流和微观决策，使得整个宏观系统快速地非线性演化，进而具备了一种系统层面上的智能，即群体智能。在软件开发行业，当下，GitHub 已经成为全球 7300 万开发者的协作利器，Python 和 R 语言的成功更是源于活跃的社区用户参与。如何激励互联网上广大开发者群体参与到软件开发过程中，进一步提升软件开发的规模、质量和效率，是一个关键的科学问题，对提升国家科技实力和软实力有重要意义。该案例在探索科学问题的过程中，敏锐地发现了当前互联网时代软件开发的去中心化群体协作趋势和群体智能涌现的现象，并指出软件开发实践仍处于群体智能的原始状态，从中凝练出对未来行业发展有指导意义的研究问题，即“面向软件开发的群体智能调控机理”。案例提出的研究思路视角新颖，对于新兴的互联网软件开发群体行为，从同构性假设出发观察物理空间的自然群体智能现象和网络空间的人造群体智能系统，尝试建立起关联二者的统一理论模型，不仅可以为软件开发的群体行为提供可解释性，而且能够为未来更广泛的去中心化软件开发提供指导，支撑人类在网络空间上的群体合作活动，以实现群体智能的可控涌现。

案例供稿部门：信息科学部二处

案例审读人：南京大学　李宣东

案例点评人：北京航空航天大学　吕卫锋

十、鲫鱼吸附机理及其仿生

凝练科学问题的过程及意义

1. 科学问题的探索过程

2011 年，项目负责人在从事仿生鲨鱼皮的研究工作中，发现游动的鲨鱼表面时常环绕或吸附着一种体态奇特的水下生物。这种体态奇特的生物引起了项目负责人浓厚的兴趣。走访多个自然博物馆，并与专业生物学家交流后，确定该水下生物为鲫鱼。鲫鱼能够吸附在湿滑、粗糙、波动的大型游动生物（如海龟、鲨鱼、海豚甚至潜水人员）表面上，跟随其完成长距离航行。生物学家对化石进行研究发现鲫鱼的背部吸盘是由第一背鳍进化而来的，并惊叹其为脊椎动物进化史上的一个奇迹。20 世纪早期的生物学家描述，在西印度洋上，当地人将绳索系于鲫鱼的尾部将其放在海中自由游动，当鲫鱼吸附在大型海洋生物上时，当地人随即拉动绳索，便可将该鱼所吸附的大型海洋生物整个“钓起”。项目负责人由此意识到鲫鱼吸盘中存在的重要科学意义与重大潜在应用。当时，关于鲫鱼吸附机理方面的研究基本空白，这一年是 2013 年。

介绍研究背景及研究方向选定：以海洋中的“搭便车”生物为研究切入点，聚焦鲫鱼水下吸附机理科学问题。

对于陆生吸附，典型的代表生物有壁虎和树蛙等。早在古希腊时期，亚里士多德就记载了壁虎的爬壁现象。壁虎利用脚掌上的微结构与吸附表面之间的分子间作用力（范德瓦耳斯力）进行黏附；树

总结前期研究概况以及得出的结论：典型的陆生生物吸附机理在

蛙则通过脚掌微腔道分泌的黏液与吸附表面之间的毛细力产生黏附。但这两种黏附机理在水下的作用均受限。

水下作用受限，䲟鱼吸附机理方面的研究尚属空白。

以䲟鱼为代表的水生生物如何实现水下的超强吸附？国内外的生物学家仅对生物䲟鱼吸盘的形态学特征进行了少量研究，但䲟鱼吸盘的吸附机理及相应的仿生学研究尚未开展。项目负责人下定决心从基本原理出发一探究竟。

2013～2017 年，项目负责人对“䲟鱼吸盘如何实现水下强吸附”这一科学问题展开研究，走出了一条“生物观测—仿生样机—力学实验—揭示机理”的仿生机器人特色研究道路。䲟鱼吸盘结构跨越多个尺度，柔性肌肉驱动鳍片抬起或落下，构建了跨越多个尺度、硬度数量级的刚柔耦合的仿生结构，研制了吸附力可达自重约 340 倍的国际首个仿生䲟鱼吸盘机器人，最终揭示了䲟鱼强吸附、摩擦力可调控的水下吸附新机理。

根据前期研究结论，凝练出新的科学问题：䲟鱼吸附机理及其仿生。

2017～2022 年，项目负责人就“䲟鱼吸盘如何实现长时间、多介质、复杂表面吸附”这一科学问题继续进行深入研究。䲟鱼吸盘可以实现复杂表面（如破损、弯曲、高粗糙度表面）的长时间吸附，研究发现了䲟鱼吸盘“局部吸附”的新现象。通过实验室仿生机器人特色研究道路，揭示了䲟鱼吸盘鳍片独立腔体、静水压增强的冗余吸附新机理。研制出能够快速（跨越时间仅 0.35 s）跨水–空介质、吸附复杂表面、“搭便车”的仿生机器人。

2. 解决本科学问题面临的困难

本研究涉及生物、材料、力学、化学和机械等多个学科领域的深度交叉融合，主要有以下困难。

第一，在生物研究上，鲫鱼吸盘结构十分精妙复杂。例如，吸盘的奇特外形、唇圈材料的各向异性、唇圈内部分层的组织形态结构、吸附时唇圈材料与吸附表面的黏弹特性、吸盘刚柔耦合的鳍片结构及其运动、鳍片顶端微刺和表面的相互作用等因素。这些因素对鲫鱼吸盘吸附力和稳定吸附时间产生何种影响？鲫鱼吸盘如何在强吸附状态下实现快速脱离？攻克上述生物力学难题，需要结合生物形态学、生物运动学、水动力学实验技术及相关理论基础。

解决本科学问题面临的困难：鲫鱼精妙的吸盘生物结构以及跨尺度仿生机器人样机实现的挑战性。

第二，在仿生样机研制上，如何准确测量、建立仿生模型并最终达到生物快速、可逆、强力地吸附及脱附是一项巨大挑战。鲫鱼吸盘外周的唇圈，由柔性的肌肉与纤维组成；吸盘内部的硬质鳍片的外表包裹了薄壁软组织，由肌肉驱动产生微动；鳍片上还有锥状微尺度小刺。整个吸盘结构刚柔耦合，弹性模量相差 5 个数量级，结构跨越多个尺度。若采用传统的 3D 打印技术简单地把硬质软质结构拼接，则无法实现高应力强度的吸附，难以实现仿生样机的制备。

3. 研究本科学问题过程中的创新点

研究过程中，项目负责人先后提出如下三个创新点。

（1）揭示了鲫鱼吸盘强吸附、摩擦力可调控的吸附机理，以及吸盘唇圈卷曲翻边的快速脱附机理。研制出同时具备强吸附和快脱附能力的仿生鲫鱼吸盘机器人。仿生鲫鱼吸盘机器人能在光滑表面产生相当于自重约 340 倍、粗糙表面上自重约 100 倍的吸附力，内部鳍片的主动抬起可增加

基于以上困难分析，提出针对性的创新手段：揭示了鲫鱼吸盘强吸附、摩擦力可调控的吸附、吸

70%的摩擦力，脱附速度相比常规吸盘提高了200%。

（2）从䲟鱼可以吸附非完整表面这一新现象出发，揭示了䲟鱼吸盘鳍片独立腔体冗余吸附机理。䲟鱼吸盘鳍片间可以形成独立的腔体，用于冗余密封。这个特征使得其在水下和空气中均可长时间吸附在各类复杂表面（包括弯曲、粗糙、不完整和生物污染表面）上。采用多层堆叠技术制备了具有冗余、自适应以及流体增强特性的仿生䲟鱼吸盘机器人，使仿生吸盘在摩擦力、吸附时间上分别提升了44%和206%，并实现了在弯曲、非完整、微生物附着等多种复杂表面上的长时间吸附。

（3）以䲟鱼吸盘唇圈为研究对象，按照材料研究中的“结构-制备-性能-功能”四要素，利用静电植绒技术首次制备出具有法向纤维结构的仿生吸盘，极大地增强了吸附性能。与纯硅胶吸盘相比，吸附时间和拉脱力分别增加了340%和62.5%。

盘唇圈卷曲翻边的快速脱附、吸盘鳍片独立腔体冗余吸附的生物力学机理，并提出了仿生䲟鱼吸盘机器人、多层堆叠、静电植绒等多种新技术、新方法。

4. 研究本科学问题的意义

在水下吸附生物中，相较于章鱼、喉盘鱼、贻贝等利用吸附器官进行暂栖或永久吸附的水下吸附生物，䲟鱼是目前人类已知的唯一能够对快速游动宿主进行高效吸附、脱附从而实现长距离航行并节省能量的海洋生物。

本研究揭示了䲟鱼的水下强吸附、高摩擦、竖直纤维增强结构、复杂表面冗余自适应以及高效脱附的生物力学机理，填补了国际上䲟鱼吸盘仿生学研究的空白。仿生䲟鱼吸盘机器人能产生超过自重约340倍的吸附力，而仅需2.6 N的驱动力便可实

对知识体系产生的增量。

现脱附，两者相差约200倍。同时可以实现在弯曲、狭窄、破损、粗糙等多种复杂表面上的高效吸附和脱附。

结合鲫鱼的自适应吸盘，项目负责人从自然界生物的自折叠现象中获取灵感，设计了可以在水空界面自折叠的跨水-空介质机器人，完成了一个自供能的仿生鲫鱼吸盘机器人。该机器人可以飞行、游动、连续跨越介质（跨越时间仅0.35 s），以及吸附在空气和水下的各种复杂表面上。该机器人还首次实现了在空气中或水下对具有相对速度运动表面上的自适应吸附。

水下机器人的续航能力、航速受限于现有的能源存储技术，并不能进行较长时间、远距离的运动。鲫鱼吸盘的高效吸附能力可以为水下机器人续航问题提供新的解决思路——使机器人在保持高机动性的同时，兼具“搭便车”的能力，从而节省能量、延长工作时间。跨水-空介质机器人在海洋中可完成跨介质识别、跟踪、作业等特种任务。本项研究成果在执行军事侦察、目标跟踪、海洋监测等方面具有应用前景。

研究的潜在应用价值。

案例点评

该案例详细描述了鲫鱼吸附机理及其仿生科学问题的探索过程、研究思路和方法等，总结了项目开展的科研历程和心得体会，具有如下三点不错的借鉴意义。

第一，前期广泛调研，选题适度聚焦。项目前期被鲫鱼的小故事所吸引，留下了深刻印象。通过广泛调研仿生吸附（包括陆生吸附）的研究现状，最后聚焦到“鲫鱼吸附机理及其仿生”的科学问题，生动展现了具有启发意义的科研探索与问题凝练过程。

第二，注重多学科知识交叉融合，敢于采用创新技术。项目组非常注重并充分利用了生物、材料、力学、机械等多学科知识的深度融合，大胆采用多层堆叠、静电植绒等技术开展仿生吸盘的制作，思路新颖，成效显著。

第三，深入思考研究成果的应用价值和未来出路。根据案例描述，将仿生吸盘与跨水–空介质机器人巧妙结合，实现对多种复杂表面的强力、灵活吸附，以期在水下救援、生态监测及军事应用方面发挥巨大作用。这些均表明项目组对仿生吸盘的未来应用做了深入思考，值得科研工作者借鉴和学习。

案例供稿部门：信息科学部三处

案例审读人：北京大学　喻俊志

案例点评人：北京大学　喻俊志

十一、血液肿瘤的细胞异质性及其演化研究

凝练科学问题的过程及意义

1. 科学问题的探索过程

细胞异质性是众所周知的普遍现象，但细胞异质性产生的根源、其生物学本质及与人类疾病的关系并不明确。表观遗传修饰调控及微环境调控应该是细胞异质性产生的最重要因素。2014 年，科研人员利用同卵双胞胎模型揭示新表观调控机制为基础的异质性导致了白血病的发生，不但阐明了表观调控机制影响细胞异质性改变，而且证明了该变化能导致肿瘤发生，建立了表观调控变化→细胞异质性改变→肿瘤发生的认知模式。在此基础上，研究团队提出新科学问题：在造血干细胞已经存在异质性的情况下，不同异质性群体获得同样突变后对肿瘤有何影响？研究发现相同突变发生在造血干细胞不同异质性亚群将引发不同亚型的肿瘤并产生不同的治疗反应，将细胞异质性与肿瘤的多样性及治疗反应差异关联起来，建立了不同异质性亚群→基因突变→肿瘤亚型不同的认知模式。对应于肿瘤情景，随之产生的科学问题是，造血干细胞的异质性何时产生？科研人员利用单细胞技术在国际上最早开展了造血细胞发育异质性的探索，发现造血干细胞在其前体阶段，即最初产生之时就已经存在显著的功能异质性。上述发现表明异质性对于血液

介绍研究背景及研究方向选定：人体细胞的异质性现象普遍存在，但从细胞异质性角度认识肿瘤却不多见。

生理发育及肿瘤发生可能起到至关重要的决定性作用。

2015 年底，国家自然科学基金委员会医学科学部针对这一领域热点举办了“双清论坛”，进一步凝练出细胞异质性与重大疾病领域的关键基础科学问题及共识。聚焦血液细胞异质性起源及调控（如细胞异质性起始于什么发育阶段、如何产生、如何维持、为何改变等），以及细胞异质性调控血液肿瘤演变规律（如细胞异质性如何导致血液肿瘤及其与肿瘤复发、耐药等的关联）等重要科学问题，依托于单细胞转录组测序、单细胞 / 痕量细胞多组学测序及相关生物信息分析，以及新型遗传谱系示踪等前沿技术体系，可从四个主要方面阐明这一基础科学问题：①造血干细胞早期发育的异质性研究；②异质性与血液肿瘤发生发展的关系；③血液肿瘤耐药复发中的异质性研究；④微环境细胞异质性对血液肿瘤发生和演变的影响。通过对细胞异质性研究，以期为血液肿瘤的发生提供新理论，为克服血液肿瘤的复发及耐药提供新策略。

根据前期研究结论，凝练出新的科学问题：细胞异质性与肿瘤的复发、耐药等密切相关。

2. 解决本科学问题面临的困难

影响细胞异质性研究的因素如下。①细胞数量因素（大海捞针）：细胞命运决定的关键亚群细胞及肿瘤干细胞数量稀少（如造血干细胞发育起始仅为个位数，而肿瘤干细胞也是从单个突变细胞开始）。②复杂调控因素（瞬息万变）：细胞异质性通常受到细胞内（表观调控、代谢状态等）外（微环境）因素的影响，因此精准判断细胞异质性需要实时和多维信息的整合。③实验手段局限：目前以群

对凝练出的新科学问题的思考：病理条件下细胞异质性产生与哪些因素相关？与正常生理条件下细胞异质性产生是否也有关？

体细胞为对象的研究方法噪声过高，无法准确甄别数量稀少的关键细胞。单细胞技术在很大程度上解决了这个问题。例如，造血干细胞单细胞移植证明了细胞的功能异质性（“存在”）；而单细胞转录组能够捕获细胞的转录分子特征，获得细胞的分子特征（“找到”）；但这些研究都基于细胞本身单维研究的层面，仅解析了细胞异质性的冰山一角，还需要更多维度的纳入，结合细胞微环境改变，得到细胞异质性的清晰图谱。④数据分析壁垒：单细胞多维组学整合算法的开发、设备计算能力的提升等都在一定程度上制约了细胞异质性研究。

解决本科学问题面临的局限：肿瘤的复发、耐药是一个很复杂的科学问题，从细胞异质性角度认识这个问题必须辨识细胞的异质性差异究竟在哪里。

3. 研究本科学问题过程中的创新点

提高研究技术的精准度是进行细胞异质性研究的核心。单细胞转录组、表观组、染色质动态等高精度技术改变了既往“马赛克”式模糊观察，得到了单细胞“超高清”状态图谱，从而使生理/病理细胞异质性研究成为可能。这关键取决于以下创新方式：①研究范式改变，由既往基因—表型—机制转变为解析细胞异质性—发现发育及疾病的关键细胞亚群—揭示细胞命运决定规律—指导发育、再生及疾病治疗。该范式更加符合科学探索规律，直击领域根本和核心科学问题，开拓了从“0”到“1”的原创性探索。②研究视角改变，分子生物学研究技术的发展促使我们的目光更多聚焦于细胞内，同时以中心法则为基础，研究 DNA-RNA-蛋白质之间的关系；但细胞异质性的研究使得我们重新审视细胞作为机体的最小功能单元这一概念，建立以细胞为核心的新研究理念。③引领技术革新：细

基于以上困难分析，提出针对性的创新手段：研究细胞异质性需要借助于新的研究技术和手段，单细胞技术为细胞异质性研究提供了可能。

胞异质性研究需要以单细胞为基础，逐步建立单细胞基因组、转录组、翻译组、代谢组、蛋白质组、空间组及多维组学实验及分析等方法。虽然当前仅有少数方法较为成熟，但形成了科学问题引发技术革新、技术革新又推动科学发展的良性循环态势。

4. 研究本科学问题的意义

（1）指导再生：血液细胞异质性研究具有非常重要的社会、医疗、战略意义。血荒危机肆卷全球，体外如何高效再生红细胞、血小板和中性粒细胞等不同类型的血细胞是缓解血源短缺的重要策略，足量血细胞储备同时也是国家重大战略需求。科研人员利用单细胞技术成功破解了发育早期造血干细胞、生血内皮细胞、髓系祖细胞、巨噬细胞的异质性。研究发现人胚胎发育早期在生血内皮阶段就已经出现了巨核系、红系偏好的异质性亚群，提示细胞命运决定早于传统认知。无疑，对造血干细胞、髓系祖细胞等关键细胞群体在早期发育阶段的异质性解析将促进体外造血干细胞及不同类型免疫细胞的再生。

对知识体系产生的增量：从细胞异质性角度开展研究，将进一步丰富对肿瘤复发、耐药的认识。

（2）指导移植：血液系统肿瘤是最常见的恶性肿瘤之一，其发病率和病死率均位居恶性肿瘤前十位，不但严重影响国民健康，而且还带来沉重的社会家庭经济负担。造血干细胞移植作为治愈血液恶性肿瘤的唯一手段，困扰临床实践多年的难题是，如何尽早、准确判断造血干细胞是否成功植入、有无移植物抗宿主病（graft versus host disease，GVHD）的风险。针对该问题，科研人员首次成功解析了造血干细胞移植的早期动力学变化，打开了领域长期以来有关造血干细胞移植后早期生物学

研究的潜在应用价值：为防治肿瘤、克服肿瘤耐药提供理论依据，为患者提供对抗肿瘤更有效的手段。

行为的“黑匣子”，为判断患者移植是否成功提供了理论基础。

（3）指导治疗：耐药和复发是制约血液肿瘤疗效的关键难题，如何从根本上认识其机制？科研人员通过解析造血干细胞异质性与血液肿瘤发病及治疗的关联，指导了临床用药方针；通过揭示血液肿瘤化疗过程中微量残留病的异质性和发生机制，解析了肿瘤复发的根源。

这些研究不但为血细胞再生和应用、血液肿瘤诊疗新策略的开发提供了重要依据，而且为疾病治疗、复发监测提供了重要理论基础和临床实践指导。

案例点评

在疾病诊疗和研究时都会面临异质性这一挑战，不同疾病间可相互转换，疾病良恶性间有时也无截然界限。针对这些难题，利用单细胞等生物学前沿技术，从血液系统疾病入手开展研究是个很好的切入点。

针对血液系统细胞克隆演变的研究虽已跨越了半个多世纪，但我们对其本质仍知之甚少。针对血液克隆演变的问题，首先自然联想到和正常血液细胞异质性有何关系，特别是与造血干细胞异质性的关联。再者，正常造血细胞异质性发生于胚胎何时何处？是如何动态变化的？这些都是非常根本性的生物学问题。个别正常造血细胞发生基因突变后，是如何不断扩增，与野生型细胞相互竞争？微环境变化是因还是果？研究者希望通过这些研究最终能找到与疾病的相关性，并利用临床疾病队列挖掘克隆演变在早期预警、临床诊断、预后判断及治疗方案选择和干预新方法中的价值。更值得一提的是，该类研究不仅与血液系统疾病，而且与非血液系统疾病（如心血管疾病和实体瘤）

都密切相关，是探索“同病异治”与“异病同治”新策略的一个重要途径，因此“血液肿瘤的细胞异质性及其演化研究”这个项目体现了科学家追根溯源的好奇心，同时紧密联系临床实际，对血液系统内外诸多重大疾病，特别是恶性疾病均具有重要启示和借鉴价值。

案例供稿部门：医学科学部一处

案例审读人：暨南大学　李扬秋

案例点评人：中国医学科学院血液学研究所　程涛

十二、病证结合的生物网络基础研究

凝练科学问题的过程及意义

1. 科学问题的探索过程

中医学以“证”的诊疗概念为核心，西医学以“病”的诊疗概念为核心。“病”与“证”分属不同医学体系，中医辨证注重的表型是患者的症状和四诊信息，西医辨病注重的是生理和病理等临床信息。病证结合能够充分体现中西医两种医学的优势互补，是实现疾病个体化和精准化诊疗的重要途径。因此，揭示病证结合的生物学基础，发现病证的生物标志物，进而阐释病证标志物对疾病个体化诊疗的意义，构建和完善病证结合研究的方法学体系是病证结合研究的关键科学问题。

介绍研究背景及关键科学问题：如何构建“病”“证”结合研究的方法学体系，揭示病证结合的生物学基础，促进疾病个体化与精准化诊疗？

“证”和“病”均以患者为对象，以“表型”为观察基础。从根本意义上说，从分子层次理解“病”与“证”，可以归结为理解“表型-分子网络”之间的复杂关系。项目基于前期所提出的中医证候与生物分子网络相关的假说，构建出中医寒热证的生物网络，证实慢性胃炎恶性转化中伴随着中医寒热证的网络失衡，提示生物网络可为系统地理解“表型-分子网络”之间的复杂关系提供科学依据。

总结前期研究，得出解决上述问题的重要切入点：生物网络。

生物医学迈入大数据时代，生物系统的原理和规律必然存在于多层次生物分子网络及其相互作用中。中医从长期临床实践中凝聚出了“寒”“热”等特色概念，科学认识这些诊疗概念的生物学基础是中医药现代化的重点和难点。因此，以慢性胃炎寒热证为典型对象，以生物分子网络为基础实现病证宏观表型与微观信息的系统整合，由此揭示病证结合的机制关联，发现病证相关的生物标志物，发掘数千年来传统中医诊疗的微观基础及其现代意义，对于中医药、中西医结合创新发展均具有重要价值。

典型研究对象：“病”：慢性胃炎。“证”：寒热证。

2. 解决本科学问题面临的困难

以“证”为核心的传统中医诊疗具有宏观、整体的特点，以“病”为核心的现代医学具有微观、局部的特点。病证结合研究的关键难点在于缺少能够将宏观与微观、整体与局部进行系统整合的方法，从而导致病、证在生物机制层面上的脱节。以往的病证结合研究从以宏观表型为主，拓展到表型与生物学指标相结合，主要利用生物组学技术和单因素还原论分析方法，取得了一定的进展，然而难以从系统角度揭示病证表型与分子多层次的关联性。因此，病证结合研究急需研究思路与方法的突破。在研究思路上需要既体现现代医学注重生物机制的特点，又符合中医辨证的整体性思想；在研究方法上需要实现病证宏观表型与微观分子信息的系统整合，发现病证表型与分子指标的演变规律，以及具有临床诊疗意义的病证标志物。

解决上述关键科学问题面临的两点困难：宏观与微观结合；整体与局部结合。

3. 研究本科学问题过程中的创新点

本项目提出以生物分子网络为基础来阐释复杂病证的内在机制，重点从大数据、人工智能角度建立病证生物网络的高精度计算方法，并结合临床与实验，发现对于疾病发生发展具有重要临床价值的病证生物标志物，并评价其可靠性和临床诊疗意义。具体而言，本项目旨在突破单因素还原分析方法的局限，采用高精度的计算预测方法系统地构建病证表型相关分子网络，以慢性胃炎寒热证为范例，通过临床横断面调查、网络扰动实验和临床队列研究，从多方位检验生物网络的可靠性及其演变规律，从该网络中发现寒热证相关的病证标志物，并评价其对于慢性胃炎个体化治疗或恶性转化风险评价的意义。研究表明寒热证存在代谢–免疫网络调节失衡的科学基础，通过网络关键节点分析和临床验证，发现胃炎寒证表现为以瘦素（LEP）/一氧化氮合酶（NOS1）等为标志的能量代谢减弱、以趋化因子 CXC 配体 13（CXCL13）等为标志的微环境 T 细胞活性降低，而胃炎热证表现为以过氧化物酶体增殖物激活受体（PPARA）/3-羟基-3-甲基戊二酰辅酶 A 合成酶 2（HMGCS2）等为标志的脂代谢增强、以趋化因子配体 2（CCL2）等为标志的炎症反应增强。胃炎寒热证相关的代谢–免疫失衡加剧，会诱导部分胃黏膜上皮细胞表现出以激肽释放酶 10（KLK10）/层粘连蛋白亚基 γ2（LAMC2）等为标志物的干性增强与恶性增殖，胞内基因组不稳定性增加，促使胃炎癌转化。因此，本研究通过计算、临床、实验紧密结合，初步揭示了病证结合的生物网络基础，为阐释中医药科学原理、促进中西医结合提供了科学依据。

创新点：研制高精度网络分析方法，揭示胃炎寒热证的生物网络基础，发现胃炎、胃炎癌转化的病证标志物。

4. 研究本科学问题的意义

本项目从生物网络的角度研究病证结合的科学基础，对于中医药、中西医结合、新兴前沿研究方法的发展均具有积极意义。

一是，病证表型–分子生物网络的构建及标志物的发现，可为病证结合的生物学基础研究提供重要方法学范例，有助于从分子水平和系统层次发掘中医辨证论治整体诊疗的微观基础，并揭示其在疾病个体化、系统性诊疗中的意义，促进中医辨证论治的客观化、精准化。二是，本项目建立的慢性胃炎病证生物网络和发现的病证生物标志物有助于加深对于胃炎、胃癌等高发疾病个体化、系统性诊疗的理解，建立起生物学机制基本清晰的胃病中医精准防治体系，有助于解决我国胃癌高发、胃炎癌转化缺乏有效防治手段的难题，具有重要的实际应用价值，并能推动中西医结合医学的创新发展。三是，作为一个新兴前沿的重要方向，深入开展基于生物网络的病证结合研究，还能够建立起研究中医药复杂体系的新思路和新方法，为系统生物学、表型组学、网络药理学等新兴学科的发展注入来自传统中医药的新动力。

研究意义：建立病证结合基础研究范例，促进胃病中西医精准防治。

案例点评

病证结合是我国中西医结合临床学者创造出的一种诊疗模式，也是指导临床诊断和治疗用药的基本准则，是实现疾病个体化和精准化诊疗的重要途径。通过揭示病证结合的生物学基础，发现病证结合的生物标志物，对疾病个体化诊疗具有重要意义。

病证结合研究方法成为技术瓶颈，从20世纪80年代开始，中西医结合的学者尝试探索发现病证结合的特异性指标未能如愿，但病证结合仍从宏观上指导临床实践。近十几年随着科学技术的发展，生命科学分子调控网络的不断发现和组学等新技术的涌现，从不同的角度探索病证结合的科学性成为可能，该项目以生物分子网络为基础来阐释复杂病证的内在机制，重点从大数据、人工智能角度建立病证生物网络的高精度计算方法，并结合临床与实验，发现具有重要临床价值的病证生物标志物，并评价其可靠性和临床诊疗意义。以慢性胃炎寒热证为范例，通过临床横断面调查、网络扰动实验和临床队列研究，从多方位检验生物网络的可靠性及其演变规律，从该网络中发现寒热证相关的病证标志物，并评价其对于慢性胃炎个体化治疗或恶性转化风险的意义，对于深入认识慢性胃炎寒热证不同表现的生物学基础有很重要的意义。

案例供稿部门：医学科学部十处

案例审读人：天津中医药大学　高秀梅

案例点评人：天津中医药大学　高秀梅

Part II

第二篇

聚焦前沿　独辟蹊径

一、拟周期驱动的双曲系统的动力学结构

凝练科学问题的过程及意义

1. 科学问题的探索过程

拟周期现象和双曲性都可以追溯到著名数学家庞加莱关于天体运动的研究。

介绍研究背景及研究方向选定：拟周期驱动的双曲系统。

拟周期现象产生的根源在于多个不同周期的系统相互作用。在太阳系中，每个天体都有不同的运动周期，从而整个太阳系可以近似地看成一个拟周期的运动系统。在研究太阳系的稳定性时，庞加莱提出了在小扰动下拟周期运动保持性的问题，并称之为“动力学基本问题”。事实上，拟周期性已被广泛地应用于对自然现象的刻画，如多频振子系统、准晶体结构和量子霍尔效应等。由于其深厚的科学背景和重要的研究价值，拟周期运动一直是动力系统及相关领域重点关注的研究对象。

动力系统的双曲性指的是一种特殊的不变几何结构，其局部特征表现为压缩与扩张两种动力学行为的共存，这是已知的由几何结构产生混沌现象的主要机制。在三体问题的研究中，庞加莱发现了同宿现象，进而导致了极为复杂的动力学行为。后来被证实，这些复杂的动力学行为背后的本质原因是三体系统中蕴含的双曲性。自 20 世纪 60 年代，双曲系统的研究由阿诺索夫、斯梅尔、廖山涛等发扬光大，直至今日也是动力系统的核心研究方

向之一。

由于噪声或外力的普遍存在，研究随机或带驱动的动力系统具有重要的科学意义。基于经典的光滑遍历理论，人们已经在双曲动力系统中发现了丰富的轨道行为和动力学结构，如周期轨道的稠密性、斯梅尔马蹄的存在性等。那么一个自然的问题是在外力驱动或噪声的作用下，这些特殊的动力学结构及其特性是否还能保持。其中，周期外力是刻画外力作用最基本的数学模型，而多个不同周期外力的共同作用则自然产生了拟周期驱动。研究拟周期驱动的双曲系统兼顾了双曲系统的结构多样性和驱动系统的普遍性，有望产生新的系统结构或运动现象。

根据前期研究结论，凝练出新的科学问题：拟周期驱动的双曲系统的动力学结构。

拟周期驱动的双曲系统已经超出了经典光滑遍历理论的研究范畴，预期结果与经典理论具有显著的区分度。具体来说，在拟周期驱动的系统中，由于严格的周期回复性被打破，作为描述系统行为的一些经典动力学结构（如周期轨道、斯梅尔马蹄等）均不存在，这必然需要引入新的概念和方法。它们与经典理论存在深刻关联的同时，也具有鲜明的特征和差异。

基于研究方法和研究团队的综合考量，我们认为“拟周期驱动的双曲系统的动力学结构”是一个可行性较高的前沿课题，值得深入探索。基于拟周期驱动的双曲系统的动力学特性（如驱动系统的动力学刚性和完全遍历性等），可供选择的研究方法和手段较为丰富。我们可以综合借鉴动力系统、概率论、分析和拓扑等领域的思想、方法和工具，这为发现新的现象或结构，以及构建新的理论提供了很大的便利。研究团队成员包含动力系统、随机分析、拓扑等领域的专家，前期已经积累了丰富的研究经验，为本科学问题的顺利推进提供了强有力的保障。事实上，通过引入随机周期轨道、随机马蹄和分布空间动力系统等概念，我们已经得到了拟周期驱动的双曲系统相应动力学结构的存在性、分布性质以及它们与纤维熵等系统复杂性度量的内在关联等结果。

总的来说，选择拟周期驱动的双曲系统作为研究对象具有以下几个优点：该类系统科学背景深厚，具有重要的研究价值，对它的研究可以带来新的概念、发现新的结构（如随机马蹄等），进而有望产生新的理论、凝练出更多深刻的科学问题，甚至可能发掘出具有强大生命力的研究方向。

2. 解决本科学问题面临的困难

探索带驱动的双曲系统的动力学结构和运动现象是一个充满挑战的研究课题。目前已有的研究进展尚局限在具有特殊结构的随机动力系统，如随机保体积双曲系统等，其研究方法严重依赖于系统的特殊性质，如系统的保体积性质等。而对于一般的带驱动系统，现有的理论体系无法提供有效的支撑，原因在于其主要适用于自治系统的研究，所运用的研究方法集中在经典的遍历理论、双曲理论和熵理论等。而对于新的科学问题，所研究的随机系统或带驱动的系统往往不满足经典理论的要求。因此，目前最大的困难是无法对经典理论做系统性拓展，例如，对随机动力系统全局回复性的研究依赖于系统的具体特性，没有一个普适的理论作为支撑，一个可能的发展方向是建立适用于一类无穷维

解决本科学问题面临的局限：经典的理论和方法无法直接应用于拟周期驱动的双曲系统。

动力系统的遍历理论，而这恰恰超出了经典遍历理论的适用范围。

3. 研究本科学问题过程中的创新点

对此类问题的研究一方面需要对经典的动力系统理论进行梳理，包括对概念、定理和理论体系之间关系的分析，另一方面需要进行多领域的合作交流，包括对动力系统、概率论、分析和拓扑等方向的相关内容进行有机融合，从而产生原创性的思想、理论和方法。

基于以上困难分析，提出针对性的创新手段：融合动力系统、概率论、分析和拓扑等方向的概念和工具。

从前期研究的经验来看，对经典理论的梳理和跨方向的合作交流从不同层面发挥了重要的作用：一方面，经典的一致双曲理论为新研究的开展提供了参照和蓝图，为凝练有价值的科学问题提供了线索；另一方面，动力系统和随机分析两个数学分支的结合催生了新的概念（如随机周期轨道、随机马蹄、分布空间动力系统等），对于它们所刻画的数学结构的研究则促进了新理论的诞生，更为重要的是，这些新的概念和观点激发了新的研究方向和科学问题的产生，例如关于随机周期轨道存在性和分布性质的研究结果为随机动力系统的遍历极值问题和非时齐随机过程的中心极限问题的提出提供了根本性的支撑（在此之前，由于基本概念的缺失，无法对上述问题形成明确的阐述）。

4. 研究本科学问题的意义

对这些科学问题的研究，可以对带驱动的系统或随机系统提出不同层次复杂性的概念，并进一步探求产生这些不同层次复杂性的内在机制，由此从全新的角度刻画其复杂动力学行为；也可以从动力系统和概率论的角度探索非时齐随机过程的相关

对知识体系产生的增量以及在研究范式变革上的潜在价值。

性质，例如研究非时齐随机过程的回复性、遍历性、相关性衰减等动力学问题，利用随机周期轨道等概念阐述非时齐情形的大数定律和中心极限问题，并探索其成立的条件；这些概念同样适用于对随机微分方程的研究，特别是对带外力驱动的随机微分方程的动力学行为的研究具有开拓性的意义，例如，这使得在驱动和噪声同时存在的情形下，对二维 Navier-Stokes 方程所生成的非时齐随机动力系统的遍历性、混合性及概率性质的研究成为可能；此外，该领域的发展有望对经典理论做出系统性拓展，例如经典遍历理论主要适用于紧性系统，而对于随机动力系统遍历性和回复性的研究需要发展非紧系统的遍历理论，这有望促进新理论的产生，从而产生更深远的影响，特别是为非自治随机动力系统复杂动力学理论的建立提供关键的思想和方法。

案例点评

动力系统的现代理论起始于庞加莱在 19 世纪末对天体运行轨道稳定性的研究。在 20 世纪上半叶，动力系统理论沿着几个不同的道路发展，其中包括 N 体问题、测地流、遍历理论与微分方程定性理论。这些研究为 20 世纪 50 年代和 60 年代初 KAM 理论、动力学熵理论以及双曲动力系统理论的建立奠定了基础。在接下来的几十年中，动力系统理论得到了迅猛的发展并取得了巨大的成就，我国廖山涛先生在双曲动力系统方面的工作具有重要而广泛的国际影响。在双曲动力系统理论中，周期轨道作为描述系统动力学行为最小单元起着至关重要的作用。“拟周期驱动的双曲系统的动力学结构”是一个重要的前沿课题。拟周期驱动的双曲动力系统不同于经典的双曲动力系统，是一个非自治（非时齐）系统，在拟周期外力驱动下系统已有的周期回复性被破坏，通常的周期轨道不复存在，这就为描述系统的复杂动力学结构带来了新的挑战。该科学问题的研究将融合动力系统与随机分析两个数学分支的思想方法来构建新的概念与新的动力学结构（如随机周期轨道与随机马蹄等）、发展新的研究方法，有望推进新理论的产生，孵化出新的研究方向和科学问题，并为非自治随机微分方程所生成的随机动力系统复杂动力学行为的研究提供新的思想和方法。

案例供稿部门：数学物理科学部数学科学处

案例审读人：吉林大学　李勇

案例点评人：四川大学　吕克宁

二、数据与机理的融合计算

凝练科学问题的过程及意义

1. 科学问题的探索过程

数据与机理的融合计算是一种新的研究范式，很多科学前沿中的困难问题，都可以利用这种研究范式取得突破，其中水分子建模就是一个典型的案例。

介绍研究背景及研究方向选定：水分子建模。

水是地球上最常见的物质之一，是包括无机化合物、人类在内所有生命生存的重要资源，也是生物体最重要的组成部分。水的物理现象异常丰富，有丰富的相图、在 4℃时密度达到极大、过冷水存在液-液相变、冰融化等，这些问题至今没被充分理解。

传统上，水分子建模或从第一性原理计算出发，准确但是计算开销高昂，或从经验力场出发，高效但是不准确。这两类方法都取得了令人瞩目的成果，但是长期以来水的建模不存在能够兼顾精度和效率的建模方法。为了解决这个精度和效率无法两全的困境，引入新型数学工具势在必行。

数据与机理融合的水分子建模中的数据来源于高精度的理论模型——第一性原理模型，但是这类模型均存在计算开销高昂的困难，在大量问题的研究中受到了难以克服的限制。数据与机理融合的水分子建模中的机理是利用分子动力学模拟研究水的相变过程。二者融合发展出来的精度和效率两全的模型，对大量困难的理论计算问题均具有潜在的推动作用，其中需要通过深度学习的方法来高效表示和计算刻画水分子间相互作用的高维势能函数。

数据与机理的融合计算既是一个科学问题，也是一种新型的研究范式。从数据出发的计算旨在从数据中总结规律，追求在实践中的应用效果；从机理出发的计算以基本物理规律为出发点进行演绎，追求简洁与美的表达。单一的计算模式存在精度与效率无法两全的困境。二者的融合计算提供了解决这个困境的一个研究范式，将基于数据的深度学习与基于机理的分子动力学相融合，发展数据与机理融合的深度学习模拟水的原子间相互作用方法，可以研究水的相变过程，同时水的相图计算也可作为检验模型质量的最严苛的测试。

根据前期研究结论，凝练出新的科学问题：数据与机理的融合计算。

2. 解决本科学问题面临的困难

水是一个不平凡的体系，其中多体作用、化学键作用、氢键作用、范德瓦耳斯力作用相互竞争带来了丰富而有趣的物理现象。水的实验相图极其复杂，具有接近 20 个相，近年来仍不断有新相被发现。如何在理论计算中计算水的相图，甚至发现新相是极具挑战的科学问题。首先，相图计算需要对水的构型进行采样，需要进行大量长时间分子动力学模拟，若采用第一性原理计算，无法承受这样的计算开销。其次，水的相图中不少区域存在高度竞争的两个或数个相，因此正确计算相图需要对分子间相互作用准确建模。由于这两方面的困难，水相图的理论计算进展一直相对缓慢。

解决本科学问题面临的局限：高效表示并计算一个高维势能函数。

研究发现，刻画水分子相互作用的一个困难是高效表示并计算一个高维势能函数。高维函数的表示在传统上缺乏有效数学工具，面临“维数诅咒”，即参数个数随维数呈指数增长这一难题。除了表示问题，在高维势能函数中保持物理机理的正确性是使其能够用于研究实际物理问题的必要前提。因此势能函数的表示可以视为一个带有约束的表示问题。如何让这样的表示具有足够的能力，以近似复杂的高维势能函数，是一个必须解决的科学问题。

3. 研究本科学问题过程中的创新点

深度学习正是表示高维函数的有力工具，是解决困境的理想工具，但是深度学习模型无法直接保证物理机理的正确性。研究团队提出了深度势能模型。在这个模型中发展了保证对称性描述子，采用了保证物理量广延性的势能函数构造，克服了在基于数据的深度学习模型中保证物理机理正确性的难题。在此基础上，发展了同步学习数据生成算法，在保证模型精度的前提下做到数据量极小，这解决了高维空间中数据生成的难题。

基于以上困难分析，提出针对性的创新手段：提出深度势能模型，并发展同步学习数据生成算法。

团队在异构高性能计算平台上对深度势能分子动力学模拟进行了优化，在保持第一性原理计算精度的前提下，让可以模拟的体系规模达到 1 亿个原子。这为水相图计算提供了有力的计算工具。此外，团队发展了一整套误差控制的热力学积分方法，为精确计算水不同相的相对稳定性打下了基础。

4. 研究本科学问题的意义

团队发展的深度势能为一系列复杂体系物理/化学性质的研究提供了有力的工具，通过数据和物理机理的融合解决了传统势能函数模型精度和效

对知识体系产生的增量以及在研究范式变革上的

率无法两全的困境。研究团队使用强约束良规范(strongly constrained and appropriately normed,SCAN)泛函进行第一性原理计算,使用同步学习算法生成数据,训练了一个在宽温度压力区间具有一致精度的深度势能模型。团队使用误差控制的热力学积分方法对相图进行计算,理论上成功计算了实验中观察到的大部分相边界,获得了迄今和实验最接近的理论计算相图,这说明深度势能方法具有极高的精度和效率。此外,深度势能预测了水的超离子相的存在并给出了相界,这个理论证据有助于解决长期存在的水的超离子Ⅶ相是否存在的争论。

除了水的相图计算,深度势能方法已经在一系列困难的问题的研究中发挥了无法替代的作用,例如硅熔化的成核过程、磷的不定型相、低温氘的超固体相、氮氧化物的水合过程的计算等问题。数据和机理的融合将理论计算的能力边界向前拓展了一大步,在微观建模和模拟研究中具有广阔的应用前景。

潜在价值。

案例点评

水分子由一个氧原子和两个氢原子组成,是一种“简单”且常见的物质。然而水的性质并不平凡,仍存在大量没有被人们充分理解的奇特性质,因此被《科学》杂志列为 125 个科学前沿问题之一。由于其在科学上的挑战性,水的建模和计算对模型和算法的精度与效率提出了极高的要求,是检验计算理论和方法发展的一块“试金石”。

长期以来,对水的理论计算沿着机理驱动为主的计算范式发展,这些可计算模型或者具有高精度,或者具有高效率,但是无法兼顾两种优点。研究团队创造性地应用机理和数据融合的研究范式,在基于机理的分子动力学模拟中使用基于数据的深度学习方法建模原子间相互作用，从而得到兼具高精度和高效率的计算模拟。研究团队选取水的相图作为测试是一个睿智的选择：在理论上相图计算对计算模型和方法的精度和效率要求极高，是测试数据与机理的融合计算的绝佳场景；另外，在实验上相图既有相对完善的区域以供检验模型和算法，也有未知区域需要理论预测，是一个理论计算和实验相互促进的研究领域。数据与机理的融合的分子模拟是一个以年轻人为中坚力量的多学科交叉的领域，例如贾伟乐、王涵、陈默涵、张林峰等，他们的工作获得了学术界的广泛认可，在2020年获得戈登·贝尔奖。

数据与机理融合计算代表蓬勃发展的新型计算范式，对于水的理论计算是起点而不是终点。大量科学问题面临几乎相同的精度与效率难以两全的困境，使用类似的建模与计算方法完全有希望解决。我们已经看到有大量的科学问题正在使用数据与机理融合的方法进行研究，而且针对其基础理论的研究也越来越多，这些都将拥有更加广阔的应用前景。

案例供稿部门：数学物理科学部数学科学处

案例审读人：中国科学院数学与系统科学研究院　郑伟英

案例点评人：北京大学　张平文

三、分布式微剂量 CT 创研中的科学问题与解决

凝练科学问题的过程及意义

1. 科学问题的探索过程

CT（计算机断层扫描）是最常规、最基础的医检设备。虽已普遍使用，但其辐射剂量危害是其原理性缺陷，读片难是应用痛点。因此，其 CT 的照射次数在一定时间内被严格限制，通常只在三甲医院部署，还难以作为医学筛查设备使用，难以在农村和社区部署，难以对国家的分级治疗战略与实践做出更直接的支撑。

介绍研究背景及研究方向选定：CT。

CT 含硬体和软体两个部分。硬体捕获射源所发射的 X 射线穿透人体组织后的投影数据（称为裸数据），这一过程称为扫描；软体负责从裸数据生成可供临床判读的医学图像，这一过程称为成像。要想把 CT 作为筛查设备，就必须解决 CT 扫描对人体的伤害问题。解决这一问题的唯一出路是使用低剂量甚至是微剂量的扫描方式。另外，要想在农村、社区、移动环境下自由部署 CT，最有可能的方式是将 CT 的软、硬体分离，在农村、社区或移动端只部署“扫描”终端，而将成像和判读留在三甲医院（或专门的医学成像中心），扫描端与成像端通过 5G 通信连通。这样的追求自然指向了研发分布式微剂量 CT 的科学目标。然而，使用分布式

微剂量的扫描方案必然导致低信噪比的裸数据，而低信噪比的裸数据又必然带来低分辨率的成像。为突破这一困境，必须剥离这些缠绕在一起的要素。受人工智能技术和科学计算原理的启发，研发团队形成了“扫描-成像分离、用计算换剂量”的问题解决思路，并始终遵循这一思路创研新一代 CT 系统——分布式微剂量 CT。然而，CT 剂量与成像质量到底是什么关系，现行 CT 为什么要求高剂量，通过微剂量扫描能不能获得高分辨率成像，这些科学问题都是创研分布式微剂量 CT 必须首先回答的。

根据前期研究结论，凝练出新的科学问题：如何实现分布式微剂量 CT?

2. 解决本科学问题面临的困难

CT 成像是以线性模型为基础的：射源发射光子穿透人体经探测器接收，形成裸数据 p，p 经过 log 变换形成弦图 y，y 经由 Radon 变换生成图像 x。p 记录光子穿透人体组织的衰减程度，无噪下满足 $p \approx I_0 e^{-y}$，I_0 是初始能量，y 是射线衰减系数 x 沿光路的求和，因此 x 和 y 之间形成线性关系 $y=Ax+e$，其中 A 是成像矩阵，e 是噪声。由此可知，对裸数据实施 log 变换是 CT 模型保持线性的原由，而应用中使用足够高剂量的射源来保证裸数据具有很高信噪比，也正是为了实现 log 变换的这种效应。这是现行 CT 要求高剂量的本质原由。

解决本科学问题面临的局限：数学反问题求解基本原理。

要想降低射源剂量，一个可能途径是舍弃 log 变换，直接从裸数据成像。但这样做打破了现行 CT 成像原理，又必须解决不经过 log 变换而又能获得类似弦图 y 的问题。将裸数据 p 视为观测，将弦图 y 视为特征，则从观测 p 寻找弦图 y 的问题是一个反问题 $p=f(y)+\varepsilon$，因而原理上可通过正则化方法

$$y^* = \arg\min_y L(p,y) + R(y)$$

来解决。但问题是，什么样的度量 L 应该被使用？什么样的正则子 R 应该被指定呢?这便涉及数学反问题求解的基本原理创新了。

3. 研究本科学问题过程中的创新点

通过对上述问题的研究，研发团队发现了两个重要的数学原理：①“误差环境 ε 决定最优恢复度量”的误差建模原理。这一原理能够直接用于求解任意的数学反问题 $p=f(y)+\varepsilon$，特别是，可直接诱导 CT 成像的重构准则。据此，研发团队通过精确建模 CT 扫描过程的误差环境，获得了求解完美校正 y^* 的非最小二乘最优度量 L。②正则化问题 $y^* = \arg\min_y L(p,y) + R(y)$ 解在一定条件下具有投影表示形式 $y^* = P_{\gamma R}(y^* - \alpha \nabla L(p,y^*))$，从而可“代替经验上指定正则子 $R(\cdot)$，而通过数据学习投影算子 $P_{\gamma R}$”来求解反问题。这一方法称为解反问题的隐正则化方法。相比于正则化方法利用先验，在知识层次解决问题，隐正则化方法利用数据，在数据层次解决问题。

基于以上困难分析，提出针对性的创新手段：探索发现新的数学原理并运用其解决分布式微剂量 CT 的核心科学问题。

这两个数学原理本身具有重要的科学意义与广泛的应用价值。特别地，它们完美解决了由裸数据 p 直接生成校正数据 y^* 的问题，进而形成了分布式微剂量 CT 的最核心技术。

4. 研究本科学问题的意义

以这些技术为基础的分布式微剂量 CT 已研发成功，形成了具有自主知识产权的国产新一代 CT 系统。新系统已在全国多地开展临床验证应用。应

对知识体系产生增量以及巨大的应用价值。

用表明：新的CT能够在1/10～1/5常规剂量下实施扫描并高精度成像，能够在农村、社区自由部署，能够从设备上直接支撑和服务于国家的分级医疗战略与实践。

通过解决微剂量下的CT成像问题形成了反问题求解的误差建模原理和隐正则化方法。这两项理论创新突破了传统基于固定损失度量和基于人为设计正则子的反问题求解方法论，形成了“依据误差环境自适应设置最优度量”和“不通过先验而通过数据学习确定投影”的反问题求解新方法论。新方法论在人工智能、成像科学中已得到了广泛应用（例如，误差建模原理已被广泛用于形成稳健机器学习算法簇，隐正则化方法被用于可学习成像，进而研发超快核磁共振系统）。

微剂量CT研发也启发了古典数学变换方法的新修正。事实上，传统CT所依赖的Radon变换是一个对噪声十分敏感的方法。要在微剂量下CT成像还必须解决Radon变换的稳健修正问题。研发团队建立Radon变换的等效深度网络模型，并通过增加离散化拟合的自由度，赋予Radon变换更为广泛的可学习参数，形成了自适应Radon变换深度学习方法。这样的深度学习修正不仅解决了微剂量CT成像问题，而且为广泛的数学变换稳健修正提供了可借鉴的方法论。

案例点评

“分布式微剂量CT创研中的科学问题与解决”是一个面向人民生命健康的重要研究课题。CT是一种利用放射线对人体某个部位进行断面扫描、普遍使用的医学检测方法。其科学原理源于20世纪初奥地利数学家 J. Radon 提出的 Radon 变换（及逆变换），也是获得 1979 年诺贝尔生理学或医学奖的研究方向，具有操作比较简单、扫描时间短、图像清晰等优点。同时，现有 CT 技术辐射剂量大的危害及读片难一直以来限制了成像次数以及应用范围场景。该课题有针对性地通过原理创新降低剂量、利用软硬件剥离的技术创新将 CT 推广到基层。尤其难能可贵的是，以这些研究为基础的分布式微剂量 CT 已研发成功，形成了具有自主知识产权的国产新一代 CT 系统，并已在全国多地开展临床验证应用。

该项目突破现行的 CT 成像原理，利用新的反问题建模方法结合深度学习技巧，深入探索剂量、裸数据的信噪比、成像分辨率的有机联系，找到了一条有效降低剂量且保持合理分辨率的优化路径。所提出的“扫描-成像分离、用计算换剂量”的问题解决思路合理有效、值得推广。

综上所述，这是一个具有很强的科学性、时效性的优秀创新课题。其成果的应用潜力巨大，将为新一代 CT 技术的发展起到重大引领性作用。

案例供稿部门：数学物理科学部数学科学处

案例审读人：中山大学 戴道清

案例点评人：浙江大学 包刚

四、软材料与生物软组织

凝练科学问题的过程及意义

1. 科学问题的探索过程

生物医学、软体机器人、柔性电子、功能材料与器件等的发展对力学学科提出了迫切需求。软材料与生物软组织力学是力学与软物质科学、生命科学、医学等多学科交叉融合的前沿领域，是 21 世纪力学学科的重要发展趋势与新生长点之一。

介绍研究来源于力学与软物质科学、生命科学等学科的交叉研究前沿。

清华大学生物力学团队经过长期深入研究、系统调研、广泛交流，逐渐认识到，软材料与生物软组织力学不仅在理论研究方面存在多方面的挑战，而且在服务国家重大需求和人类健康方面具有广阔的应用前景。软材料和柔性结构具有“小刺激、大响应”的本质属性，其服役行为涉及多场耦合、宏-细-微观多尺度关联、材料-结构-功能一体化设计、材料与几何强非线性共存等难题，而生物组织的生长与演化具有力-生-化耦合、强特异性等特征，对其生理和病理过程的理论化、定量化研究是现代生物力学的核心课题之一。鉴于此，确定以软材料与生物软组织力学作为关键科学问题进行研究，主要包括如下方面。

总结前期研究经验得出面临的挑战：机制复杂、多因素耦合、方法欠缺。

（1）软材料与生物软组织的多场耦合本构理论与表征方法：针对典型软介质和软组织，建立多物理场耦合本构关系，尤其是生物组织的力-生-化耦合生长与发育理论，并发展相应的多场耦合参数表征方法，揭示其微纳结构、力学性质、生物功能、化学成分等因素之间的定量关联。

（2）软材料与生物软组织表界面力学：研究软材料和柔性结构在服役过程中的变形失稳，以及生物组织在胚胎发育、肿瘤生长等生理和病理条件下的形貌生成与演化，这需要克服驱动机制与失稳模式演化纷繁复杂、多场与多尺度因素交互耦合、理论模型和计算方法欠缺等多方面的困难。

（3）软材料与软组织的静动态响应规律与失效力学：研究软材料与生物软组织在复杂环境下的损伤、疲劳、断裂及功能退化行为及其物理机制，并建立相应的力学理论，为功能材料与柔性结构设计、疾病诊断等提供理论基础。

（4）生物软组织的多尺度演化动力学：生命体的生理和病理过程，均涉及从生物大分子、亚细胞、细胞、细胞群体到组织和器官的多重时空尺度，因此需要结合系统的实验测量、理论建模与数值模拟，研究力-生-化耦合多尺度调控机制，揭示其生长发育和病变过程中的驱动因素，并应用于癌症、心血管疾病等重大疾病的诊断与治疗。

2. 解决本科学问题面临的困难

传统固体力学理论在航天航空、机械等领域取得了巨大成功，但是难以直接应用于软物质和生物软组织。该领域面临多方面的挑战性难题。其一，软物质和生物软组织往往敏于外界刺激，呈现出高度非线性的变形行为和自组织现象，存在多种物质和能量形式的输入、输出与转化，因此在各种环境下的变形行为差异很大，其多场耦合本构关系的建

解决本科学问题面临的三点困难：经典理论不适用、多因素强耦合、多尺度理论化及定量化。

立是一个挑战性课题；其二，材料与结构的失效是固体力学的核心课题之一，软物质和软组织的损伤机制、失效模式与断裂行为纷繁多样，涉及大变形、多级次演化与分岔、材料和几何的强非线性等因素，与传统材料的损伤、断裂和稳定性有多方面的显著差异，存在经典理论难以解释的诸多现象；其三，生物组织的形貌演化涉及力-生-化耦合、固-液-气多相并存等突出特点，在失稳机制和模式等方面都异于欧拉失稳和图灵失稳，这给理论分析与数值模拟带来很大困难；其四，生物组织具有的活性特征源于其从生物大分子、亚细胞、细胞、细胞群体到组织和器官的多重时空尺度上的动力学演化，而且在不同细胞、组织和疾病中都具有显著的特异性，这为定量化的实验表征、理论建模与分析带来了多方面的困难。

3. 研究本科学问题过程中的创新点

由于软材料、生物软组织与传统固体材料存在多方面的不同特性，因此与经典固体力学相比，对软物质、生物软组织和细胞的力学研究在研究方法、研究范式上也有很大差别。其一，该领域的研究需要以能量转化、结构演化、性能变化为主要切入点，强调在重大疾病的诊断与治疗、功能材料与器件中的关键力学问题，深入研究非线性、力-生-化多场耦合、多尺度、材料-结构-功能一体化设计等关键特征。其二，该领域具有突出的多学科交叉属性，需要与生物学、医学、物理学、化学、材料学、软物质科学等领域的学者深度合作，相互借鉴，协同攻关，充分借鉴其他学科的理论方法与实验技术，并构建综合多学科交融的研究平台，创新研究

在研究方法上提出新思路：多学科协同攻关、构建新平台、考虑软组织活性及力-生-化耦合。

范式。其三，应该以崭新视角探索软物质和生物软组织的性质与功能，充分探究生物软组织与细胞等的活性、力–生–化耦合等特征，探索热力学、统计力学、人工智能等在该领域的新应用，以实现理论创新与突破。

4. 研究本科学问题的意义

软材料与生物软组织力学的研究不仅对固体力学、生物力学的理论发展具有推动意义，而且在服务国家重大需求和人类健康方面具有广泛的应用价值。其一，软材料和生物软组织往往对各种力学、物理、化学刺激高度敏感，具有多场耦合、宏–细–微观多尺度关联、材料与几何强非线性、多种物质和能量的传输与转化等特征，对这些行为的研究将推进传统固体力学理论体系和方法的发展。其二，在胚胎发育、人体衰老以及各种疾病中，生物软组织均同时发生着多级结构与形貌、化学成分、力学性质、生物功能等的协同演化，目前尚缺乏相应的力–生–化耦合多尺度力学理论，该研究有望推动胚胎发育力学、组织生长模型、疾病演化动力学等的理论进步。其三，软材料与柔性结构力学的研究对于先进功能材料与器件的性能调控，以及柔性电子、软体机器人的设计与制备等具有指导意义，而生物软组织力学的研究给肿瘤等疾病的诊断与治疗、婴幼儿发育疾病的认识与预防、植介入材料与器件的研发等提供理论支撑。

研究意义：建立了软材料与生物软组织力学相关的理论、方法，揭示了若干新规律及其机制。

研究的潜在应用价值。

案例点评

生物软组织力学性质既是认识结构–功能关系的基础，也是理解疾病进程的要素；软材料特殊的力学行为和生物相容性，在生物医学方面具有广阔应用前景。研究的难点在于其特有的失稳模式（大变形、多级分岔、强非线性）、典型的形貌演化与驱动机制（力–生–化强耦合、固–液–气多相并存、多尺度与多组分活性物质）；加之生物软组织与软材料大多具有黏弹性特征，故其力学行为的理论描述和实验测定较为困难。

清华大学生物力学团队聚焦上述问题，采用力–生–化耦合、理论与实验并重的策略，在软材料与生物软组织的失稳模式、形貌演化与驱动机制等方面展开研究，阐释了软材料与生物软组织变形稳定性的力学理论、计算方法、失稳机制，揭示了不同生理和病理条件下组织形貌发生与演化的动力学过程，分析了其中的大变形、非线性、多重分岔、双周期、折痕以及手性形貌等典型特征，从多学科交叉的视角量化了上述复杂过程的动力学机制。

研究软材料与生物软组织的变形失稳规律与形貌演化机制具有重要的基础和应用意义。这种跨越细胞–组织–器官尺度的力学性质和行为，既是认识胚胎发育、肿瘤发生等过程力学–生物学耦合的理论基础，也是工程化构建组织器官、发展柔性生物电子器件等的科学依据。

案例供稿部门：数学物理科学部力学科学处

案例审读人：上海交通大学　齐颖新

案例点评人：中国科学院力学研究所　龙勉

五、致密天体快速变化的天体物理机制

凝练科学问题的过程及意义

1. 科学问题的探索过程

天体越致密，变化时标越短，释放能量越大，其变化机制蕴含的天体物理内涵越丰富。快速射电暴（fast radio burst，FRB）是目前已知的宇宙中射电波段最明亮的爆发现象，持续约千分之一秒的时间，释放太阳辐射一天甚至一年的能量，既可能孕育了新的基础物理或天体物理，也有潜力成为探索宇宙的有力工具。FRB 是一个非常年轻的领域，既是当今天文学最大的热点前沿之一，也是一个出人意料的全新领域。其在 2007 年被意外首次发现，2013 年被确认并获得公认命名 FRB，2017 年才完成首例定位和宿主星系的红移测量，揭示了 FRB 的宇宙学起源。FRB 领域的发展可谓日新月异，平均每半年召开一次 FRB 国际会议，每次会上都有突破性观测进展的报道。该领域的理论工作也一直有长足发展，目前已有 50 多种起源模型发表。随着越来越多的观测数据对模型提出限制，能够存活的模型数正在快速减少之中。

介绍研究背景及研究方向选定：快速射电暴（FRB）的起源问题。

过去十几年，天文学家一直收集观测信息，自 2007 年 Duncan Lorimer 等在重新处理 Parkes 望远镜对大、小麦哲伦云天区脉冲星巡天数据时发现第一例 FRB（FRB 010724），现今已探测到数百例

FRB，有十多例被定位到能够确认其宿主星系。FRB 的宇宙学起源得到了天文界公认。遗憾的是，因为这些爆发持续时标很短，很难进行后续追踪，这也是到目前为止还没有弄清楚其源物理本质的最大障碍。

FRB 121102 是人类所知的第一例重复暴，它第一次出现在人类探测数据中是2012年11月2日，以探测数据日期作为源的命名。但是它的正式发表已经到了 2015 年，时至 2017 年，FRB 121102 完成首例定位和宿主星系的红移测量，成为人类首次定位的一例重复快速射电暴。2017 年的突破被美国天文学会称作“自激光干涉引力波天文台（Laser Interferometric Gravitational-Wave Observatory，LIGO）引力波测量之后天文学最重大的发现”。FRB 121102 是非常重要的一个源，带给我们对于 FRB 的起源机制及 FRB 周边环境的一些非常基础的早期认识，为人们深入理解 FRB 物理起源指出了切入点。

根据前期研究结论，凝练出新的科学问题：对于重复暴的深度观测可从根本上推进 FRB 起源研究。

中国天眼 500 米口径球面射电望远镜（Five-hundred-meter Aperture Spherical Telescope，FAST）于 2016 年竣工，经过三年调试，从 2020 年 FAST 转入正式运行才开始正式加入 FRB 的观测。国家天文台基础科学研究中心项目组科研人员及合作者充分探讨了利用FAST 等超灵敏设备对重要的重复暴进行深度观测。由于灵敏度很高，FAST 能够详细研究 FRB 121102 的爆发和辐射统计性质，从而可以促进对 FRB 分类、物理起源及辐射机制等前沿问题的研究。

2. 解决本科学问题面临的困难

FRB 研究领域方兴未艾，新的观测很可能取得突破性成果，对本领域发展做出关键贡献。目前国际上一些大视场射电望远镜正在成规模地发现 FRB，其中加拿大氢强度测绘实验（Canadian Hydrogen Intensity Mapping Experiment，CHIME）望远镜以其视场大的优势，已经发表数百个新的 FRB 事件，FRB 发现总数已达近千例。关于该类现象的发现和研究正在从量变引向质变。

长期以来，中国各类望远镜能力与国外相比有量级上的差别，但是 FAST 的建成，扭转了如此艰难的局面。尽管 FAST 的视场依然远小于 CHIME，但观测深度远超过 CHIME，仔细选取优势课题可能产生重大突破。

本领域没有理论体系和有效的统计研究方法。这是挑战，更是机遇。人们普遍认为 FRB 的起源与恒星级致密天体有关。由于活跃的重复快速射电暴稀少，爆发探测的数量有限。深度观测 FRB，系统发现奇异致密天体，开展多波段研究是推进理解其物理起源的基本方法。

解决本科学问题面临的局限：缺乏系统的理论体系和有效的统计研究方法。

3. 研究本科学问题过程中的创新点

FAST 虽然在 FRB 盲搜发现效率上很难与以 CHIME 为代表的大视场天线阵竞争，但对于 FRB 重复暴源的定点后随观测，以国际领先的绝对灵敏度精细刻画 FRB 观测性质及演化，有得天独厚的优势。在活跃期内对重复暴的系统深入观测，将以前所未有的灵敏度扩大重复暴样本数量，丰富重复爆发观测细节，比如探测来自它们的低能量微弱脉冲，而对较强的脉冲，精确测量它们的到达时间、能量、色散、偏振、频率分布、法拉第旋转、多尺度能量变化等相关信息，得到其能量产生、辐射物理机制的第一手观测资料。此外，FRB在传播过程中会受到源区、星际和星系际介质中等离子体的影响，产生色散、散射等现象，因此FRB作为探针，其动态频谱形态学的细致解析和传播参数拟合也在宇宙学中具有重要应用价值。

依托国家大科学装置FAST和“慧眼”（HXMT[①]）等多波段观测新手段，国家天文台基础科学研究中心项目组科研人员及合作者开展FRB监测研究，例如对产生了首例河内FRB的磁星SGR J1935+2154的深度监测，对伴随磁星软伽马射线爆发的射电流量给出了最严格的限制；首次揭示了毫秒射电爆发的偏振变化；在2019年8月29日至10月29日之间，累计共获取1652个高信噪比的爆发信号，成为目前最大的FRB爆发事件集合，超过本领域此前发表的总和。这些研究成果形成的3篇论文在不到一年里相继在《自然》主刊发表。此外，利用FAST对银河系脉冲星进行搜索，一年半的斩获就与美国Arecibo过去15年的发现数相当。

基于以上困难分析，提出针对性的创新手段：依托国家大科学装置开展多波段观测。

4. 研究本科学问题的意义

在快速射电暴等暂现源研究热点的机遇窗口，发挥和拓展我国天文大科学装置的优势性能，产生以新探测样本发现和精细测量为核心的、具有显著国际影响力的系列原创性科研成果，直接推动了理解宇宙瞬变现象的认知前沿。

① Hard X-ray Modulation Telescope，硬X射线调制望远镜。

综合 FAST 和 HXMT 的系统观测，国家天文台基础科学研究中心项目组科研人员首次揭示了 FRB 存在特征能量，FRB 偏振展现出可由致密星磁层解释的时变特征，给出了伴随高能爆发的 FRB 源射电流量的最严格限制。

对知识体系产生的增量。

基于 FAST 样本，首次确定了 FRB 具有特征能量（4.8×10^{37} erg①），也就是 FRB 121102 的爆发率到了特征能量以下就会减小，说明小于该特征能量的爆发已经不存在高效的爆发产生机制。这个观测结果也是对 FRB 物理起源的一个有力限制，这一数据集也因此成为一个重要、基础的测量数据。这些崭新的观测认知，排除了 FRB 多种模型，开始逐步揭示 FRB 的物理本质。

截至目前，FAST 通过“多科学目标漂移扫描巡天”（CRAFTS）项目已经发表 45 例新快速射电暴，新发现的 FRB 源均具有较大的红移，来自宇宙的少年时代。其中 FRB 190520 为首个持续活跃的重复暴，具备已知最大的环境电子密度，这一发现于 2022 年 6 月发表于《自然》，已经催生多个 FRB 起源模型。FAST 的观测正在为揭示这一宇宙中神秘现象的机制、推进这一天文学全新的领域发展做出独特贡献。

FRB 研究领域方兴未艾，它不仅是一个活跃的天文学前沿领域，其本身可能蕴含了重大的基础科学问题。FAST 拥有的历史最强绝对灵敏度，也让其在射电瞬变源方面具有取得突破性成果的重大潜力，持续不断推进 FRB 研究。

研究的潜在应用价值。

① 1 erg=10^{-7} J。

案例点评

天文学主要是由新的观测能力带来的出人预料的新天文发现所驱动的学科。FRB 就是一个典型的例子，2007 年报道了首次令人意外地发现了一例 FRB，其因为在射电波段具有极短的时标和极亮的爆发而在其他波段一直找不到任何信号，成为最近十几年天文学和天体物理领域的一个重要未解之谜，很多学者都认为对其本质的理解将显著丰富我们对于“极端宇宙”的理解，这也是 FRB 的研究进展频繁出现在国际顶级学术杂志的原因。本人曾经戏称国际顶刊《自然》已经成为“准周期 FAST 杂志”，因为 FAST 对于 FRB 的观测研究成果频繁出现在《自然》杂志上，远超其他任何天文设备。这正是由于利用 FAST 对快速变化射电信号的前所未有的灵敏度，FAST 的相关研究团队不断地揭示 FRB 的新现象，FAST 已经成为国际上深度最大、灵敏度最高的探测研究 FRB 的天文仪器，没有之一。我国 HXMT 天文卫星利用其宽能段、大面积和精确时变观测能力，也为 FRB 的研究做出了重要贡献，不但发现了第一例和 FRB 成协的 X 射线爆发及其天体——磁陀星，而且和 FAST 以及国际上其他射电望远镜对 FRB 做了很多协同观测，限制了 FRB 的 X 射线辐射。FAST 以及 HXMT 对 FRB 研究的重要贡献，再一次证明了先进的天文观测设备对于天文学发展的驱动性作用。我期待 FAST 对最终全面揭示 FRB 之谜做出最关键的贡献。

案例供稿部门：数学物理科学部天文科学处
案例审读人：中国科学技术大学　戴子高
案例点评人：中国科学院高能物理研究所　张双南

六、宇宙学距离的几何测量

凝练科学问题的过程及意义

1. 科学问题的探索过程

介绍研究背景及研究方向选定：宇宙学距离的测量。

如何精确测量宇宙学尺度上的天体距离是天文学中最为困难和关键的问题之一，涉及宇宙膨胀历史和暗能量物理性质的研究。20 世纪初，天文学家开创了造父变星为主的测距方法，使得哈勃发现了宇宙正在膨胀。60 年代发现宇宙微波背景辐射，证实了宇宙大爆炸模型。90 年代末，人们借助宇宙距离阶梯通过 Ia 型超新星发现了宇宙加速膨胀。进入 21 世纪之后，威尔金森微波各向异性探测器(Wilkinson Microwave Anisotropy Probe, WMAP)和 Planck 卫星对宇宙微波背景辐射进行了高精度测量，获得了前所未有的物理结果，开启了"精确宇宙学"时代。但最近随着观测精度的提高，却意外地出现了"哈勃常数危机"，即宇宙微波背景辐射测量的哈勃常数与低红移 Ia 型超新星等工具测量的结果存在 5σ的差异。这一危机表明：要么"标准宇宙学"模型需要引入新的物理，要么现有测距工具存在未知的系统误差，其精度已经不能满足精确宇宙学时代的测距要求。无论何种情形，人们都必须发展更为精确和可靠的新测距工具，检验和提高现有的测量结果。

近期欧洲天文学家在大型光学干涉阵列上第

一次实现了近红外波段的光干涉，利用分光定位技术获得了史无前例的 10 微角秒的角分辨率，并成功测量了类星体 3C273 的宽发射线辐射区 46 微角秒的空间结构，为类星体研究打开了新窗口。在持续长达近十年反响映射观测的基础上，我国科学家团队敏锐地意识到，光干涉技术测量与反响映射技术测量的互补性，将两者结合（spectro-astrometry reverberation mapping，分光定位反响映射，简称为 SARM）可高精度地测量类星体几何距离，并首次成功用于 3C273。随后欧洲天文学家利用 SARM 方法测量了 Seyfert 星系的几何距离。SARM 方法是未来大型光干涉阵列和反响映射观测实现高精度大样本测量宇宙学几何距离的必经之路，为揭示暗能量观测性质、拓展宇宙几何结构研究提供全新的测量手段。

根据前期研究结论，凝练出新的科学问题：精确测量宇宙学几何距离的新方法。

2. 解决本科学问题面临的困难

传统的宇宙学距离测量工具，如造父变星、Ia 型超新星，主要面临消光/红化改正、Ia 型超新星的标准化以及距离阶梯的误差传递等难以克服的困难；重子声波振荡存在非线性效应；弱引力透镜方法需要巨大样本的观测数据；强引力透镜方法中可用透镜事例较少并需要假设暗物质晕密度分布；致密星并合产生的引力波方法事例少、观测难度大；利用“水脉泽”测量邻近Ⅱ型活动星系核（active galactic nucleus，AGN）可以获得哈勃常数，但受限于“水脉泽”AGN 数量很少。近期发展的红巨星分支测距方法，其精度依然受消光/红化改正的限制。SARM 几何测距方法克服了上述困难。类星

解决本科学问题面临的局限：传统测量工具存在挑战和可能的系统误差。

体是宇宙中最亮和寿命最长的天体，广泛分布在不同的宇宙学距离上，因此 SARM 方法能解决宽红移范围宇宙几何测量的难题。SARM 方法目前面临的主要困难来自光干涉测量的难度和精度，下一代干涉仪器即将完成，极限星等和测量精度将大幅度提高，SARM 方法即将获得普遍应用。

3. 研究本科学问题过程中的创新点

几何距离测量需要同时测定天体的角尺度和物理尺度，在 SARM 方法之前对宇宙学距离的天体尚无法实现这两种尺度的同时测量。光干涉技术通过观测类星体宽发射线的光子重心随波长的变化，获得辐射区垂直于视线方向上的角分布；反响映射技术通过监测类星体发射线的光变，获得辐射区径向分布。SARM 方法的创新之处是：巧妙地把角分布和径向分布完美结合，实现了类星体几何距离的测量。再者，由于两种观测提供了辐射区不同维度的信息，因此 SARM 方法能更可靠地解析辐射区的几何结构和动力学，实现了高精度的中心巨型黑洞质量测量。此外，对类星体进行多次重复测量可以定量地检验 SARM 方法的可靠性。随着人们对类星体辐射区的深入理解，SARM 方法将进一步提高测量精度。

基于以上困难分析，提出针对性的创新手段：SARM 测量几何距离方法。

4. 研究本科学问题的意义

SARM 方法结合了光干涉的高空间分辨率和反响映射的高时间分辨率优势，克服了传统工具中红化、消光、距离阶梯等难题，是一种全新的宇宙学几何测距方法。“哈勃常数危机”涉及基础性物理问题，SARM 几何测距方法为解决这一日益严峻

对知识体系产生的增量。

的危机提供了强有力的新手段。该方法可直接测量宽红移范围内类星体的几何距离，获得宇宙加速膨胀历史，揭示暗能量的物理性质，解决一系列重大基础问题。同时，SARM 方法解析了类星体辐射区的细致几何结构和动力学，实现了高精度测量中心巨型黑洞的质量，为深刻理解黑洞与星系共同演化的微观物理过程，即恒星形成和活动星系核反馈物理机制，提供关键的观测基础。随着国际超大型光干涉阵列的性能升级以及超大型单口径光学望远镜的兴建，光学天文将进入高空间分辨率的时代，几何测距和宇宙学也将迎来黄金机遇期。通过进一步的完善和提高，SARM 方法有望测量一批类星体的几何距离，在宇宙学方面获得突破性的结果。

研究的潜在应用价值。

案例点评

宇宙尺度天体距离测量是研究星系物理和宇宙演化的基础。由于距离测量常需要“标准尺子”或者“标准烛光”来定标，而这些定标天体一般都是经验上选定的，这样选出的天体可能因为时间或环境的变化，不一定是严格的“标准”烛光或尺子，因此距离测量常存在系统性。当前所谓的“哈勃常数危机”有可能是近邻宇宙超新星距离测量的系统性问题，也有可能是真正的宇宙学理论危机。因此，研究发展具有坚实物理基础的距离测量方法具有重要的意义，宇宙大尺度重子声波振荡已经成为精确测量哈勃常数的方法，强引力透镜时变、引力波源汽笛等距离测量方法也在发展中。我国学者在近十年的观测中，全面发展了反响映射分析所有重要工具，率先将光干涉观测与反响映射巧妙地结合起来，提出和建立了一种有望成为精确测量类星体距离的新方法——SARM。该方法将光干涉测量的类星体宽线区角分布和反响映射测量的宽线区大小相结合，实现了对类星体几何距离的测量，是有希望在解决“哈勃常数危机”和类星体黑洞质量测量两个重大科学问题方面取得突破的。光干涉阵列升级版 GRAVITY+（引力+）已完成，即将实施大样本类星体观测，SARM 测量也因此成为甚大望远镜干涉仪（VLTI）下一阶段的必然研究领域。该方法测量精度依赖于类星体宽线区角分布、宽线区大小的测量精度，以及对角尺度和物理尺度之间的物理联系理解的程度，因此，提高光干涉和反响映射的测量精度以及深入理解两者测量之间的物理联系是实现高精度 SARM 方法的关键。

案例供稿部门：数学物理科学部天文科学处

案例审读人：中国科学技术大学　王挺贵

案例点评人：上海交通大学　景益鹏

七、双星演化的基本过程

凝练科学问题的过程及意义

1. 科学问题的探索过程

双星大约占了恒星的一半。相比于单星，双星演化更加复杂多样，产生了多种特殊天体。很多重大天文和物理发现都与双星密切相关。例如，人们利用 Ia 型超新星测距发现宇宙加速膨胀，推出暗能量的存在，双星演化是产生 Ia 型超新星的必经途径；2015 年人类首次探测到恒星级双黑洞并合产生的引力波信号，双星演化是形成恒星级双黑洞/双中子星的主要渠道。同时，双星演化可以形成中子星/白矮星双星和双白矮星，其中的密近系统被称为活着的引力波源。它们相互绕转产生的引力波信号是未来空间引力波项目激光干涉空间天线（Laser Interferometer Space Antenna，LISA）、天琴和太极的主要探测目标。理解双星是现代天体物理的一个核心内容。

介绍研究背景及研究方向选定：主要研究双星演化的基本过程。

双星的基本物理过程还非常不清楚。双星中两子星间物质交换是最常见的双星相互作用。物质交换的稳定性，以及非稳定时形成的共有包层和演化，是双星演化中长期没有解决的两个基本问题，导致双星演化理论和观测之间存在显而易见的矛盾，理论模型缺乏精确预测能力。比如，对处于赫氏空隙的双星是否考虑发生共有包层抛射会导致银河系中双中子星并合率的预期值相差一个量级。

在研究双星演化形成的重要天体（如热亚矮星、双白矮星、Ia 型超新星前身星、毫秒脉冲星等）时，一般是以参数化的方式描述上述双星演化的两个基本过程。为了与观测结果相符，不同类型的天体需要不同的参数值，其大小有时甚至存在量级上的差异。这不可能由观测误差导致，因为描述的是完全相同的物理过程，理论上应该有一套自洽的参数。

根据前期研究结论凝练出新的科学问题：搜寻关键天体，限制双星演化关键过程。

导致这些矛盾的根本原因是，现在广泛使用的、描述双星演化基本过程的参数是基于简化的唯象模型得到的。在前期工作中，研究人员通过用真实的恒星模型系统研究了其中一个过程——物质交换的稳定性。因为双星演化的基本图像并非从第一性原理得到，本身存在一定的不确定性，无法从理论单方面给出准确结果，需要观测提供限制。

2. 解决本科学问题面临的困难

物质交换的稳定性和共有包层演化这两个问题往往耦合在一起。从非稳定物质交换到共有包层演化结束这个阶段持续的时间很短（～1 万年）。在传统的、针对少量目标源的观测模式下，很难发现共有包层天体。这也是双星共有包层演化提出近半个世纪以来，观测上一直没有直接证据的原因。

解决本科学问题面临的困难：样本少；证认难。

绝大部分观测到的双星，要么处在前期演化阶段（前身星），要么处于共有包层演化结束很久的阶段。对于已经结束共有包层演化的双星，其前身星的性质无法准确确定。因此，在大部分情形下，共有包层演化前后的双星系统之间无法建立可靠的对应关系，从而无法对物质交换的稳定性和共有包层演化过程进行较为准确的限制。

此外，由于时间和空间跨度太大，目前的数值模拟还无法重现这一过程。因此，观测证认共有包层天体及其演化产物存在很大挑战。

3. 研究本科学问题过程中的创新点

进入21世纪，天文观测模式发生了巨大改变，天文观测进入了大数据时代。郭守敬望远镜（LAMOST[①]）作为我国第一个天文大科学装置，发布的光谱数超过2000万条，为寻找和证认上述关键天体提供了机遇。研究人员利用LAMOST海量光谱的优势，经过反复酝酿，设计了LAMOST中分辨双星观测计划。

基于以上科学问题，提出解决问题的创新方法：海量数据；利用热亚矮星特殊性质；多类天体同时限制。

研究人员通过前期研究，发现热亚矮星的前身星性质非常确定，可以在观测的热亚矮星双星和前身星之间建立良好的对应关系，从而比较准确地限制双星演化的基本过程。另外，热亚矮星寿命比较短（在1000万年到1亿年之间）。因此，短周期热亚矮星双星离共有包层抛射的时间不会太长，受其他演化因素的影响较小，并有可能发现其残存的共有包层观测证据。

双星演化有一个完整的演化链，在不同的阶段会表现为不同类型的天体。以前的研究往往局限于某一类天体，较难得到一个贯穿全演化链的自洽模型。研究人员利用对多类特殊恒星的研究共同限制双星演化中的基本过程。

4. 研究本科学问题的意义

天文学是人类认识自然的一门基础科学。恒星

---

① Large Sky Area Multi-Object Fiber Spectroscopy Telescope，大天区面积多目标光纤光谱天文望远镜。

结构与演化理论是现代天体物理的两大理论体系之一。双星演化会改变恒星既有的命运。理解双星演化的基本过程是恒星物理研究取得突破的关键。通过寻找双星共有包层演化的直接证据，将补上双星演化理论缺失的一环，建立完整的双星演化证据链，准确刻画双星演化的基本过程，更加深入地理解多彩多姿的恒星世界和恒星爆发现象。同时，对双星演化过程的理解有助于回答引力波天文学、宇宙学、系外行星等其他天文领域中的一些重大问题。例如，我们可以知道一颗类似太阳的恒星在演化末期其外包层能否被行星抛射。同时，我们可以显著提高双星演化理论预言双黑洞、双中子星、双白矮星等引力波源的数目、空间和质量分布的准确性与可靠度。我们还可以确认 Ia 型超新星前身星的形成路径和物理性质，理解 Ia 型超新星的爆发过程和多样性，帮助提高其测距精度。此外，经双星演化而剥离外壳层的恒星由于温度非常高，可以对宇宙的再电离过程产生重要贡献。

对知识体系产生的增量。

案例点评

宇宙中的双星大约占恒星总数的一半还多，它们在引力的作用下以相互绕转的方式存在。双星演化中有一个非常重要的过程，叫作共有包层演化，它会深刻影响双星演化的结局。很多重要天体（如 Ia 型超新星）的形成都会经历这一演化过程。早在 1976 年，波兰天文学家玻丹·帕琴斯基（Bohdan Paczyński）就提出了双星共有包层演化过程，但近半个世纪以来，共有包层一直没有被观测到，使得人们很难了解这个演化阶段真实发生的物理过程。

双星从非稳定物质交换到共有包层演化结束持续的时标很短，在传统观测模式下，很难发现处于这一演化阶段的恒星天体。双星演化研究团队提出利用 LAMOST 巡天正在开展的多历元中分辨率光谱观测发现此类天体候选体。项目以短周期热亚矮星双星作为重要目标，通过 LAMOST 海量数据中存在多次观测的光谱搜寻有视向速度变化的热亚矮星，结合开普勒卫星（Kepler）和凌星系外行星巡天卫星（Transiting Exoplanet Survey Satellite，TESS）等测光数据，以及必要的后随观测来确定双星候选体。这种创新性探索充分体现了理论指导下有目的和有针对性地寻找双星演化理论缺失的这一环。

大口径精测望远镜的中高分辨率光谱后随观测，特别是 10 米级光学红外通用望远镜的光谱观测对证认这批样本起决定性作用。很遗憾，目前我国在大口径精测光学望远镜方面也缺失了重要的一环，需要全天文界的努力来填补这缺失的一环。这样一批样本的发现必将使我们对双星演化有更为深刻和全面的理解，有助于提高 Ia 型超新星测距精度，从而更好地理解宇宙加速膨胀，理解暗能量。

案例供稿部门：数学物理科学部天文科学处

案例审读人：南京大学　李向东

案例点评人：中国科学院国家天文台　赵刚

八、精确求解量子多体问题

凝练科学问题的过程及意义

1. 科学问题的探索过程

量子多体强关联问题是凝聚态物理中最核心和最具挑战性的问题之一。著名物理学家菲利普·安德森曾经说过："More is different"（多者异也），意即我们不能从一些最简单的基本定律去推出各个尺度下的复杂物理性质。由于微观粒子之间存在复杂的相互作用，由这些微观粒子构成的凝聚态物质常出现奇异的量子物理行为。例如，高温超导现象就是大量粒子集体行为的结果，其物理机制迄今尚不完全清楚。又如，当温度趋于绝对零度时，某些具有阻挫特性的反铁磁体系会出现基态能量的高度简并和自旋之间的高度关联，此时体系处于一种无序的拓扑态，并形成所谓的量子自旋液体，但目前量子自旋液体的形成机制和物理性质仍然不十分清楚。同样，超流、分数量子霍尔效应、重费米子等众多的由多体相互作用导致的新奇物理现象也需要更加清晰的物理图象来进一步诠释相关的物理机制。毫无疑问，精确求解量子多体问题对理解上述由多体相互作用所导致的新奇物理现象至关重要。另外，求解量子多体问题又极为困难。在大多数情况下，即使人们已经知道粒子之间的相

介绍研究背景及研究方向选定：量子多体强关联问题。

互作用具体形式和粒子的基本运动方程，但由于相互作用问题的复杂性，目前仍然只有极少数的多体模型可以被精确求解，大多数模型还只能依赖于数值方法进行求解。特别是在强关联条件下，传统的微扰理论失效，需要发展更加具有挑战性的非微扰理论方法。正是由于量子多体问题的重要性和挑战性，量子多体问题的精确求解也成为凝聚态物理研究中的“圣杯”。

根据前期研究结论，凝练出新的科学问题：强关联条件下求解量子多体问题的非微扰方法。

2. 解决本科学问题面临的困难

处理量子强关联多体问题非常具有挑战性。在强关联条件下，传统的微扰理论及相关数值方法（如费曼图展开等）无法被应用于解决量子多体问题，亟待发展出可以开展相关研究的非微扰理论方法。发展非微扰理论方法，需要面对一个主要难点：量子多体系统的希尔伯特空间随系统的尺度呈指数增长。处理多体问题的传统理论方法（如平均场理论、严格对角化方法、量子蒙特卡罗方法等）在研究强关联系统时也都遇到了难以克服的困难。例如，平均场理论由于忽略了量子关联效应，无法处理强关联系统；尽管严格对角化方法可以从理论上给出精确结果，但由于其计算量随系统尺寸的增加而呈指数增长，只能处理较小的物理系统；虽然量子蒙特卡罗方法是模拟量子多体问题的重要工具并取得了很大的成功，但该方法在处理具有阻挫特性的体系和费米系统时会出现所谓的“符号”问题，也常常面临着计算无法收敛的难题。

解决本科学问题面临的局限：量子多体系统的希尔伯特空间随系统的尺度呈指数增长。

3. 研究本科学问题过程中的创新点

近年来，随着人们对量子多体问题的理解不断加深，人们逐渐认识到了量子多体态与量子纠缠之间存在着重要的逻辑关系。特别是人们认识到虽然量子多体态的希尔伯特空间巨大，但是其基态和低能态一般只存在于量子纠缠度较小的子空间，这为发展出求解量子多体问题的新算法指明了方向。利用这一新认识，人们发展了用矩阵乘积态来表示一维量子态的方法，随后还将该方法推广到了二维及更高维度量子态的问题，发展出了张量网络态算法。该方法将量子多体问题的基态表示成张量网络态，随后利用变分法优化张量网络的参数来获得基态。利用系统基态的关联和纠缠特性，张量网络的变分参数空间约化为系统尺寸的多项式增长（而非指数增长），从而克服了前述方法的根本性困难。张量网络态算法在研究量子多体问题时已初步显示出了独特的优势，可以高效地模拟一大类纠缠满足面积定律的量子多体问题，并且可以处理具有阻挫相互作用的体系和费米系统。最近，随着机器学习方法的快速发展，人们也开始发展基于深度学习的神经网络算法来求解量子多体问题。神经网络方法的学术思想与张量网络态算法类似，但具有更大的灵活性，也是一种极有潜力的重要算法。

基于以上困难分析，提出针对性的创新手段：张量网络态算法、神经网络算法。

4. 研究本科学问题的意义

探寻自然界本质的“好奇心”一直是人类文明进步的直接推动力。量子多体问题是基础性的前沿科学问题，通过对这些问题的研究，可以加深人们对物质世界基本规律的认识，推动人们发现新奇的物质状态，拓展人们对自然世界的认知边界。例如，BCS 超导理论和分数量子霍尔效应理论的提出就

对知识体系产生的增量。

大大加深了人们对微观世界的认识和理解。另外，对由量子多体相互作用所引发的全新物理现象和新物质形态的深入理解，可以帮助人们发现和设计具有新奇物理性质的新材料（如高温超导材料等），服务于我国的国民经济主干行业。例如，超导材料已经被广泛应用于强磁场产生、精密测量以及量子计算等领域；量子自旋液体等新材料也有望被应用于拓扑量子计算等。此外，人们在研究量子多体问题时所发展的新方法和新理论（如张量网络态算法、神经网络算法等）也有望对其他学科的发展产生重要的启发和推动作用。例如，张量网络态算法已经被应用于图像识别等传统深度学习、人工智能等研究领域。

研究的潜在应用价值。

案例点评

一份申请书最基本的要求是概念阐述准确、科学问题描述准确、潜在困难把握准确。它体现了申请人对物理内涵的理解、对科学前沿的把握以及对问题核心物理的审视。一份好的申请书还需要创新思路宽、科学意义深远、目标明确。基础研究的问题可以很多，值不值得支持依赖于研究内容有没有宽广的科学价值。

该案例清晰阐述了量子多体问题。量子多体问题是物质科学中最为核心的科学问题之一，是在量子力学框架下描写多体体系的根本问题。几十年来，无数高水平科学家前赴后继，近些年有显著进展。众多具体量子多体问题悬而未决，哪些问题是最关键的、最急需的？申请人给出了自己的选择——发展计算方法。毫无疑问，这一领域的突破，一定能够给物质科学带来新的物理。问题是，怎么在过去几十年发展的基础之上，产生突破。发展新方法是有可能的途径，也许是必需的途径。在对未知世界的探索过程中，也许选择自己熟悉的研究背景就是最好的。申请人选择以多体波函数的描述为突破口，这应该是一个有发展前途的潜在解决方案。该案例提出了自己的研究思路，不仅包括张量网络态算法、神经网络算法，还涉及机器学习等策略，这些思路确实值得认真尝试。

案例供稿部门：数学物理科学部物理科学一处

案例审读人：吉林大学　马琰铭

案例点评人：复旦大学　龚新高

九、自由基化学反应的机制与功能

凝练科学问题的过程及意义

1. 科学问题的探索过程

有机自由基是化学转化中的一类关键中间体。相对于离子型反应，自由基反应拥有更广泛的官能团兼容性、反应活性高、反应模式丰富等特点。自由基在聚合化学和生命科学中的意义为人们所熟知，然而其在有机合成化学中的潜力尚未得到应有的释放。如何深入理解自由基物种的独特反应性，发展自由基反应的新机制，并探索其在有机合成领域中的结合点和应用，是研究人员关注的焦点和亟待解决的重要问题。

简要介绍有机自由基化学的特点以及存在的问题，为关键科学问题的提出做出铺垫。

近些年，在自由基化学的研究中，人们逐渐揭示了以下新现象：①自由基与过渡金属特别是廉价过渡金属催化的结合，可大大拓展自由基反应类型，并实现一系列自由基与亲核试剂的直接偶联反应；②通过调控自由基与过渡金属之间的相互作用，可大幅提高自由基反应的选择性，尤其是对映选择性；③自由基反应与光、电催化的结合，可避免当量或过量氧化剂/还原剂的参与，促进节能减排，提高自由基反应的可控性、安全性和实用性，在实现绿色、温和条件下产生自由基的同时，调控自由基反应的活性与选择性，拓宽自由基反应的应用范围。

这些新发现促使科研人员不断思考如何进一步将自由基的独特反应性与过渡金属催化和光电催化相结合。特别是，近年来过渡金属催化的脱羧官能团化以及光、电、有机催化辅助的 sp^3 碳–氢键官能团化等新反应成功实现，为廉价化工资源如羧酸、烷烃等的高效、高附加值转化奠定了基础。因此，自由基化学与传统有机催化反应的交叉融合，有望促进自由基化学的迅速发展，并成长为合成化学的一个主要学科增长点。然而，迄今对上述自由基新反应的研究远未深入，许多反应的催化效率、选择性亟待提高，适用范围亟待扩大。究其原因，受制于自由基的短寿命和高活性特点，自由基反应表征困难，对其内在机制缺乏足够的认识。因此，揭示自由基的产生机制、活性和选择性的调控规律、阐明自由基物种成键的热力学和动力学过程等关键科学问题，有助于发挥自由基化学的独特优势，指导新型绿色、高效自由基反应的设计与开发，助力合成化学的变革性发展，为化学、材料和生命科学等领域提供有力的合成与认知工具，同时推动化工资源（如烃类资源和氟资源）的高效利用。

通过总结近期研究成果，凝练出本领域的关键科学问题：揭示自由基的产生机制、活性和选择性的调控规律、成键热力学和动力学调控的构效关系。

2. 解决本科学问题面临的困难

目前，研究人员尚缺乏对过渡金属催化及光/电催化的自由基新反应的机制、规律及实现条件的系统性认知，主要体现在：过渡金属参与的自由基产生机制模糊；自由基与过渡金属的相互作用机制众说纷纭；可见光与过渡金属协同催化的机制和规律有待厘清；光/电催化对自由基反应活性和选择性的调控的关键影响因素尚需阐明；自由基极性效应有待深入理解；反应热力学和动力学调控的构效

指出解决本科学问题面临的瓶颈和难点：自由基寿命短、活性高，对反应机制、规律缺乏系统性认知。

关系认识不足；水相反应中有机分子的组装对自由基活性影响的科学本质有待探索；对自由基反应过程仍缺乏有效的表征手段；等等。这些关键问题是目前制约自由基化学发展的瓶颈，亟待解决；而自由基寿命短、反应活性高的特点也加大了相关研究的难度。此外，如何针对自由基反应的独特性建立和优化相关理论与计算模型，深入结合理论计算与实验数据，认识自由基新反应的本质和规律，进一步掌握调控反应进程的关键因素，从而指导新型自由基反应的设计与开发，也是自由基化学研究中的一个难点。

3. 研究本科学问题过程中的创新点

从机理探索、方法学发展、化工资源利用三个角度出发，揭示自由基反应的本质，发现特异性应用。

（1）结合化学热力学与动力学的方法，建立自由基化学中的若干新型活性中间体（如自由基离子、过渡金属-自由基复合物）的热力学数据库和能量标度，阐明可见光诱导的质子耦合电子转移（proton-coupled electron transfer，PCET）和过渡金属调控的自由基生成与反应的新机制与规律，完善对自由基反应本质的认知。

基于以上难点，从机理探索、方法学发展和化工资源利用三个角度针对性地提出创新性研究思路。

（2）基于上述机理模型和理论计算，重点开发廉价过渡金属催化下非末端烯烃的高立体选择性自由基官能团化、自由基与亲核试剂偶联反应、光/电催化剂直接活化惰性分子产生自由基和高效选择性转化等新方法，发现自由基化学反应的新机制。

（3）发展绿色、实用的自由基新反应，为大宗化工原料（如苯、羧酸、烷烃、烯烃、氟仿等）的高效高附加值利用提供新策略，推动基础研究走向工业应用。

4. 研究本科学问题的意义

上述科学问题的探索，将有助于建立正确的机理模型，阐明自由基的产生与反应性调控的机制和规律，发展新反应和新理论，促进自由基化学领域的快速发展。依托自由基独特的反应性，发展绿色可持续的自由基反应方法学，使其成为合成化学中不可或缺的重要力量。对自由基反应内在机制认识的提高，还将促进相关学科（如高分子科学和生命科学等）的进步。

描述解决本关键科学问题对相关学科发展以及化工资源利用所产生的重要作用。

在推动学科跨越发展的同时，紧扣工业需求和化工资源高效利用，将基础研究的原创性成果应用于重要工业化学品及医药、农业中间体的工业生产中，在节能减排的同时促进相关产业技术的升级换代，助力我国化学工业的技术进步和可持续发展。

案例点评

有机自由基是一类结构独特的活泼中间体，具有反应活性高、官能团兼容性优异、产生方式多种多样等特点，其化学性质与常见的极性中间体（如碳正离子和碳负离子）有着本质的区别，受到人们的极大关注。相关研究对合成化学、有机材料及生命科学等领域产生重要影响。与此同时，受制于自由基的短寿命和高活性，化学家对自由基反应本质的认识十分有限，这在很大程度上阻碍了自由基化学的发展与应用。厘清自由基化学中的关键科学问题，包括对反应引发机制、过渡金属介导下自由基中间体和亲核试剂的成键过程、反应的热力学和动力学调控的构效关系及其规律、电子催化和极性效应对自由基反应选择性控制的机理、光/电催化对自由基活性的影响及调控作用等的深层次认识，将进一步释放自由基反应在合成化学中的独特优势，从而在精细化工、医药和材料等领域发挥更重要的作用。

针对自由基化学的研究现状和趋势，揭示自由基反应的本质和规律，探讨自由基形成及转化的动力学和动态学，开发大宗化工原料的自由基新反应，并应用于重要生物活性物质和精细化学品的高效高选择性合成，优化资源利用，加速医药研发，将推动化学工业变革性方法和技术的跨越发展，确立我国在自由基化学领域的领先地位。

案例供稿部门：化学科学部化学科学一处

案例审读人：清华大学　许华平

案例点评人：中国科学院理化技术研究所　吴骊珠

十、新型无机倍频晶体材料的化学创制

凝练科学问题的过程及意义

1. 科学问题的探索过程

倍频晶体是固体激光技术的关键性材料之一。借助倍频晶体可实现激光的频率转换及其强度、相位的调制，从而产生新波段的激光，可作为光源加以利用。无机倍频晶体材料由于其稳定性好、激光损伤阈值高，在激光制导、激光通信、激光约束核聚变等国家安全领域里具有不可替代的作用。然而，当前深紫外、紫外无机倍频晶体主要集中在硼酸盐和磷酸盐体系；商用红外倍频材料其基因（具有共性的结构组装单元）也仅局限于 MQ4 型倍频基因。更为重要的是，深紫外倍频材料不仅需要具备大能隙，还需具备大双折射率的苛刻性能要求；现有红外倍频材料也普遍存在激光损失阈值低等问题。因此，“基因有限、基因固化、基因封闭”的困境直接导致新型高效倍频晶体极其匮乏难产。近年来，我国科研人员通过引入化学键的不对称性，首次在传统磷酸根倍频基因中引入 P—F 键实现了倍频基因突变，提出并实现磷酸盐晶体双折射率增大的结构设计新方案，即单氟磷酸根[PO_3F]可能作为新颖有效的深紫外倍频基因，拓宽了倍频晶体的相位匹配区间；相对于硼酸根[BO_3]基材料，通过改造硼酸根基因获得的新倍频基因，即[BO_3F]

介绍研究背景及聚焦研究方向：无机倍频材料。

根据前期研究状况，凝练出新的科学问题：新型无机倍频材料的化学创制。

基材料，能隙得到进一步增大，有望应用在深紫外区。基于前期这些创新研究，首要的科学问题是提出倍频材料制备的新途径和如何借助机器学习等理论与计算手段，建立无机倍频材料数据库和材料制备的新模式。

2. 解决本科学问题面临的困难

解决传统倍频晶体材料服役性能的瓶颈，关键在于要打破传统无机倍频晶体材料所面临的“基因有限、基因固化、基因封闭”的困境。现有倍频基因固化封闭、有效样本单一、数目稀少，均为典型的小样本型材料数据库；同时，基因化合物的制备物理模型和合成策略均过于常规，尤其在倍频材料结构组装和性能调控方面，亟须建立新研究范式。利用以机器学习为核心、以数据挖掘为驱动、以理论计算为导向的材料研发新范式，有望获得有效基因突变从而创制新一代高效无机倍频晶体材料。为此，亟须通过机器学习实现从小样本到大数据的倍频基因扩容与优化，并融合机器学习与倍频材料的电子结构图像和晶体设计策略；建立可控制备技术和方法，创制基于新基因的无机倍频材料；总结新基因倍频材料的晶体结构组装机制，并形成理论体系，阐释“倍频基因–晶体结构–关键性能”的内在关联性，建立性能优化和调控的新理论模型；深入阐释晶体成核驱动力、界面稳定特性，并建立新倍频材料大尺寸晶体的生长方法。

解决本科学问题面临的局限：新范式表示打破传统“基因有限、基因固化、基因封闭”的困境。

3. 研究本科学问题过程中的创新点

针对“基因有限、基因固化、基因封闭”的困境，建立基于小样本的自适应学习和虚拟筛选方案，通过“机器学习建模–高通量扫描–电子结构计

基于以上的困难分析，提出针对性的创新手段：

算–特征提取/模型更新”四个步骤的重复迭代策略，挖掘潜在的倍频新基因，实现数据驱动的高效研发。一方面，基于晶体的化学组分实现虚拟结构选型，利用已知的理论模型判断晶体结构的非线性光学性质；另一方面，挑选已知无机倍频晶体，作为结构原型，优化倍频基因，从而建立倍频基因数据库，启动无机倍频晶体材料创新研发平台建设。进一步地，建立新基因化合物的定量化制备物理模型，发展基于新倍频基因化合物的定向合成新策略、新方法；提出设计合成新策略，形成倍频材料结构组装、性能调控的新理论；建立单一晶核生长的可控方案，实现深紫外、中远红外新基因倍频晶体大尺寸单晶体的制备。

提出“机器学习+数据驱动–定向合成–可控大晶体生长”的一体化策略。

4. 研究本科学问题的意义

围绕化学创制新颖无机倍频晶体材料，建成并不断完善无机倍频晶体材料基因数据库，从理论上建立一套从少量样本出发、融合非线性光学理论模型的倍频基因扩容和优化方法，实现机器学习、数据挖掘和理论计算的方法创新和深度融合，发现具有优异倍频性能的无机材料新基因；建立无机倍频晶体材料的可控制备新策略和新方法；发展新倍频基因原位验证手段，阐明晶体结构与关键倍频性能的构效关系，建立性能优化和调控新理论模型；建立新倍频基因晶体生长方法并进行生长工艺优化，制备获得大尺寸优质倍频晶体，创制新一代“中国牌”晶体。为激光产业及国防科技的需求和发展提供支撑，巩固和扩大我国在无机倍频晶体领域的国际地位和研究优势。同时，稳定性好和激光损伤阈值高的无机倍频材料，有望促进量子通信领域取得

对知识体系产生的增量以及在研究范式变革上的潜在价值。

的引领性基础研究成果得到进一步应用。

案例点评

倍频晶体是固体激光技术的关键材料。借助于倍频晶体，可实现激光频率的转换以及强度和相位的调制,从而产生新波段的激光光源。无机倍频材料由于稳定性好、激光损伤阈值高，在激光制导、激光通信、激光约束核聚变等国家安全领域具有不可替代的作用；在高性能显示、高密度存储、激光微加工及激光医疗等国民经济产业领域各个行业也得到了广泛的应用。

我国发展的深紫外 KBBF 等系列“中国牌”倍频晶体技术国际领先，实现了对美国的技术替代，但现有的专利壁垒和领先优势面临全新的挑战。为确保在深紫外倍频晶体领域的国际领先地位，抢占倍频晶体材料创制的制高点，案例从源头基础研究出发，围绕如何打破传统无机倍频晶体材料“基因有限、基因固化、基因封闭”的困境，利用“以机器学习为核心、以数据挖掘为驱动、以理论计算为导向”的材料研发新范式，通过获得有效基因实现新一代高效无机倍频晶体材料的创制。从根本上解决传统倍频晶体材料服役性能瓶颈问题，开发高性能倍频新材料，制备出大尺寸优质晶体，创制新一代“中国牌”的深紫外和红外倍频晶体。该项目的开展也有望为极性材料设计、无心空间群结构设计带来新思路。

案例供稿部门：化学科学部化学科学二处

案例审读人：清华大学　许华平

案例点评人：中国科学技术大学　罗毅

十一、神经元兼容的活体化学测量

凝练科学问题的过程及意义

1. 科学问题的探索过程

大脑是人体中最为精妙和复杂的器官，神经化学物质编码的化学网络构成了其功能的物质基础。因此，在活体层次实现脑化学的动态精准监测，无疑将极大地推动人类对于脑功能分子机制的探索和认识，同时也为脑疾病的预防和治疗等提供了宝贵的科学依据。基于电化学原理的活体分析方法因可用于非人灵长类动物乃至人脑化学的研究，且具有高的时空分辨率和易实现选择性等特点，在脑化学动态监测方面具有重要意义。然而，虽然该领域经过了六十余年的发展，电化学方法在脑化学监测方面仍有待提高。针对分析选择性差的难题，近几年研究发现，利用神经分子式量电位的排序指导电极/脑界面的设计和构筑，可以为突破这一瓶颈问题提供有效的策略。但是，如何实现电化学分析方法的神经元和电生理技术兼容性，则成为困扰该领域研究的难题之一。因此，亟须创新电分析化学原理，实现具有神经元和电生理技术兼容的活体电化学分析。

介绍研究背景及研究方向选定：发展神经兼容的活体化学分析方法。

经过长期的探索，研究人员发展了一系列活体原位电化学分析方法和技术，包括快速扫描循环伏安法、差分脉冲伏安法和安培法等。这些传统的活

根据前期研究结论，凝练出新的科学问题：在活

体电化学方法是基于电解池原理发展起来的，即需要施加外加电压，驱动神经化学分子的电化学氧化或还原反应。而当外加的电压较高或产生的电流较大时，往往会导致神经元的损伤，同时也会干扰神经元电信号的记录。与电流法不同的是，电位分析法则是通过记录开路状态下工作电极（或指示电极）与参比电极之间的电势差，并以此作为输出信号，实现神经化学物质的定量分析。电位分析法由于在其测量过程中电极处于开路的状态，回路中电流几乎为零，因而不会对神经元以及其他测量技术（如电生理）产生电化学影响和干扰。最为传统的电位分析法是离子选择性电极，通过构筑选择性识别元件，可实现脑内离子活度的分析检测。但是，该方法无法实现重要神经分子的活体分析。因此，如何突破传统的电分析化学原理的局限，创新发展神经化学分子的电位分析方法，则成为解决神经元和电生理技术兼容性的首要科学问题。

体层面，电化学方法的兼容性与选择性问题。

2. 解决本科学问题面临的困难

由于脑内存在多种氧化还原分子，这些共存的分子会在电极上产生混合电势。如何选择性实现特定分子的电位分析则成为该领域研究中的难题。挑战性问题主要包括：如何从电化学热力学及动力学两个角度去认识和理解方法的原理及其分析依据；如何在理论的指导下，设计并构筑神经分子电位传感体系；如何从理论上厘清分析方法的选择性及其可能的影响因素，并在此指导下进行合理有效的电极/脑界面设计与构筑；脑神经化学研究需要分析方法具有秒级甚至毫秒级的响应时间，如何进一步缩短电位分析法响应时间是该领域研究中面临的

解决本科学问题面临的挑战：突破传统电化学方法的局限，发展针对性理论和新分析方法。

挑战性问题之一。可用于活体分析的电位分析方法研究，包括原理提出、普适性、分析性能（如选择性、稳定性等）及其影响因素等，急需在理论和实验两方面进行全新的探索。

3. 研究本科学问题过程中的创新点

围绕脑科学研究中神经化学测量所面临的关键科学问题，研究人员从测量原理的研究出发，催生原创性方法与技术的形成和发展，以期形成核心竞争力。研究人员变革性地提出原电池氧化还原电位分析法（galvanic redox potentiometry，GRP），即通过构筑原电池，利用物种自发电化学反应性能，在无须外加极化电压的条件下，即可通过记录开路电位，实现待测物的电位分析。这种原理的提出，可以巧妙利用不同分子在电极界面上自发形成电位驱动力的差异，实现某种分子的选择性电位输出，解决了长期困扰氧化还原分子电位分析的选择性问题。研究人员还从理论上定量推导了混合电势的表达式，进而明晰了脑体系中可能存在的影响因素与选择性电势输出之间存在的关系，可用于指导多种选择性电极界面的设计。在响应时间的问题上，研究人员提出通过测量暂态电势输出提高电位分析时间分辨的思路，为这一关键科学问题的解决提供可能。研究思路从 GRP 原理的提出出发，充分利用理论和实验的结合，并通过与材料、信息、生命等学科的交叉，提出并发展 GRP 分析的新原理和新方法。利用 GRP 替代传统的电流分析方法，实现测量信号的生物兼容性和与电生理等技术可联用性，为神经化学活体测量方法的研究提供了全新的视角。

基于以上困难分析，提出独特的创新思路：建立和发展新型原电池氧化还原电位分析法。

4. 研究本科学问题的意义

GRP 的研究不仅涉及化学（尤其是电化学）的基础研究，也包括神经化学活体测量的方法与技术的发展，因此在化学及其与生命、材料和信息等学科的交叉研究中具有重要意义。该方法不仅具有优异的神经元兼容性，可与电生理技术联用性，而且可实现多信号同步记录，为脑化学原位实时精准测量提供了全新的策略，在发现和阐释脑功能的分子机制、推动脑疾病的基础与临床研究等方面具有重要的科学意义。同时，该方法也能够与电生理、光遗传、神经影像学等研究手段联用，更全面地反映脑神经生理和病理过程，有望形成具有自主知识产权的多功能技术和方法平台，为推动化学和脑神经科学的深度交叉融合与跨越式发展，进一步提升我国在该领域的影响力和竞争力奠定基础。

对知识体系产生的增量以及在学科交叉领域的潜在应用前景。

案例点评

在活体层次实现脑化学的动态精准监测，对于人类理解脑功能分子的机制，为脑疾病的预防和治疗等提供宝贵的新工具新方法。电化学分析具有高时空分辨的特点，对于神经细胞释放的脑化学分子测量具有高灵敏的优势。经过几十年的发展，活体电化学分析仍然存在一些挑战，如选择性、与脑神经的兼容性等。基于高选择性离子配体的开路电位法，解决了活体脑中金属离子的实时电化学分析问题，但是与神经元活动密切相关的其他一些化学物种分析，仍然是个难题。因此，如何突破传统的电分析化学原理局限，创新发展神经化学分子的电位分析方法，则成为解决神经元和电生理技术兼容性的首要科学问题。

所发展的方法可以与电生理、光遗传、神经影像学等研究测量手段联用，在自由移动活体层次上，解析活体脑的生理如睡眠、学习、记忆等行为过程，并将对脑疾病的诊疗和药物筛选产生重大的推动作用。

案例供稿部门：化学科学部化学科学四处

案例审读人：中国科学院化学研究所　郑企雨

案例点评人：华东师范大学　田阳

十二、全新回声定位哺乳动物类群猪尾鼠的发现及其适应机制

凝练科学问题的过程及意义

1. 科学问题的探索过程

理解动物行为的多样性一直以来是动物学领域的前沿及热点问题。但由于野外环境的复杂性及目前野外研究手段的局限性，如何有效发现野生动物具有特殊的行为一直是本领域的一个瓶颈问题。回声定位是指动物通过比较发出声波和接收回声的信息差别，进行导航、觅食等活动的一种定向行为，是动物长期适应视觉无效或低效的环境演化出的一种复杂性状。与其他适应性性状不同，回声定位是一种复杂的感知行为，很难通过简单观察和直接测量来判断动物是否演化出了回声定位的能力。因此，在发现食虫蝙蝠和齿鲸具有回声定位能力后的 70 多年间，尚无直接证据表明其他哺乳动物类群也演化出了这种复杂性状。

提出本研究是动物学领域前沿问题及其研究瓶颈。

哺乳动物具有回声定位能力的一个共同特征是能够发出高频率的声波，尽管如此，需要设计系统的研究方法和分析策略，而不能仅通过超声波（ >20 kHz）的产生与否来推断动物是否演化出了回声定位的适应性复杂行为，例如，实验室小鼠和大鼠都能够发出超声波，但它们并不具有回声定位的能力。

哺乳动物啮齿目刺山鼠科猪尾鼠属（*Typhlomys*）目前共鉴定出了4个物种，且主要分布于中国南部和东南亚地区。之前的研究表明，沙帕猪尾鼠（*Typhlomys chapensis*）能够发出有规律的超声波，并且其视觉发生了退化，提示该物种可能演化出了回声定位能力。然而，要证实沙帕猪尾鼠具有回声定位能力，则需要更为直接的强有力证据。此外，4种猪尾鼠在形态和生境上都非常类似。如果沙帕猪尾鼠确实演化出了回声定位的能力，那么其他猪尾鼠物种是否也演化出了这种适应性复杂行为，其背后的生理、行为、分子演化等机制是否与其他回声定位哺乳动物类群相同呢？

总结前人研究，凝练科学问题。

2. 解决本科学问题面临的困难

与动物的其他适应性复杂性状不同，回声定位是一种依赖听觉的特殊感知行为，仅通过传统的静态观察无法直接判断该复杂性状的存在与否，也就更难开展与回声定位相关的分子遗传和演化机制的研究工作。因此，搭建新型的行为学实验平台对于判断和研究哺乳动物回声定位的行为显得至关重要。除了直接的行为学证据之外，如何整合多学科交叉的技术手段提供更综合、有力的证据也是一个巨大的挑战。另外，作为哺乳动物中物种数最多的啮齿目下的一个属，猪尾鼠属受到的关注度不足，研究力度不够，导致目前对该类群的物种组成、食性、栖息地、种内信息交流、繁殖生物学等许多基础生物学信息的了解都极为匮乏。这些信息的缺失极大地限制了对动物样品的获取、饲养、行为学实验以及后续相关生物学功能研究的开展。

明确研究策略和前期研究积累不足对于解决本科学问题的制约。

3. 研究本科学问题过程中的创新点

针对猪尾鼠是否演化出了回声定位复杂行为及其适应机制的问题，研究人员创新性地运用了进化可预测性的研究思路，首先基于分子趋同进化分析理论，鉴定出了蝙蝠和齿鲸回声定位相关的趋同基因；然后，利用这些基因作为分子标记，在已获得的众多哺乳动物物种的基因组中进行筛选，寻找具有显著趋同信号的物种。最后，针对回声定位特点，搭建了一套动物行为研究平台，设计严格的行为学实验，最终证实了猪尾鼠是一类全新的回声定位哺乳动物类群。研究人员还综合运用解剖特征分析、比较基因组分析、基因功能实验等多种研究策略，系统深入地探讨了猪尾鼠回声定位的生理和分子遗传演化机制，揭示了回声定位不仅在行为生理上，而且在基因组水平上，都显示出了显著的趋同演化特征。

另辟蹊径，创新研究思路：分子进化分析—比较基因组分析—行为学实验。

综合运用研究策略，揭示适应机制。

4. 研究本科学问题的意义

非模式动物适应性表型的分子遗传机制研究，一直是动物学和进化遗传学领域的热点问题。然而，受限于样品难以稳定获得、遗传背景复杂等因素，非模式动物适应性表型的分子机制研究基本处于相关性探索的层面，难以对二者间的因果关系做出深入解析。目前已知的回声定位哺乳动物，包括食虫蝙蝠和齿鲸，普遍存在无法在实验室饲养繁殖和进行遗传操作的难题，因此难以对回声定位复杂性状分子遗传和生理机制进行系统深入的研究。猪尾鼠作为一类啮齿类动物，具有适应性强、饲养成本低等优势，非常有希望在实验室内建立稳定的繁殖群。更为重要的是，猪尾鼠与模式动物小鼠亲缘

对于突破本领域的相关研究的重要潜在价值。

关系相对较近，包括遗传操作等各种适用于小鼠的实验方法，理论上都可以应用到非模式动物猪尾鼠上。因此，把猪尾鼠培育成研究回声定位的动物模型，不仅对解析适应性复杂表型回声定位的分子遗传和生理机制具有突破性的推动作用，也对其他非模式动物适应性表型的分子生理机制研究具有重要的借鉴意义。此外，如果能够系统解析回声定位动物如何调整发声频率，如何探测弱的回声信号，以及如何识别发出的超声波与接收的回声间的差异，还可以为雷达技术的精细化应用提供重要的理论支撑。

案例点评

回声定位是动物的一种空间定向方法。一些动物能通过口腔或鼻腔主动发射超声波，通过听觉系统接收遇到障碍物后反射的回声，进而开展定向和判断自身处境。最早发现具有回声定位行为的动物是蝙蝠。早在18世纪，动物学家就开始探索蝙蝠如何在黑暗的环境中准确地躲避障碍物，通过实验发现蝙蝠依靠听觉而非视觉来躲避障碍物。直到1944年，Griffin利用超声波检测仪发现蝙蝠利用自身发射的超声波和遇到障碍物后反射回来的回声信息探知周围环境，并将这种行为正式命名为回声定位（echolocation）。迄今，仅在齿鲸、鼩鼱、马岛猬等少数物种中发现回声定位这种特殊的行为。进一步在其他动物类群中探索回声定位行为，对于理解该行为的起源和演化具有显著科学意义，而且在仿生等领域具有重要应用前景。在猪尾鼠的回声定位复杂行为及其适应机制研究中，研究者创新性地运用了进化可预测性的研究思路，综合应用了形态解剖、行为功能实验、多组学分析、基因功能验证等宏微观研究策略与手段，首次发现啮齿目动物具有回声定位行为，揭示了回声定位性状在哺乳动物中的趋同演化特征，刷新了人们对于哺乳动物回声定位性状多点独立起源的认识。此外，研究人员利用啮齿动物易饲养和便于遗传操作等优势，提出了把猪尾鼠培育成研究听觉系统和回声定位新型动物模型的设想，将会极大推动回声定位的生理、进化和仿生应用等诸多方面的研究。

案例供稿部门：生命科学部

案例审读人：南京师范大学　杨光

案例点评人：中国科学院动物研究所　杜卫国

十三、机械力感受与离子通道门控机制

凝练科学问题的过程及意义

1. 科学问题的探索过程

离子通道是控制细胞兴奋性和信号转导的一类重要跨膜蛋白。遗传突变或生理调节性紊乱所导致的离子通道功能失调可以导致包括神经、心血管、免疫及代谢等系统的重大疾病（统称为离子通道病）。因此，对于离子通道的结构和功能的研究不仅有助于了解这一类重要蛋白，还有助于相关新药或新疗法的设计开发。2010 年，包括 *Piezo1* 和 *Piezo2* 两个同源基因在内的 *Piezo* 基因家族被鉴定，发现其为编码哺乳动物机械门控阳离子通道的必要组成成分。随后的研究证明 Piezo 蛋白自身为机械门控阳离子通道的核心孔道蛋白，从而确立了机械门控 Piezo 通道这一全新离子通道家族类型。2010 年生命科学部进行科学处和学科申请代码调整，经过对神经生物学领域的研究前沿和预期可能产生的突破的充分研判，设置三级代码 C090108 触觉神经生物学。由于历年来申请量较少，在 2020 年的申请代码调整中，将此代码调整为一个研究方向，但此代码代表了最前沿的学术研究方向。在国家自然科学基金优秀青年科学基金、重点项目等资助下，科研人员聚焦于 Piezo 通道如何将机械力刺激转化成生物电信号这一关键科学问题，解析了

介绍研究背景及研究方向选定：机械门控阳离子通道结构和功能研究。

总结前期研究情况及得出的结论：机械门控 Piezo 通道是全新离子通道家族。

根据前期研究结论，凝练出新的

Piezo 通道家族多个成员的高分辨率冷冻电镜结构；鉴定了其离子通透路径以及关键机械传感位点；筛选发现了其小分子调控药物以及相互作用蛋白；系统性提出了其进行机械门控的功能区模块化作用机制假说、杠杆作用机制假说、双门控作用机制假说、门塞和闩锁作用机制假说、基于脂膜张力的曲率门控模型、基于细胞骨架的拴绳拉力门控模型。国内科学家的相关研究成果发表在 *Nature*（2015，2018，2019，2022）、*Neuron*（2017，2020）、*Nature Communications*（2017，2018，2020）、*Annual Review of Pharmacology and Toxicology*（2020）、*Trends in Biochemical Sciences*（2021）等期刊，有力推动了 Piezo 通道的发现与研究工作成为 2021 年的诺贝尔生理学或医学奖成果，相关成果被收录进神经生物学经典教科书。

科学问题：Piezo 通道如何将机械力刺激转化成生物电信号。

2. 解决本科学问题面临的困难

机械门控阳离子通道是能被机械力刺激快速激活从而导致钙、钠、钾等阳离子跨膜流通的一类离子通道蛋白，在将机械力刺激转化为生物信号的过程中承担着机械传感器的重要功能，参与触觉、痛觉、本体觉、内脏觉、心血管发育与功能、血压调节、骨的生成与重塑、神经细胞分化与轴突生长、癌症产生与转移等众多生理病理过程。由于机械门控离子通道在脊椎动物中的分子组成长期未被发现及证实，导致对其的研究和理解远落后于诸如电压或配体门控通道等其他类型离子通道。2010 年发现的 Piezo 蛋白是一类非常独特的大型膜蛋白，与任何已知离子通道或其他蛋白家族都不具备序列同源性。哺乳动物 Piezo 蛋白包含 2500 多个氨

解决本科学问题面临的局限：机械门控离子通道 Piezo 蛋白结构尚未解析，序列比对不能预测其理化性质。

基酸，预计穿膜 30～40 次，是已知哺乳动物蛋白中预测跨膜次数最多的膜蛋白。因而，简单的序列比对无法准确预测 Piezo 蛋白的基本理化性质。另外，Piezo 蛋白分子量很大，对蛋白的表达、纯化和结构解析都提出了巨大的挑战。

3. 研究本科学问题过程中的创新点

基于科研人员在离子通道研究领域所积累的研究经验和学术理论，以及研究团队在 Piezo 蛋白的分子克隆、蛋白重组表达及纯化、电生理功能和高通量药物筛选研究等方面的技术平台，并借助自 2013 年以来利用单颗粒冷冻电镜技术解析包括离子通道在内的大分子蛋白复合物高分辨率三维结构的技术突破，国内科学家开创性地开展了离子通道研究领域先结构后功能的研究范式，革新了先功能后结构的传统研究范式。与从事冷冻电镜研究的团队合作开展 Piezo 通道结构的解析工作，在国际上首次解析报道了 Piezo1、Piezo2、剪切变体 Piezo1.1 的冷冻电镜三维结构，进而结合生物化学、突变体构建、电生理以及药理学等多种研究手段，揭示了其离子通透与机械门控机制、蛋白互作以及剪切变体调控、小分子药物作用机制。

基于以上困难分析，提出针对性的创新手段：利用单颗粒冷冻电镜技术解析 Piezo 通道结构，开展离子通道研究领域先结构后功能的研究范式。

4. 研究本科学问题的意义

机械力感受是触觉系统中最为复杂精细的次感元。它使我们能够感受微风拂动、轻压、轻捏、震动、牵张、愉悦性轻微触碰（譬如握手）、疼痛性强力敲击等诸多形式的机械力刺激以维持机体正常功能乃至存活，也构成了人类能够熟练使用各种劳动工具的生物学基础。机械门控 Piezo 通道的发现和证实对理解生物机体如何将机械力刺激有

对知识体系产生的增量。

研究的潜在应用价值。

效转化为电化学信号这一基本生命过程以及相关的疾病机制、药物设计及生物技术开发具有重要意义，为深入理解哺乳动物包括人类自身机械力感知的分子机制与调控、机械门控阳离子通道的生理病理功能、相关疾病药物筛选与开发奠定了基础，开辟了神经科学、生理学、药理学、生物力学等领域新的研究方向，并迅速成为前沿研究热点。结构与功能相结合的研究有助于揭示 Piezo 通道独特的结构特征和精巧的门控机制。

2021 年诺贝尔生理学或医学奖授予阿登·帕塔普蒂安和戴维·朱利叶斯，其中，帕塔普蒂安的主要贡献是发现触觉感受器 Piezo。尽管目前为止有关 Piezo 通道的研究已经取得了显著进展，但仍有许多悬而未决的问题有待解决。例如，Piezo 通道受机械力门控的动态过程还没有得到完整解析；Piezo 通道的相互作用蛋白及其调控机制有待进一步研究；有临床应用潜力的特异性小分子药物有待鉴定；等等。

案例点评

所有生物体的生存都依赖于机体对内、外环境的感知。包括触觉、本体感觉等机械力感觉使生物体可以感受内、外环境的状态，对维持内环境稳态和应对复杂环境挑战都至关重要。哺乳动物 Piezo 家族 Piezo1 和 Piezo2 是机械力感受重要的离子通道，其发现和功能解析是理解机械感觉及其相关疾病的基础。在 Piezo 被发现之后的 10 余年里，药理研究由于缺乏高特异性的激动剂和拮抗剂，限制了基于 Piezo 的药物研发。2015 年，阿登·帕塔普蒂安实验室率先筛选到了 Piezo1 的第一个激动剂 Yoda1。仅 3 年后，中国科学家利用冷冻电镜突破性地揭示了 Piezo1 和 Piezo2 的高分辨率结构，并成功筛选到两种活性更强的 Piezo1 的激动剂 Jedi1 和 Jedi2，进一步深入解析了 Piezo 的作用机制。以上工作对于理解生物体如何将机械力刺激有效转化为电化学信号这一基本生命过程以及相关的疾病机制、药物设计及生物技术开发具有重要意义。基于帕塔普蒂安的原创性发现和上述系统性工作，2021 年诺贝尔生理学或医学奖授予了帕塔普蒂安以表彰其对发现触觉感受器 Piezo 做出的贡献。综上所述，国内科学家对机械力通道结构功能的研究，有效利用了最新的技术手段，取得了创新性成果，极大地推动了世界科学前沿发展，并为相关药物研发奠定了基础。

案例供稿部门：生命科学部

案例审读人：清华大学　张伟

案例点评人：上海科技大学　沈伟

十四、锰元素，天然免疫的“传令兵”
——锰元素调节免疫应答的发现与应用探索

凝练科学问题的过程及意义

1. 科学问题的探索过程

天然免疫是宿主抵抗病原微生物入侵的第一道防线。天然免疫细胞表达的一系列模式识别受体感知入侵病原体的不同组分，活化多条信号通路以产生包括 I 型干扰素（I-干扰素）在内的多种炎性细胞因子对抗感染。模式识别受体包括 Toll 样受体、RIG-I 样受体、NOD 样受体及 DNA 受体环化 GMP-AMP 合成酶（cGAS）。cGAS-干扰素基因激活蛋白（STING）信号通路不仅可感受来自病原体的 DNA，也可感受来自肿瘤细胞的 DNA，在抗感染、抗肿瘤中均发挥重要作用。此外，Rogers 等（1983）、Smialowicz 等（1985）和 Srisuchart 等（1987）先后报道注射氯化锰溶液能增强小鼠的自然杀伤性细胞的杀伤功能、腹腔巨噬细胞的吞噬功能、脾脏细胞的抗体依赖细胞毒作用及脾脏淋巴细胞增殖。这些结果提示锰离子能调节免疫反应，但是受限于当时对于天然免疫应答分子机制的理解有限，导致缺乏后续对锰离子作用机制的深入解析和报道。

介绍研究的方向选定与潜在价值：锰元素在天然免疫调节中具有重要调节作用，但具体作用机制长期不清。

以往许多实验室发现培养细胞的状态显著影响其抗病毒能力，导致同一种细胞在不同的时间或

总结前期研究概况以及结论：前

不同的培养条件下对病毒感染的抵抗能力截然不同，但是对其中的原因及分子机制知之甚少。我国科研人员对这个问题进行了系统分析与研究，首先发现培养基中的血清可以调节细胞的抗病毒能力：血清浓度越低，细胞对病毒感染的抵抗力越强。进一步地，他们分析了培养基中不同微量元素对细胞抗病毒能力的影响，意外发现二价锰离子可以使细胞获得很强的抗病毒能力。

期研究发现锰离子对免疫细胞的抗病毒能力具有显著影响。

锰元素如何赋予细胞抗病毒能力？锰元素作用的分子靶标与机制是什么，其如何调节获得性免疫反应呢？除抗感染外，锰元素是否也在抗肿瘤中发挥功能，其具体分子机制是什么？回答这些问题将有助于我们深入了解锰元素的生理学功能，进而开发其在抗感染、抗肿瘤等方面潜在的应用价值。

基于前期发现和理论，凝练亟待解决的科学问题：锰元素调控免疫细胞的内在机制与调控靶点等问题仍有待深入研究。

2. 解决本科学问题面临的困难

锰（Mn）是原子序数为 25 的过渡金属元素，在机体中常以+2 或+3 价存在，后者在溶液中不稳定，需与不同的蛋白结合。锰元素是生命体必需的微量元素，分布在各种组织和体液内，而且人体所有细胞都含有锰。锰浓度在骨、肝、肾、胰等脏器中为 1.2～2.5 微克/克，在脑、心、肺、肌肉中为 0.06～0.23 微克/克，在血液中为 8～12 微克/升。锰是糖代谢中的丙酮酸羧化酶、黏多糖合成通路中的糖基转移酶、抗氧化的超氧化物歧化酶的主要催化核心。虽然锰是机体必需的微量元素，但人们对于锰的生理学功能知之甚少。这主要是由于锰在不同组织、细胞及不同细胞器中的分布差异很大，而锰的检测又很不方便，目前也缺乏特异性的探针进行精细的细胞器定位，或者缺乏螯合剂进行功能检

解决本科学问题面临的困难：锰离子检测技术不便利，没有离子特异性探针或螯合剂。

测。因此，在锰调节免疫功能的机制研究方面几乎是一片空白。近年来在科研人员逐步建立的模式识别受体的知识体系的基础上，尤其是发现了识别胞内 DNA 的 cGAS-STING 通路，锰离子调控天然免疫的研究成为可能。

3. 研究本科学问题过程中的创新点

我国科研人员研究发现病毒感染引发宿主细胞的线粒体、高尔基体中的锰离子向细胞质及细胞外释放，细胞质中的锰离子可强烈激活 cGAS-STING 通路，使得 cGAS 对 DNA 的敏感性增强上万倍，并大大增强合成环化 GMP-AMP（cGAMP）能力；并且，释放到胞外的锰离子通过循环系统，被远端的巨噬细胞、树突状细胞及淋巴细胞摄取，促进并激活这些细胞的免疫反应。体内实验表明，锰缺乏的小鼠对病毒的抵抗能力显著降低。

基于以上凝练的科学问题，提出针对性的创新性研究：锰离子可通过激活 cGAS-STING 通路，激活免疫反应，并且补充锰离子可以增强免疫抗体的抗肿瘤作用。

科研人员进一步研究发现，Mn^{2+}可不依赖于 DNA 直接激活 cGAS，而且 Mn^{2+}激活的 cGAS 酶活反应效率更高。并且，锰在肿瘤免疫治疗中也发挥重要作用，Mn^{2+}和免疫检查点程序性死亡受体 1（PD-1）抗体联合使用的“锰免疗法”可显著增强机体清除肿瘤的治疗效果。I 期临床试验初步证实了“锰免疗法”在复发难治及进展期肿瘤患者中具有临床安全性。更重要的是，类似的 Mn^{2+}激活 cGAS-STING 以促进抗肿瘤疗效的方法已被国内外十余个实验室证实。在基础创新之外，科研人员进一步转化落地发明了既是免疫激活剂，又是递送系统的纳米锰佐剂（MnJ），实现了既能激活体液免疫，又能激活细胞免疫和黏膜免疫的多重功能。

4. 研究本科学问题的意义

这些研究为理解锰元素的生理学功能打开一个新的窗口，锰元素既是病原体感染的警报素，又是天然免疫的激活剂，因此在机体抗感染及抗肿瘤的过程中发挥至关重要的作用。从更广泛的角度而言，细胞中可能存在镁和锰两种相似但不相同的催化“路径”，镁或锰离子对于一些酶会产生截然不同的酶促动力学特性，包括（但不限于）不同底物的亲和力、偏好性、催化效率甚至是产生不同的反应产物。例如，在识别双链 DNA 时，含镁离子的 cGAS 表现为低亲和力、低环化二核苷酸合成能力，有助于机体对自身 DNA 的免疫耐受；而在感染发生时，增多的锰离子使得 cGAS 酶的催化核心发生镁锰转换，含锰离子 cGAS 的底物亲和力增加千倍以上并有更高的产物催化效率。此外，锰具有较为集中的亚细胞分布，95%以上的锰以不溶于水的锰盐形式贮存于细胞器中，游离在细胞质或体液中的锰离子浓度非常低。这种特性使得锰具备成为免疫系统“传令兵”的潜质。病原体感染促使锰离子的解离和释放，有助于整个机体进入抗感染免疫状态。此外，感染导致细胞死亡所释放出的锰元素更是一种危险信号，意味着机体局部早期免疫防御的失败。近期在抗细菌天然免疫研究中，科研人员也证实锰离子的确发挥了类似重要作用，主要通过帮助宿主细胞的 STING 识别对细菌非常重要的一类第二信使环化二核苷酸，激活抗细菌感染的免疫反应。因此，作为更深层次的免疫防御机制，锰离子引发的免疫应答可能是一个古老而被普遍使用的抗感染机制。

研究凝练科学问题的意义：锰元素是机体免疫系统的“传令兵”，既可激活免疫反应，又可预警早期免疫防御失败。

对知识体系产生的增量：扩充机体微量元素对天然免疫的调控机制。

锰元素激活天然免疫的发现还具有重要的转化应用价值。我国科研人员研发的锰佐剂是铝佐剂使用 96 年后第二个以金属元素为基础的佐剂，并且锰佐剂激活细胞免疫的能力远超铝佐剂。锰元素作为一种生物必需的微量元素，在机体内的平衡受到严格的调控以保证其良好的生物安全性。锰佐剂具有高效性（尤其活化细胞免疫）、稳定性，以及保存、使用方便等优点，可用于抗体制备、疫苗研发和肿瘤治疗，具有巨大的应用潜力，有助于解决我国在免疫佐剂方面的“卡脖子”难题。目前国内几十个实验室和抗体/疫苗生产厂家已经证实锰佐剂的优异性，并报道了十余种基于锰离子的具有免疫佐剂功能的纳米材料。鉴于“锰免疗法”不仅显著提高肿瘤免疫治疗效果，还减少药物（如化疗、免疫检查点抑制剂）的使用量，显著降低肿瘤免疫治疗的成本，有望极大降低国家和患者的负担，惠及国计民生。

研究的潜在应用价值：锰佐剂可活化细胞免疫，并且“锰免疗法”具有提高肿瘤免疫疗效的应用价值。

参考文献

Rogers R R, Garner R J, Riddle M M, Luebke R W, Smialowicz R J. 1983. Augmentation of murine natural killer cell activity by manganese chloride. Toxicol Appl Pharmacol, 70: 7-17.

Smialowicz R J, Luebke R W, Rogers R R, Riddle M M, Rowe D G. 1985. Manganese chloride enhances natural cell-mediated immune effector cell function: effects on macrophages. Immunopharmacology, 9: 1-11.

Srisuchart B, Taylor M J, Sharma R P. 1987. Alteration of humoral and cellular immunity in manganese chloride-treated mice. J Toxicol Environ Health, 22: 91-99.

案例点评

锰是生命体必需的一种微量元素，主要以二价态锰离子（Mn^{2+}）的形式存在于人体所有细胞中。锰离子作为多种重要生物酶的催化核心组分，在生命活动中的重要作用已广为人知，但是其免疫功能从未被认识。2018 年，国内学者首次发现细胞内的 Mn^{2+}促进 cGAS-STING 的活化进而抵抗 DNA 病毒的重要免疫功能，锰离子在传送激活天然免疫的信号中起着重要作用。

2020 年，约翰斯·霍普金斯大学医学院 Sohn 实验室证实上述结果并进一步发现细胞内 cGAS 利用 Mn^{2+}进行 cGAMP 合成；Mn^{2+}也可不依赖 DNA 直接激活 cGAS。同年，国内学者合作研究证明 Mn^{2+}是细胞内的第二种 cGAS 激动剂，Mn^{2+}与 cGAS 结合后导致 cGAS 蛋白发生独特构象变化，合成 cGAMP 的效率更高。2020 年，国内学者合作研究发现 Mn^{2+}在肿瘤免疫监视中的重要作用；Mn^{2+}和 PD-1 抗体联合使用的“锰免疗法”显著增强 PD-1 抗体的肿瘤治疗效果；I 期临床试验显示“锰免疗法”的临床安全性和有效性。2021 年，国内学者进一步揭示在抗细菌天然免疫中，锰离子通过促进对细菌的环化二核苷酸的识别从而活化 STING 的重要作用；同年，国内学者研发了一种既是免疫激活剂，又是递送系统的纳米锰佐剂。锰佐剂在体内外都表现出优异的免疫佐剂功能，尤其是增强细胞免疫的效果。同年，又发现在病毒感染后期，Mn^{2+}可促进 cGAMP 诱导 STING 蛋白形成相分离。

上述研究成果在锰离子生理学功能的理论研究上，开拓了免疫调节的新方向；在应用方面为抗感染、抗肿瘤提供了新的途径。作为高效的 cGAS-STING 激动剂，锰离子可以极大地增强机体的抗肿瘤免疫功能，与当前主流癌症治疗方法联用，有助于提高治疗效果，降低肿瘤治疗特别是肿瘤免疫治疗的成本，有极其良好的开发前景。此外，相较于目前广泛应用的免疫佐剂，锰佐剂不仅具备优秀的佐剂效果，其作为生物必需的微量元素与无法被人体吸收和代谢的元素如铝相比，有更高的生物安全性和相容性。

锰离子作为 cGAS-STING 通路的活化剂显著促进 $CD8^+T$ 细胞活

化并增强肿瘤治疗效果，以及与免疫检查点抑制剂联用所获得的效益已被国内外众多实验室的研究验证。迄今已有十几种以锰离子为基础的具有良好佐剂功能的纳米材料进入开发阶段的报道。未来锰离子（及其制剂）在动物及人类抗感染、抗肿瘤中的应用值得期待。

案例供稿部门：生命科学部

案例审读人：中国科学院分子细胞科学卓越创新中心　王红艳

案例点评人：厦门大学　韩家淮

十五、活细胞糖代谢的高时空分辨探测及解析技术

凝练科学问题的过程及意义

1. 科学问题的探索过程

代谢是生命活动的基本特征，呈现复杂的时空动态变化，以应对生物体物质构成、能量产生和环境信号的需求。糖代谢作为机体代谢网络中极其活跃的部分，不仅是绝大多数细胞的能量来源，同时也为氨基酸、脂肪酸和核苷酸合成提供原料。新近的糖代谢时空网络调控研究带来令人兴奋的发现的同时，也启示最终揭开糖代谢时空复杂性的神秘面纱需要更加全面系统的研究。因此，系统刻画糖代谢的时空动态变化是生命科学基础研究的重要前沿问题。然而，相对于 DNA、RNA 与蛋白质而言，代谢物难以像核酸一样进行体外扩增，也难以像蛋白质一样进行标记，同时又具有高度的时空动态性，致使原位实时监测异常困难。突破现有的技术瓶颈，另辟蹊径，亟须发展新技术、新方法。

介绍研究背景及研究方向选定：糖代谢的时空动态变化是生命科学基础研究的重要前沿问题。

遗传编码的荧光蛋白探针是国际上迅速发展的一种代谢物分析技术，具有特异性强、灵敏度高、适用于高时空分辨监测的特点，在活细胞和活体生物的动态分析中具有传统技术难以企及的优势。近年来国内研究团队聚焦于代谢监测关键技术问题，针对细胞内核心代谢物氧化型烟酰胺腺嘌呤二核

根据前期研究结论，凝练出新的科学问题：研究糖代谢关键节点的时空分布规律和功能。

苷酸（NAD+）、还原型烟酰胺腺嘌呤二核苷酸（NADH）和还原型烟酰胺腺嘌呤二核苷酸磷酸（NADPH）等，发展了系列原创性、高性能的光学探针，它们在动态范围巨大、荧光强度明亮、适用场景多样等方面引领了探针设计和检测技术的变革与进步，被国际同行评价为“颠覆性”技术，现已被哈佛大学等全球 500 多个一流机构实验室使用。然而，目前尚无针对糖代谢关键节点的高性能荧光蛋白探针库，严重阻碍系统发现、确切追踪、深入研究糖代谢关键节点的时空分布规律和功能，这是当前研究面临的重大挑战和机遇。

2. 解决本科学问题面临的困难

解决本科学问题面临的局限：发展高性能的光学探针，基于探针建立高时空分辨代谢监测和解析技术。

糖代谢作为最基本的能量代谢和物质代谢途径，呈现剧烈的时间变化和复杂的空间分布。刻画活细胞糖代谢的时空动态图景面临两个主要困难：发展高性能的光学探针，基于探针建立高时空分辨代谢监测和解析技术。尽管当前已经建立了上百种遗传编码的光学探针，但是性能优秀的探针寥寥无几，它们的荧光动态响应范围普遍不足 1 倍，而且常常存在着非特异性底物的干扰、探针亲和性与活细胞内目标代谢物的浓度不匹配，或者单通道输出信号易受探针表达水平和检测条件影响从而不能用于绝对定量、荧光强度弱难以进行在体示踪等缺陷，严重降低了它们的准确性、可靠性和适用性。不仅如此，探针如何与各种高分辨的生物成像和高内涵的分选技术适配，如何优化探针的光谱、亚细胞定位和表达等以实现高维监测分析，使其适用于从细菌、小鼠到临床样本等不同生物体系，均需要多层次的创新探索。

3. 研究本科学问题过程中的创新点

本研究瞄准了活细胞代谢的时空动态监测这一前沿科学问题，具有敢啃科研“硬骨头”的眼光和勇气。相对于如火如荼的单细胞组学分析研究，对活细胞代谢的动态研究还基本是空白区。由于糖代谢活动的中心地位，系统破解它们的动态调控“密码”无疑将为诸如发育、衰老、免疫、肿瘤等众多生命活动研究提供崭新的视角。难得的是，面对活细胞代谢监测难题，本研究提出的基于荧光蛋白探针库的解决方案具有创新性、普适性。首先，荧光蛋白探针能面向活细胞和活体进行特异、灵敏、定量、可视化的代谢分析，具有亚细胞水平的空间分辨率和实时监测的时间分辨率。其次，该技术能一致性地解决多种代谢物的检测问题，其普适性便于同时开展多种代谢表型的高维分析；探针可与高精度成像、高内涵分选、高通量检测无缝对接，能适用于从单细胞生物到多细胞生物、从活体动物到临床样本的多场景检测。

基于以上困难分析，提出针对性的创新手段：基于荧光蛋白探针库的解决方案。

4. 研究本科学问题的意义

本研究以糖代谢为切入口，紧密围绕活细胞和活体中代谢时空动态变化规律这一关键问题深入研究。针对代谢途径的 7 个关键节点分子，系统创新发展遗传编码的荧光探针库，建立单细胞、亚细胞水平的高时空分辨探测及解析技术，高选择性和高灵敏地追踪糖代谢分子的流动途径、亚细胞定位，使糖代谢实时、在线可视化、系统化，把代谢研究从静态分析推进到动态刻画。通过集成不同代谢分子探针，最终实现活细胞糖代谢的时空景观图谱绘制。这不但为生命医学研究领域提供前沿的代

对知识体系产生的增量。

谢分析工具，同时也将为胞内糖代谢的时空变化规律和功能提供崭新的见解，助力代谢相关疾病的研究、诊断和治疗。基于这些代谢示踪技术，课题组前期研究发现糖代谢的终产物乳酸具有比教科书定论的细胞质定位更广泛的分布，并揭开了一些意想不到的代谢相互调控“面纱”。不仅如此，这些技术也被用于糖尿病、自身免疫病、肿瘤等疾病患者的临床样本即时检测，在样品制备和检测方面相比于传统方法具有明显的便捷性，而且刷新了微量样本的检测极限，具有广阔的临床诊断应用前景。

研究的潜在应用价值。

案例点评

代谢是一切生命活动的基础。局限于技术水平，早期的代谢研究聚焦代谢酶及其调控的研究，对代谢途径已经有比较清楚的了解。而代谢物相关的研究，尤其是对代谢物在生命活动中的动态平衡，长期以来知之甚少。代谢物信号及细胞信号调控功能的发现，对代谢物的实时示踪技术提出了迫切需求。20 世纪初期，科学家先是对裂解的酵母细胞进行生化分析，研究分解代谢；后来又利用同位素示踪技术检测细菌遗传突变体，研究合成代谢。然而，这些技术在生命活动过程中很难做到对代谢物的实时动态监测。发展面向活细胞或者活体生物的时空分辨代谢监测技术，将把代谢研究从静态描绘推进为动态刻画的更深层次，惠及多个生命科学领域。遗传编码的荧光探针是近年来国际上新兴的代谢监测技术，能对活细胞和活体进行特异、灵敏、定量、可视化的代谢分析。

该项目颇具慧眼，瞄准糖代谢这一最重要的代谢通路，采用最前沿的光遗传手段，通过发展高性能探针库开展活细胞代谢表型实时动态监测。项目设计思想具有原创性，所建立的方法后续能移植于糖、氨基酸、核苷酸、脂肪酸等不同分子，具有普适性。项目完成的成果在探针特异性、响应度、灵敏性等指标上有望达到国际领先水平，具有技术引领性。预计成果将赋予代谢研究广泛的新机遇。我国在代谢物感知和信号转导领域居世界前列，项目成果有望推动包括代谢物信号研究等生命医学研究的各个层面实现原创突破。

案例供稿部门：生命科学部

案例审读人：复旦大学　赵世民

案例点评人：复旦大学　赵世民

十六、基于植物群落功能性状的生态系统生产力时空变异预测

凝练科学问题的过程及意义

1. 科学问题的探索过程

准确预测区域乃至全球生态系统总初级生产力（gross primary productivity，GPP）的时空变异，是研究生态系统物质循环和能量流动以及解决区域生态环境问题的重要基础。生态系统总初级生产力是指单位时间、单位面积内植物通过光合作用把无机物质合成为有机物质的总量或固定的总能量。目前，科研人员主要利用大叶模式（big-leaf model）为核心的生态过程模型预测 GPP 时空变异，该途径基于叶片组织水平光合和呼吸机理过程，通过统一性原理来模拟 GPP，并在环境变量驱动下预测宏观尺度 GPP 时空变异。但受测试-预测间尺度跨越过多、精细测定-区域精确参数难以获取等因素限制，其 GPP 时空变异预测存在高不确定性。

介绍研究背景及研究方向选定：生态系统生产力时空变异预测。

近 20 年的大量研究表明，植物功能性状，如叶片大小、比叶面积、碳氮比等，在“器官—物种—功能群—群落—生态系统”等多尺度上影响甚至决定其生产力。因此，国内外绝大多数研究希望将植物功能性状纳入“大叶模式”来提高生态过程模型的预测精度，但迄今其效果远不如预期。这些研究

启示能否另辟蹊径，创新性地发展以植物群落功能性状为核心的 GPP 预测新途径——基于特征的生产力（trait-based productivity，TBP）。该途径在群落尺度开展顶层设计，既彻底克服尺度拓展难题，又可以利用大量地面和遥感数据获得空间化的模型关键参数，从而具有可准确地预测大尺度 GPP 时空变异的潜力。理论上，特定生态系统 GPP 由单位土地面积植物群落功能性状总量、性状效率和生长期长度三大属性共同决定。如果把整个植物群落叶片假想成一个类似于叶绿体工厂的发动机（叶绿体-引擎模式，chloroplast-engine model），特定植物群落所能捕获或固定 CO_2 能力由其该时段所能投入的单位土地面积性状总量（trait capacity）、性状效率（trait efficiency）和生长期长度（Lg）共同控制［$GPP_i = af(z_i)\prod_{i=1}^{n}(x_i y_i)+b$，其中，$GPP_i$ 是特定时间内群落总初级生产力，$f(z_i)$ 是指特定时间内的植物生长期，x_i、y_i 分别代表单位面积的群落性状总量和性状效率］。因此，我国科研人员可以基于植物群落功能性状发展以“性状总量×性状效率×生长期长度”为核心的 GPP 预测新框架。

根据前期研究结论，凝练出新的科学问题：基于植物群落功能性状预测生态系统生产力时空变异。

植物群落功能性状（性状总量和性状效率）和生长期长度是植物群落对特定环境长期适应和进化的结果，在空间上是相对稳定的。因此，该途径的优点是可通过大量地面实测数据和遥感数据相结合的途径，准确获得这些参数的空间化产品，从而使 TBP 具有很好的预测 GPP 时空变异的潜力。

在具体研究过程中，重点是如何科学构建植物群落功能性状（性状总量、性状效率和生长期长度）不同时空尺度的参数集，深入揭示它们的时空变异规律和主控因素，以及它们间的相互关系；在此基础上，完善 TBP 理论框架，利用国内外通量观测和全球 GPP 产品数据进行验证和优化。新 TBP 框架研发成功后，将作为 GPP 预测核心，为开发新一代机理过程模型奠定重要基础。

2. 解决本科学问题面临的困难

目前基于植物群落功能性状发展新的 GPP 预测框架是十分困难的。首先，虽然标准化单位土地面积的植物群落功能性状概念逐步被大家认可，但植物群落功能性状的二维特征又是一个全新的体系（性状总量和性状效率），需要对定义、科学意义阐述、计算方法等进行一系列创新。其次，植物功能性状多种多样，如何选择性状、如何解决多种功能性状间的纠缠关系、如何获得不同时空尺度的二维植物群落功能性状数值等均是非常棘手，又没有先例可遵循的难题。最后，虽然 TBP 以植物群落功能性状为核心，联动通量观测、遥感观测和生态模型，具有预测生态系统生产力时空变异的潜力，但在发展初期必然会因自身不完善或别人先入为主的不理解，而困难重重（理论构建—论文发表—成功认同）。

解决本科学问题面临的局限：不同时空尺度二维植物群落功能性状数值的获取。

3. 研究本科学问题过程中的创新点

首先，TBP 的核心是单位土地面积的植物群落功能性状总量、性状效率和生长期长度，而温度、水分、土壤养分等均通过间接效应影响上述三个核心变量而实现对 GPP 时空变异的调控，实现了用

基于以上困难分析，提出针对性的创新手段：物理学经典的“叶

全新视角来破解一个长期热点问题。其次，TBP框架首先继承和发展了生态系统功能性状/植物群落功能性状理论体系（概念、参数和方法），进一步发展了植物群落功能性状二维特征（总量性状和效率性状），并引入了物理学经典的“叶绿体-引擎模式”，完成了TBP框架的构建，体现了多学科融合的创新解决思路。最后，TBP以植物群落功能性状为核心，联动通量观测、遥感观测和高光谱观测等高新技术，且没有跨尺度问题，可以通过集成多源技术-多源数据确保TBP框架具有非常好的前景和活力，从而具有实现GPP更高预测精度的潜力。

绿体-引擎模式”、多源技术-多源数据集成。

4. 研究本科学问题的意义

GPP不仅是生态系统生态学、宏观生态学、地学、遥感等学科的关键参数，还是所有生态模型的核心或起点。由于TBP依靠多个重要植物群落功能性状，不仅具有机理模式支持，还没有跨尺度问题，具有实现GPP更高预测精度的潜力。此外，TBP模式以单位土地面积标准化功能性状为桥梁，很好地解决了传统功能性状与生态系统生产力间尺度不统一和量纲不统一的难题，可以整合大量地面采样测定的传统功能性状参数、快速发展的通量和遥感等观测数据，可从“性状总量×性状效率×生长期长度”体系发展区域化优化参数，具有巨大的发展潜力。TBP框架一旦研发成功后，将为新一代生态系统过程模型奠定重要基础，不仅可促进相关学科的技术研发和机理探索，还会对生态系统生态学、宏观生态学、地学、遥感等相关学科带来革新性冲击。

对知识体系产生的增量。

研究的潜在应用价值。

案例点评

阅读了提供的“基于植物群落功能性状的生态系统生产力时空变异预测”案例，兹认为该案例对研究项目的科学问题凝练过程的总结及其科学性和准确性都很到位，对引导科研人员理解生态学领域的科学问题属性具有重要参考意义。

首先，该研究案例针对生态系统生产力预测这个传统而又非常重要的科学话题展开，一旦突破将可能为新一代生态过程模型开发提供全新的内核，从而对相关学科产生重要而深远的影响。其基于跨越等级预测目标的推理具有启发性，为从植物群落功能性状预测生产力提供了正确逻辑，也预防了当前许多科研人员甚至希望通过大量测试基因组等微观参量来推导生态系统生产力的“科学陷阱”；同时，该项研究巧妙地引用了物理学经典的引擎功率输出模式，并结合了该领域自主发展的新概念体系——植物群落功能性状及其二维特征，既为该项研究提供了重要的理论基础和可操作性，也确保了相关研究框架的创新性。必须指出，由于该模式处于提出的初期阶段，仍然需要大量来自地面，甚至遥感数据的支撑和应用，但其创新思路和挑战生态学科核心科学问题的勇气是值得鼓励和赞赏的，期待该项研究后续能够产生有重要显示度的成果。

案例供稿部门：生命科学部

案例审读人：中国科学院地理科学与资源研究所　于贵瑞

案例点评人：中国科学院地理科学与资源研究所　于贵瑞

十七、细菌耐药性的形成机制与控制原理

凝练科学问题的过程及意义

1. 科学问题的探索过程

抗菌药物已成为人类对抗细菌感染不可或缺的武器，被誉为20世纪最重要的发现之一。然而，在过去的几十年，不合理使用抗菌药物导致耐药菌大量出现，给人类和动物健康带来巨大威胁。我国抗菌药物过度使用现象十分普遍，每年生产的抗菌药物超50%被用于畜禽养殖；住院患者的抗菌药物使用率高达40%，高于世界卫生组织30%的推荐标准。据统计，2019年全球有127万人直接死于耐药菌感染。若不加以控制，2050年全球将有1000万人死于耐药菌感染。世界卫生组织已将细菌耐药列为全球重大公共卫生问题。药物研发的速度，已赶不上细菌耐药性产生的速度，保护有限的抗菌药物资源，阻断耐药病原菌的产生和传播已迫在眉睫。

介绍研究背景及研究方向选定：细菌耐药性问题。

在细菌与抗菌药物这场旷日持久的战争中，病原细菌在长期的抗菌药物选择压力下，通过自身突变或捕获外源耐药基因等方式获得耐药性，并在动物、食品、环境、人群构成的生态链中广泛散播。细菌耐药性的产生和传播是一个多层次、多元素、全生态链相互作用的结果，其成因与分子机制方面仍有许多科学问题亟待解决。例如，细菌在获得耐药性过程中，其适应性演化的机制仍不清晰；耐药基因通过移动遗传元件（如质粒、转座子、插入序

根据前期研究结论，凝练出新的科学问题：细菌

列等）从天然存储库移至特定细菌中稳定存在的关键因子尚未明确，耐药菌能够逃逸人/动物免疫系统，引起人/动物持续感染的致病机理也尚未明晰。此外，耐药菌/耐药基因在与宿主及其他细菌间相互作用的过程中还可逐渐演化形成优势克隆菌株和耐药质粒，造成稳定持留与广泛传播，但其持留与传播的关键机制仍未完全阐明。对上述科学问题的解决可为开展细菌耐药性控制原理研究与防控技术开发提供关键性的理论依据与数据支撑。

耐药性控制原理研究与防控技术开发。

当前，细菌耐药性仍在不断蔓延，已覆盖动物、食品、环境、公共卫生、医学临床等多个领域，是全行业面对的共性问题。因此，基于“全健康”（one health）理念，统筹各领域资源，围绕“动物—食品—环境—人群”全链条，在全生态链中施行源头控制、过程消减、末端保障的综合性耐药防控策略，逐步建立完善的细菌耐药性综合防控技术体系，是遏制细菌耐药性蔓延、保障动物及人类健康发展的最有效手段。然而，在实际工作开展过程中，仍有部分关键问题尚未解决，许多关键技术受制于人，很大程度上阻碍了细菌耐药性防控工作的开展。例如，在源头控制上，需要发现并确证新的病原菌靶点或耐药菌储存和传播热点区域，但是源头防控关键点的挖掘和源头精准阻断技术尚处于探索阶段，高效清除病原菌和耐药基因传染源的技术和方法亟待建立。在过程消减上，挖掘新型耐药及毒力因子抑制剂是阻断或消减耐药基因产生和传播的有效手段，但基因编辑等关键技术的研发仍亟待突破。在末端保障上，开发新型抗菌药物或抗菌增效剂是控制耐药菌感染的最有效方法，但药物

对凝练出的新科学问题的思考：遏制细菌耐药需要聚焦多学科之间的“交叉点”、“盲点”和“难点”，是一项长期的系统工程。

分子设计的理论水平与欧美仍存在差距，新药制备关键工艺仍待提高；同时挖掘重要抗菌药物毒性作用新靶点及分子机制，优化减毒增效给药方案是提高现有抗菌药物疗效的有效策略，但药物与病原菌的互作关键靶点等仍未完全阐明，药物的减毒关键技术仍较为落后。综上，遏制细菌耐药需要聚焦多学科之间的“交叉点”、“盲点”和“难点”，是一项长期的系统工程，需要科学家们不断攻关，以推进耐药性研究取得关键突破。

2. 解决本科学问题面临的困难

细菌耐药问题具有复杂性、隐秘性及长期性，国内外科学家虽已研究数十年，但仍存在形成机制不明、传播规律不清等科学问题，尤其是病原菌耐药性控制技术的深入研究严重匮乏。在耐药性产生方面，重要耐药基因的起源与进化轨迹只能基于高通量测序技术预测，尚无法做到准确溯源和量化评估；新的耐药蛋白由于结构复杂仍不能完全阐明其作用机理，导致其无法运用于新型药物靶点的挖掘与开发，阻碍了耐药性控制技术的发展。在耐药性传播方面，由于兽医、食品、环境、人医等各行业间缺乏深入合作，各领域间未能整合开展全链条一体化研究，导致细菌耐药性在生态链中的传播范围、传播路径、传播频率等问题无法阐明，细菌耐药性的传播风险及其对动物和人群的危害不能充分评估，严重影响了耐药菌/耐药基因传播干预手段的制定。在耐药性控制方面，新型抗菌药物研发技术与核心抗菌新产品仍被牢牢掌握在欧美等国外公司手中，我国在耐药性控制技术上仍面临一系列“卡脖子”问题，如新型抗菌药物的原创能力不

解决本科学问题面临的局限：细菌耐药问题具有复杂性、隐秘性及长期性，存在形成机制不明、传播规律不清、控制技术匮乏等问题。

足，药物剂型研发水平及制备技术较落后，合理用药技术缺乏，无法实现现有药物的高效利用等。

3. 研究本科学问题过程中的创新点

基于全健康理念，整合动物、食品、环境、人医各领域资源，围绕“动物—食品—环境—人群”全链条，综合药学、化学、微生物学、生物信息学等学科，多领域交叉共同开展细菌耐药性形成机制与控制原理研究。通过运用全生态位大数据进行生物信息学分析，引入高通量实验进化学、多组学、冷冻电子显微镜（Cryo-EM）、动物感染模型、荧光示踪、环境微宇宙、转座子测序（Tn-seq）等新技术，在细菌耐药性产生方面致力于耐药菌适应性演化、代谢和调控机制、重要蛋白结构解析和免疫逃逸研究，探寻重要耐药基因的天然存储库和进化轨迹，揭示耐药性出现时细菌调控机制，从基因、转录、蛋白和代谢层面挖掘底层原因，明确耐药蛋白结构功能和调控网络、耐药菌与人体互作关系。在细菌耐药性传播方面，围绕耐药菌、耐药基因、移动元件独特的遗传基础和生物学特性等，以及耐药菌、耐药基因所处的体内外环境因素，阐明耐药基因快速传播的关键机制，揭示其沿“动物—食品—环境—人群”链条的传播规律，明确重要耐药菌/耐药基因沿链条传播的风险。在耐药性控制方面，以临床实际需求为导向，从细菌、宿主、药物的不同层面进行耐药性产生源头防控，新型药物研发，阐明新型抗菌增效剂与现有抗菌药物协同增效机制，探究 CRISPR/Cas 靶向消除系统等耐药性消减技术新原理，揭示重要抗菌药物毒性作用新靶点与新机制，优化减毒增效给药方案。

基于以上困难分析，提出针对性的创新手段：基于全健康理念，围绕“动物—食品—环境—人群”开展全链条研究。

4. 研究本科学问题的意义

细菌已在地球上存活了数十亿年，而抗菌药物的使用不到100年，然而这短短的几十年却使得细菌的演化速度加快了数亿倍。抗菌药物的压力促使细菌发生快速变异与基因高频重组，从而实现物竞天择、适者生存的目标。阐明耐药性的形成、传播与控制机制，有助于我们了解不同抗性背景下耐药病原菌的演化规律，进一步完善进化论的内容，并拓展我们对自然世界的认知边界。更重要的是，阐明重要耐药菌的产生机制，揭示耐药菌/耐药基因在“动物—食品—环境—人群”链条中的传播规律，探索细菌耐药性的控制原理，发展抗耐药菌感染新策略，有助于提高我国细菌耐药性的综合防控能力，以应对细菌耐药这一重大公共卫生问题，从而保障动物、人类以及生态健康。其中，研究细菌耐药性的产生机制，可进一步阐明病原菌耐药新机制及耐药基因与耐药蛋白的调控机制，明确耐药菌与耐药基因的适应性演化及机制，揭示抗菌药物-耐药菌-宿主的互作机制，为制定耐药菌干预策略和靶向药物的研发提供新思路。研究细菌耐药性的传播机制，可阐明耐药优势克隆菌株和多耐药可移动元件的形成及传播机制，揭示耐药菌与耐药基因在宿主肠道内的定植和转移机制及影响因素，探明抗菌药物等介导环境菌群耐药传播的机制，明确耐药菌与耐药基因在“动物—食品—环境—人群”链条的传播规律和风险，为丰富细菌耐药传播理论及遏制细菌耐药传播提供理论基础。研究细菌耐药性的控制原理，可筛选出新型抗菌增效剂及阐明其作用机制，开发新型耐药菌与耐药基因的消减技术并揭示

对知识体系产生的增量：有助于理解细菌生物体的进化演化规律。

研究的潜在应用价值：为制定有效细菌耐药性防控策略提供理论依据和技术支撑。从而保障动物、人类以及生态健康。

其原理，挖掘重要抗菌药物毒性作用的新靶点并探明其减毒机制，可丰富细菌耐药性的干预控制策略，为创制新型抗菌药物和制定有效细菌耐药性防控策略提供理论依据和技术支撑。

案例点评

自青霉素问世以来，人类对抗菌药物的深度挖掘与广泛使用打破了数亿年来自然界中存在的“抗菌药物-细菌耐药”平衡，尤其是抗菌药物在医学临床与动物养殖等环节的大量使用，迫使细菌通过产生耐药突变或捕获耐药基因的方式获得了针对不同抗菌药物耐药的能力，逐步从单一耐药到多重耐药甚至广泛耐药，并沿食物链和在环境中快速传播，导致耐药性广泛流行，使原本有效的抗菌药物治疗效果降低或丧失，最终演变为全球重大的公共卫生问题。因此，揭示细菌耐药性的形成机制，深入解析耐药性控制原理，发展抗耐药菌感染新策略，不仅有助于我们了解细菌的演化规律，还对遏制细菌耐药性的进一步蔓延，保障动物、人类以及生态健康具有重要意义。

细菌耐药性涉及“动物—食品—环境—人群”全链条，是兽医、食品、环境和人医等多领域共同面临的难题。因此，基于“全健康”理念的多学科交叉研究已成为当前细菌耐药性研究的新思路。随着高通量测序与基因编辑等技术的不断发展，细菌耐药性也由传统的表型或单个基因型分析发展到基于大数据的基因、转录、蛋白和代谢等多组学层面的全领域研究，耐药蛋白的功能阐明更加准确，耐药菌和耐药基因的全链条传播规律的解析更加系统，新药靶点的挖掘更加高效，上述系列创新为进一步揭示细菌耐药性的形成机制与控制原理提供了强有力的理论与技术支撑。

案例供稿部门：生命科学部

案例审读人：四川大学　王红宁

案例点评人：中国农业大学　沈建忠

十八、青藏高原冰川消融输出汞的过程通量及其环境效应

凝练科学问题的过程及意义

1. 科学问题的探索过程

全球冰川在过去几十年来呈加速退缩趋势，导致融水径流增加，影响水资源变化和物质循环。在冰川加速消减背景下，冰川消融致有毒和营养物质等输出对大气和被补给海洋和陆表生态系统的影响，成为冰冻圈变化影响方面新的研究前沿。汞是一种全球性有毒污染物，具有生物毒性和长距离传输能力，因此汞在极地和偏远高山环境中的行为和归宿一直是汞环境地球化学研究领域的重要内容。科学研究前沿分析显示，“高亚洲冰川质量变化”和“全球性汞污染”分别是地球科学和环境科学的热点前沿。将高亚洲冰川变化的区域环境影响聚焦于汞污染环境风险，将全球性汞污染环境问题落脚于青藏高原，找到地域性问题的“学科角度”并完成全球性问题的“本地化”，这是选定研究方向的基本策略。

介绍研究背景及研究前沿方向选定的基本策略。

前期研究中，研究人员利用我国西部 9 条冰川雪坑中平均雪冰汞含量和过去 40 年间冰川消融的体积，估算约有 2.5 吨汞随融水释放进入下游生态系统，显示了高原冰川快速消融释汞现象显著。国际其他研究人员也发现冰川补给径流汞含量显著

总结前期研究结论，凝练出新的科学问题。

高于非冰川补给径流，且季节差异显著。研究人员选取高原典型冰川流域进行初步研究估算，发现流域汞输出率大于北极，且输出汞形态以颗粒态汞为主，这表明高原地区冰川消融释汞行为过程和影响可能不同于极地冰川补给区。基于前期研究结论及与国际研究结果的对比分析，申请人决定"顺流而下"研究冰川融水径流中汞的传输和归宿，并凝练出具体科学问题：以青藏高原为代表的高山冰川消融导致汞输出的过程机制、通量大小及对下游环境会产生怎样的影响？

2. 解决本科学问题面临的困难

冰川水文学和水环境化学是本科学问题的理论基础。冰川水文学关注水资源变化，但对有毒污染物等的重视不足；水环境化学特别是针对污染物的研究集中在人为污染区，但对污染物含量低的高寒冰川径流关注较少。因此，解决本科学问题需要在吸纳相关学科理论基础上，针对冰川融水径流水环境化学的实际特点探索解决。

冰川融水径流水文过程具有显著的季节和日变化特征，如何实现对其全时连续观测，获取高分辨率汞含量，是阐明冰川径流汞输移过程和准确估算汞输出通量的难点。以往研究多集中在夏季消融期依靠人力观测采样，虽然可以实现对河流水体汞日变化尺度的采样观测，但限于自然条件，难以实现月、季节尺度连续观测，数据少、覆盖周期短，研究结果多为片段式认识；冰川径流汞输出通量一般采用年径流量与平均汞含量相乘估算，数据分辨率低且对应性差，估算结果的不确定性很大。冰川径流汞含量的高分辨率连续观测和输出通量的精

解决本科学问题面临的局限：理论体系、观测手段，计算方法。

确估算难以突破，限制了对冰川消融输出汞过程及其环境影响的认识。

3. 研究本科学问题过程中的创新点

根据高海拔冰川径流区自然条件等实际情况，按照研究内容所需的野外考察范围、观测频次和测试指标，将野外工作分为综合考察（范围大、频次低、指标多）、强化观测（范围小、频次高、指标多）和连续采样（范围小、频次低、指标少）三类，分别对应于解决研究区内汞的环境本底分布、日变化和输送过程以及季节变化和通量估算；尝试使用无需人员值守的梯度薄膜扩散（dffusive grdients in thin-films，DGT）技术对河水进行被动连续采样，获取汞含量连续变化数据；引入河流污染物通量估算模型 Load estimator，基于长期连续观测数据建立并优化汞含量与径流量的回归方程，提高估算结果准确性。

基于以上困难分析，提出针对性的创新手段：优化观测方案，创新观测技术，引入先进模型。

4. 研究本科学问题的意义

研究成功刻画了青藏高原冰川补给径流中汞的月变化和日变化特征，揭示了其主要受控于悬浮颗粒物的输送过程和机制；准确量化了高原典型冰川流域汞输出通量，发现高原冰川流域汞产率高于北极，具有控制和促进流域汞输出的强化效应，强调了全球变暖背景下山地冰川消融对区域汞输出和循环的影响将增强；建立了高山冰川影响区汞分布和环境风险分区模型，明确了冰川消融释汞的关键影响区域。基于研究结果提出了冰川消融释放微量化学物质是隐性环境灾害的新观点，增加了对以青藏高原为代表的高寒山区汞的生物地球化学循环的理解，阐明了其与极地的差异，为高山冰川变化的环境影响研究提供了理论基础。促进了冰冻圈科

对知识体系产生的增量。

学与环境科学的交叉融合，为认识评估全球和区域冰川消融的环境影响提供科学证据，为保护青藏高原一方净土和水源地环境安全提供理论依据。

研究的潜在应用价值。

案例点评

冰冻圈快速萎缩及其影响是当前气候变化及可持续发展的研究热点之一。冰川消融释放并驱动环境污染物释放和迁移，即污染物“二次释放”，可对下游生态系统带来潜在的风险。“亚洲水塔”青藏高原冰川退缩的污染物“二次释放”近期也逐步受到关注。准确认识高原冰川消融输出污染物的过程规律、通量及对环境的影响，是理解全球冰川变化影响的重要环节，也是青藏高原生态环境保护的重要基础，对应对当前和未来冰冻圈变化的影响具有很强的时效性和一定的前瞻性。

在科学问题的探索中，申请人紧密追踪地球科学和环境科学国际前沿热点，同时发挥其在青藏高原长期工作的优势和累积的研究基础，将冰冻圈变化和全球环境污染的学科前沿在青藏高原找到交叉融合点，并结合高原作为区域水源地的重要性完成了科学问题的本土凝练。科学问题的探索凝练过程是在深刻把握学科前沿趋势和区域特色的基础上完成的，既聚焦国际前沿，又着眼区域特色。

研究的思路和方法创新性主要体现在考虑冰川径流和寒区水环境化学的实际特点困难进行了特殊性的设计。申请书融合冰川水文学和水环境化学相关学科理论方法，针对高寒环境和冰川径流季节日变化强的特点，引入无需人员值守的梯度薄膜扩散技术，设计了优化的观测方案，提高径流汞含量观测数据的连续性；利用河流污染物通量估算模型，提高汞输出通量估算结果的准确性。通过多学科多方法交叉融合等方面的创新，有效地解决科学问题。

案例供稿部门：地球科学部一处

案例审读人：中国科学院青藏高原研究所　刘勇勤

案例点评人：中国科学院西北生态环境资源研究院　康世昌

十九、土壤-水稻系统镉同位素分馏特征及迁移转化机理模型

凝练科学问题的过程及意义

1. 科学问题的探索过程

近年来社会经济快速发展，土壤酸化与重金属污染共存叠加，我国农田土壤重金属污染和农产品中重金属超标问题备受关注，其中水稻成为我国重金属超标最严重的粮食作物，稻田镉污染治理是我国土壤污染防治攻坚战的重点与难点。土壤-水稻体系中镉迁移转化动力学机制是稻田镉污染治理基础性理论的核心，也是环境土壤学的国际前沿。稻田镉迁移转化受土-水、根-土、根-籽粒的多介质界面过程及干湿交替导致的氧化还原机制制约，涉及土壤化学、微生物、水稻生理机制的共同制约，其主控过程机制及定量描述难度大、复杂程度高，稻田镉污染治理难度大、效果不稳定且影响机制解析也不明确，严重制约了我国稻田镉污染控制技术的发展。

联系农业生产实际问题，结合国家农田环境治理现实需求，提出开展研究的必要性与方向，并明确研究属于环境土壤学的前沿科学。

基于已建立的土壤-水稻系统镉的稳定同位素分馏方法和土壤-水稻体系镉迁移转化动力学模型，得到了土壤-水稻系统的镉同位素分馏特征，开展了多介质界面铁/碳/氮耦合循环驱动镉的转化以及从土壤至籽粒的迁移机制探索，发现氧逸度控制下的铁循环是控制土壤镉形态转化的关键过程。

通过简要分析与总结前期研究进展，得出结论，即水稻全生育期间土壤镉迁移转化机制及其定量

然而，水稻全生育期土壤镉迁移转化机制的定量解析仍然是一个尚未解决的科学难点。项目拟运用镉同位素分馏新方法与机理模型，揭示全生育期土壤各组分、植株各部位的镉同位素分馏特征，并在此基础上构建土-水、根-土、根-籽粒的镉迁移转化的动力学机理模型与多界面集成模型，定量解析制约镉迁移转化与积累的化学、微生物、水稻生理机制，验证成土母质等多重环境要素影响下模型的可靠性与适宜性。预期将在土壤-水稻系统的多界面机制定量解析、迁移转化动力学机制模型、环境要素相对贡献的定量评估等方面取得新认识。

解析是一个尚未解决的科学与方法难点。根据以上结论，凝练出新的科学问题，即土壤-水稻系统镉同位素分馏特征及多界面迁移转化机理模型，体现出独辟蹊径。

2. 解决本科学问题面临的困难

传统上，土壤-水稻系统中镉迁移转化往往作为“黑箱”，土壤有效态镉与籽粒镉之间的主控机制及关键过程尚不明确。此外，国内外相关研究都重点关注土壤矿物与有机质作用下镉形态转化的热力学机制，缺乏水稻全生育期镉迁移转化动力学机制的定量解析方法，严重制约土壤镉污染治理基础理论的发展。

分析解决本科学问题所涉及的基础理论与研究方法问题，提出的三个科学难题。

主要科学难题包括：①土壤-水稻系统中镉从土壤迁移至籽粒受水-土、根-土、根-籽粒的多个界面影响，主控过程机制及其定量描述难度大；②水稻全生育期长达 110～130 天，水稻的生长发育过程显著影响上述界面过程，影响机制复杂，目前缺乏定量描述全生育期的镉迁移转化过程机理模型；③上述多界面的过程机制受多重环境要素的共同影响，主要包括土壤 pH/Eh 等环境因子、品种(系)等遗传因子、有机肥与化学肥料的施加等人为因子、母质等地球化学因子，复杂程度高，影响机制难以深入解析。

3. 研究本科学问题过程中的创新点

针对土壤-水稻系统中镉迁移转化机制关键科学问题，从方法学上创新性地运用金属稳定同位素分馏方法，定性揭示镉在土壤-水-根-籽粒多界面迁移转化的主控机制及关键过程、关键生育期、关键部位等，深入理解土壤-水稻系统以及水稻镉吸收转运与铁、锌的拮抗关系；创新性地将土壤-水稻系统分解为土-水、根-土、根-籽粒等多重界面，建立在化学调控措施影响下镉的“土-水-根-籽粒”迁移转化的动力学模型，进一步从模型参数确定调控措施影响的关键界面和关键反应，定量评估制约镉迁移转化多过程的相对贡献以及多重环境要素影响机制，镉迁移转化动力学机理模型为定量解析其多界面机理提供了新工具。同时进一步阐明土壤铁/碳/氮循环驱动镉迁移转化的贡献，明确主控机制，突破前期机制研究局限于定性描述的瓶颈。

针对科学难点问题，提出运用金属稳定同位素分馏的创新研究方法和分解土壤-水稻系统多重界面的创新研究思路。

4. 研究本科学问题的意义

本研究聚焦土壤-水稻系统中镉迁移转化机制的国际前沿，运用非传统稳定同位素分馏方法，揭示土壤-水稻系统中镉的同位素分馏规律，解析控制镉从土壤至籽粒迁移或转运的关键生育期与关键部位，深入理解土壤-水稻系统中镉的多界面-多过程-多重环境要素共同制约的迁移转化机制，可为多要素共同影响的镉迁移转化多界面机制提供新的科学证据。成功构建了全生育期土壤-水稻系统中镉迁移转化动力学机理模型，并运用该动力学机理模型进行调控策略的效果预测预警，验证模型可靠性，并预测具体调控措施的稻米达标效果，

明确本研究科学问题的解决对知识体系产生的增量和对环境地球科学发展的意义。

突破前期机制研究局限于定性描述的瓶颈。同时深度解析了氧化铁与有机质相互作用下水稻茎秆垂向传输控制稻米镉积累的关键过程，促进环境地球科学与地球化学、环境化学、分子生物学的交叉融合，并可定量揭示化学、微生物、水稻生理机制的相对贡献，突破前期机制研究局限于定性描述的瓶颈，为多重环境要素影响的地球化学机制以及发展高效普适稻田镉污染治理策略提供新的理论依据。

阐明本研究成果的形成对稻田镉污染治理新策略发展的潜在应用价值。

案例点评

环境土壤学主要研究人类活动和自然过程引起的土壤环境质量变化以及这种变化对人体和生态系统健康及社会经济发展的影响，并探索调节、控制与改善土壤环境质量的途径、防治技术与治理方法，是社会发展重大需求引导下的地球科学和环境科学新兴交叉学科。土壤-植物系统中重金属迁移转化是地球表层系统中多界面耦联、多元素耦合、多要素互作的生物地球化学过程，是环境土壤学研究领域的前沿。

该案例面向“农田重金属污染治理”的国家重大需求，聚焦于土壤-水稻体系中镉迁移转化动力学机制研究，预期研究成果将有助于实现水稻重金属积累的预测预警，突破依赖经验的定性调控，提升至具有预见性的定量调控，对我国打赢土壤污染防治攻坚战和实现污染耕地安全利用具有重要意义。在项目整体设计上，该案例针对土壤镉的多界面迁移转化动力学机制这一科学问题，从方法学上创新性地采用非传统金属稳定同位素分馏方法。整个探索过程逻辑性强，方法创新，思路独辟蹊径，充分体现了该案例在研究思路和方法上的新颖性。

案例供稿部门：地球科学部三处

案例审读人：中国科学院南京土壤研究所　骆永明

案例点评人：中国科学院城市环境研究所　朱永官

二十、石墨烯纤维结构功能一体化

凝练科学问题的过程及意义

1. 科学问题的探索过程

介绍研究背景及研究方向选定：石墨烯纤维结构功能一体化。

碳纤维具有轻质高强及导电导热等特性，在航空航天、能源交通等领域具有重要的应用价值，是体现国家创新力和竞争力的战略材料。其发展存在两个主要问题：一是长期受到西方技术封锁和产品禁售，我国难以超越；二是传统碳纤维技术受限于分子裂解碳化的制备原理，纤维中的石墨晶畴尺寸小（<60 纳米），致使纤维的结构与功能性难以兼顾，不能满足“上天下海”的未来重大装备需求。因此，必须另辟蹊径，打破固有思维框架，创新科学原理，才能从根本上解决这两个问题。对此，我们解题的基本思路和逻辑是，既然碳纤维的极致微观组成是纳米尺度的石墨烯基元，那有没有可能用大片石墨烯通过“自下而上”的办法组装成新型碳纤维，并利用大片石墨烯形成的大晶畴来实现结构功能一体化？

2011 年，团队发现氧化石墨烯水溶液可以自发形成液晶，为二维纳米片组装成宏观有序材料奠定了理论基础；同时，高分子液晶可以制取高性能纤维如芳纶等案例也为新型碳纤维制备提供了联想和灵感。经过反复试验，终于采用液晶湿法纺丝技术，首次制备出连续的石墨烯纤维，开辟了基于可控组装原理制备碳纤维的崭新路线，实现了石墨烯纤维“0 到 1”的突破，石墨烯纤维成果被 *Nature* 选为 2011 年度最具影响力图片之一进行报道。

后续“1 到 10”的研究聚焦在持续推进石墨烯纤维的高性能化和多功能化。二维大分子成纤是一个全新的领域，如何提高力学、电学、热学等性能，没有任何理论可供参考借鉴。我们先类比线型高分子材料的基本认识进行探索，如分子量越大，材料的强度越高。采用大片氧化石墨烯为纺丝原料，提升了纤维的力学强度。又通过观察纤维的微观结构，发现了多级缺陷，提出了多尺度缺陷工程策略，即组织和组装缺陷导致性能减弱，成纤过程中要尽量减少从原子尺度到纳米、微米至宏观尺度的缺陷，用以指导纤维的高性能化，使石墨烯纤维的发展有了定性理论原则。

长期的试验、分析和验证还发现，在石墨烯纤维的制备过程中，湿法纺丝组装成纤不但带来了大量的组织缺陷，而且会导致石墨烯基元的皱褶与折叠等非平面构象缺陷，导致纤维的力学性能不强，导电导热功能性与理论值亦有较大差距。类比传统一维大分子材料成纤理论，探索如何实现石墨烯纤维的结构功能一体化，就演化为如何实现二维石墨烯基元构象调控和组装成纤过程缺陷可控的新科学问题，因此需要建立对二维大分子成纤的系统认知。

根据前期研究结论，凝练出新的科学问题：二维石墨烯基元构象调控和组装成纤过程缺陷可控。

2. 解决本科学问题面临的困难

目前，对经典高分子科学来说，二维大分子是一个全新的研究对象。实现石墨烯纤维结构功能一体化的难点在于二维石墨烯基元构象调控和二维分子组装成纤过程多级多尺度凝聚态结构的精确控制，这就需要系统深入地理解二维大分子

解决本科学问题面临的局限：二维大分子构象与凝聚态研究处于初级阶段。

从单分子到凝聚态的演变过程。对应石墨烯纤维制备的全过程，二维大分子的理论系统包括基本构象行为、凝聚过程中构象转变规律、多级多尺度褶皱结构与性能关系研究及凝聚态结构的精确控制方法等。然而，目前二维大分子构象与凝聚态研究无论是基础理论还是实验方法学都处于空白或初级阶段。

同时，实现石墨烯纤维的结构功能一体化还依赖于对多级多尺度凝聚结构的有效控制。这就需要深入研究二维大分子成纤过程的动力学原理；需要设计出能够有效控制结构的加工方法：例如，如何实现石墨烯纤维制备过程中流体的高拉伸特性，从而使纤维中二维石墨烯达到致密化与高度取向？

3. 研究本科学问题过程中的创新点

石墨烯纤维结构功能一体化不但蕴含着碳基纤维结构功能一体化的问题，而且包含二维大分子科学的基础问题。针对二维大分子的基本构象问题，揭示了二维大分子的构象尺寸基本标度关系，概括了二维大分子从单分子向多分子凝聚态转变的基本规律，厘清了其与一维大分子的共性与特性关系。针对液态凝聚态，发现了氧化石墨烯液晶的丰富相态，总结了其慢松弛的动力学特性，发现了实现液晶晶畴超结构的超液晶新状态，通过微剪切印刷术实现了晶畴高层次结构的自由操控，为纤维材料中石墨烯的构象重塑奠定了理论基石。针对构象调制问题，提出了二维大分子的构象工程概念，为结构的描述与精确控制提供统一的指导思想。针对新加工方法问题，发现了插层塑化新原理，即通

基于以上的困难分析，提出针对性的创新手段：二维维度构象标度关系、晶畴结构的自由操控、二维大分子的构象工程、插层塑化新原理。

过在石墨烯片间插层溶剂分子，调节片间作用力，可显著提高拉伸率，克服二维大分子固体低拉伸难题，重塑构象，变皱褶构象为平面态，提高取向度、致密度及结晶度，显著提升了纤维的力学性能和导电导热性能。

4. 研究本科学问题的意义

石墨烯纤维结构功能一体化的研究不但能推进碳基材料科学的发展，还能推进二维大分子科学的建立。

石墨烯碳纤维代表着从石墨烯基元直接组装的新思路，这与经典碳基材料“热裂解”的黑箱过程完全不同，可建立从石墨烯基元单分子构象到多分子多级褶皱结构、纳米微米织构以及二维维度限制下的大单晶化过程的精确控制方法体系；建立明晰的模型化结构性能关系，形成碳基材料“石墨烯基元组装”的新范式，推动碳基纤维的结构功能一体化；形成新的石墨烯纤维与材料品种，对接如超高声速飞行器、卫星热管理等航空航天的重大需求。

研究的潜在应用价值。

石墨烯纤维结构功能一体化研究将有力推进新的二维大分子科学的建立，形成更完善的高分子科学及材料学体系。建立的二维大分子科学将包含二维大分子构象的精确描述、构象转变的丰富模式与转变机制、二维大分子液晶及其动力学规律、二维大分子的普适加工方法、“片-片作用”模型化结构与性能关系等。二维大分子科学的建立不但从基础原理上推进石墨烯纤维的结构功能一体化，而且将为整个二维大分子材料家族的发展壮大奠定理论基础。

对知识体系产生的增量。

案例点评

碳纤维是将有机纤维碳化和石墨化处理而制备的微晶石墨纤维材料。其中，有机纤维石墨化处理是一个有机高分子高温裂解、碎片中间体再聚合生成微晶石墨的化学反应过程，是传统方法制备碳纤维必需的一步。然而，该过程机理复杂、难以观察和控制，是一个黑箱过程；所形成的石墨晶畴尺寸偏小，不利于碳纤维性能的优化。氧化石墨烯是石墨的氧化物，具有大的石墨晶畴尺寸，能够分散在极性溶剂中形成可纺的溶液。基于研究者在氧化石墨烯领域的多年深耕，该案例独辟蹊径，创新性地提出了“用氧化石墨烯制备结构功能一体化的石墨烯纤维”这一研究思路。“石墨烯成纤”的思想化繁为简，直击问题肯綮：省去了传统碳纤维制备过程中有机纤维的使用，跳过了有机纤维石墨化的步骤，解决了石墨晶畴尺寸偏小的问题。用这一全新的技术路线取代碳纤维制备的传统路线，有助于避开西方建立的专利和技术壁垒。

通过研究者多年的不懈努力，“石墨烯成纤”研究创造了新的高性能石墨烯纤维材料，开辟了碳纤维研究的新赛道，增强了我国的自主创新能力。研究过程呈现多学科交叉、碰撞的特点，催生了一系列对二维高分子的新认识，未来极可能以点及面地促进二维大分子学科的形成和材料学科的发展。该案例是研究者从国家重大战略需求出发，在研究实践中不断凝练科学问题，最终取得丰硕研究成果的成功范例，非常值得科研工作者学习和借鉴。

案例供稿部门：工程与材料科学部

案例审读人：东华大学 朱美芳

案例点评人：东华大学 朱美芳

二十一、全光谱太阳能梯级耦合利用方法

凝练科学问题的过程及意义

1. 科学问题的探索过程

2021年10月中共中央、国务院印发《关于完整准确全面贯彻新发展理念做好碳达峰碳中和工作的意见》指出，实现碳达峰、碳中和，是着力解决资源环境约束突出问题、实现中华民族永续发展的必然选择，是构建人类命运共同体的庄严承诺。我国碳排放约92%来自传统化石能源的使用，开发清洁无污染的可再生能源已成为实现“碳达峰、碳中和”国家战略目标的必经之路。在目前规模化可利用的可再生能源资源中，太阳能具有资源总量大、分布广泛、使用清洁、可持续、不存在资源枯竭的问题等优点，在调整能源结构、解决当前紧迫的能源危机和环境污染等问题上具有巨大潜力。因此，本项目研究方向选定为太阳能高效利用。

介绍研究背景及研究方向选定：太阳能高效利用。

经过深入调研与分析现有太阳能利用技术的瓶颈，发现光伏电池吸收响应波段有限、难以实现全光谱利用，而光热发电把高品位太阳能转换为低品位热能、能量降级使用、不可逆损失大。如何实现全光谱太阳能梯级耦合利用成为可再生能源领域的一个重大挑战。近年来，光伏-热电耦合利用系统受到研究人员的广泛关注。在前期研究中，研究人员发现耦合系统内部具有光—电、热—电和

根据前期研究结论，凝练出新的科学问题：全光谱太阳能梯级耦合利用方法。

光—热等多种能量转换形式，存在复杂的光子、电子和声子等能量载流子吸收、输运和转换过程，光伏单元和热电单元相互关联、互相影响，导致光伏与热电器件难以高效匹配甚至互相制约。经过系统分析和深入研讨，梳理、提炼出制约太阳能全光谱高效利用技术发展背后的本质，即目前研究存在只关注太阳能的“量”而忽略太阳能“品位”的局限，不同波长光子的转换利用难以同时“因材适用”，制约了太阳能全光谱转换利用效率、水平和技术发展，因此亟须发展全光谱太阳能梯级耦合利用的方法。

围绕这一科学问题本质，沿着太阳能捕获、传输与转换利用的全链条开展深入分析，可进一步凝练出解决本科学问题的三个关键环节，即全光谱太阳能高效捕获吸收机理、太阳能光子-声子-电子耦合传输转换机制和太阳能梯级耦合利用系统协同匹配原理。

2. 解决本科学问题面临的困难

传统研究方法忽视了太阳能全光谱能量和波段品位的本征属性，难以实现波长选择性的光子管理与高效利用，面临的挑战具体表现在三个方面。首先，针对全光谱太阳能高效捕获吸收：传统方法局限于有限波段、单一角度、单一偏振，光子与微观结构、器件多尺度相互作用机制不清晰，缺乏兼具宽光谱、广角度与偏振不敏感特性的太阳能高效捕获吸收方法。其次，针对多子耦合传输转换机制与强化：光子、声子、电子相互作用呈现非线性、强耦合特征，强化光学吸收与抑制光生载流子复合难以兼顾，声子散射增强与电子输运强化难以匹

解决本科学问题面临的局限：全光谱太阳能高效捕获吸收缺乏、多子耦合传输转换机制与强化原理不清、太阳能梯级耦合利用系统难以协同匹配。

配，缺乏多子协同调控与强化手段。最后，针对太阳能梯级耦合利用系统协同匹配：全光谱太阳能梯级耦合利用的不可逆损失机理不清晰，缺乏描述太阳能全光谱做功能力与不可逆性的理论模型和方法及耦合系统综合评价手段，缺乏太阳能梯级耦合利用系统高效匹配原则与集成设计方法。

3. 研究本科学问题过程中的创新点

针对太阳能全光谱利用效率低的核心难题，提出太阳能高效利用必须兼顾太阳能能量和品位基本属性的新思路，围绕全光谱太阳辐射能量捕获吸收、传递转换和梯级耦合利用的全链条，建立全光谱太阳能利用中光子和热量传输转换、能量互补、品位耦合的梯级耦合利用理论与方法。

基于以上困难分析，提出针对性的创新手段：全光谱太阳能捕获吸收与多子协同调控、全光谱最大做功能力梯级耦合利用理论及评价方法、能量流与物质流协同匹配的耦合系统设计方法。

首先，从太阳光与物质表面相互作用的多尺度过程出发，建立太阳能全光谱、广角度、偏振不敏感的高效捕获吸收和波长选择性光子管理方法，实现太阳能全光谱高效捕获、电池工作波段高吸收和红外非工作波段高透射等多功能兼容，建立光伏电池的光子捕获吸收与载流子分离协同强化方法，提出纳米结构降低热导率与动态掺杂提高电导率协同的热电性能提升方法。

其次，从太阳能全光谱的能量和波段品位入手，提出全光谱最大做功能力概念，揭示全光谱的最大做功能力和品位的基本属性，以降低全光谱不可逆性为突破口，阐明太阳能全光谱利用过程不可逆性发生机制，建立全光谱最大做功能力梯级耦合利用理论及评价方法，从而提出太阳能全光谱利用的新原理和新方法。

最后，阐明太阳能梯级耦合利用系统内部能量流与物质流协同匹配规律，建立太阳能直接驱动纳米流体甲醇制氢、V型钙钛矿-硅光伏耦合、聚光光伏-相变-热电耦合和聚光光伏-光热化学互补等新方法，从而实现全光谱太阳能梯级高效利用。

4. 研究本科学问题的意义

全光谱太阳能梯级耦合利用方法这一科学问题的突破与研究成果丰富和创新发展了太阳能利用的理论、方法和技术，通过提出光子纳米流体和太阳能全光谱最大做功能力等新概念，建立能量互补、品位耦合的全光谱太阳能梯级耦合利用理论，革新了人们对太阳能囿于能“量”利用的传统认识。通过建立太阳能全光谱捕获吸收、光—电、光—热、光—热—电和光—电—热化学等太阳能传输转换与耦合利用方法，实现了V型钙钛矿-硅光伏耦合、聚光光伏-相变-热电耦合和聚光光伏-光热化学互补等技术“从0到1”的突破，从而提升了我国太阳能利用领域从理论、方法到技术的源头创新能力。

对知识体系产生的增量。

能源短缺、二氧化碳排放严重和环境污染已成为制约全球可持续发展的关键瓶颈，以化石能源为主体的传统能源结构对构建清洁低碳、高效安全的现代能源体系构成了巨大挑战。全球太阳能资源丰富，高效开发利用太阳能是解决世界能源与环境问题的关键途径。所建立的能量互补、品位耦合的全光谱太阳能梯级耦合利用理论和方法，突破了传统“光伏电池利用波段有限”和“太阳能直接光热低品位降级利用”的局限，为提高太阳能综合利用效率提供了重要基础理论与方法和技术支撑。

研究的潜在应用价值。

案例点评

太阳等效黑体温度约为5800K,其发射的电磁波含有巨大的能量，具有极高的㶲值。目前，将其转换为 50～600℃的热能在品位上显然有巨大损失，光伏电池的效率也只有约20%。传统太阳能利用方法只关心太阳能的“量”而忽略太阳能“品位”的局限，制约了太阳能全光谱利用水平和技术发展。该案例提出建立能量互补、品位耦合的全光谱太阳能梯级耦合利用理论和方法，因谱施用，为提高太阳光子综合利用效率提供了新途径。

为实现这一途径，必须在概念、理论和方法上有所创新。该案例从太阳能捕获、传输、转换和利用全链条出发，以尽可能减少太阳能全光谱转换利用过程的不可逆损失为突破口，提出了太阳能高效利用必须兼顾太阳能能量和品位基本属性的新思路。建立了全光谱太阳能高效捕获吸收和波长选择性光子利用方法，实现了太阳能全光谱高效捕获、电池工作波段光谱高吸收和非工作波段红外光谱高透射等多功能兼容的光子利用；建立了太阳能全光谱做功能力与转换极限的理论模型，阐明了太阳能利用过程中光—热—电多物理场耦合的能量传输与转换机制，提出了全光谱太阳能梯级耦合利用方法，研发了V型钙钛矿-硅光伏耦合、聚光光伏-相变-热电耦合和聚光光伏-光热化学互补新技术，从而实现全光谱太阳能梯级耦合利用，为科学有序推动我国“双碳”目标实现提供了重要理论、方法和技术支撑。

案例供稿部门：工程与材料科学部工程一处 E06 学科
案例审读人：中国科学院工程热物理研究所　金红光；中国科学院电工研究所　王志峰；中国科学院工程热物理研究所　刘启斌
案例点评人：中国科学院工程热物理研究所　金红光

二十二、场调控拓扑磁性材料、物理和器件原理研究

凝练科学问题的过程及意义

1. 科学问题的探索过程

近年来，科学家新发现了一种具有拓扑保护性质的磁性材料，称之为拓扑磁性材料，主要包括磁斯格明子、磁涡旋、磁浮子和半子等。其中，斯格明子具有局域粒子特性，其几何尺寸从几纳米到几百纳米可调，采用斯格明子为基本存储单元的存储器件的存储密度将提高至少1～2个数量级。同时，驱动斯格明子运动的电流密度比传统磁畴要小5～6个量级，降至10^2 A/cm^2，远低于硅基半导体技术中沟道电流密度上限，为自旋电子学器件与硅基半导体技术兼容性提供可行方案，在信息磁存储产业具有潜在应用前景。前期的研究工作主要集中在如何获得拓扑磁性材料这一方面，而对于拓扑磁性材料中拓扑磁结构的精确表征、物性调控和机理探索缺乏系统性研究。特别是拓扑磁性多层膜材料的厚度均为纳米尺度，其表/界面行为对物性调控具有决定性作用，但目前尚不清楚表/界面行为是否对拓扑磁结构具有同等重要的调制作用。

介绍研究的潜在价值与方向选定。

总结前期研究概况以及得出的结论，点明表/界面行为对物性调控的重要作用。

因此，从拓扑磁性多层膜材料中的界面特性入手，深入探索拓扑磁结构形成的物理起源，并通过界面设计实现拓扑磁结构动力学可控行为，是该领

根据以上结论，凝练出新的科学问题，即拓扑磁

域亟待解决的关键性科学问题。此外，随着 5G、人工智能、大数据、无人驾驶等新技术的发展，磁信息存储密度需要进一步提高，其核心器件的三维尺寸已经降至纳米量级，正面临摩尔定律失效及超顺磁极限等技术与物理原理的挑战。针对这一应用目标的需求，项目组围绕界面修饰和终止层调控材料性能的物理机理这一主要科学问题，重点研究多场（如电场、磁场、自旋极化电流、温度场、纯自旋流等）对材料及器件中磁斯格明子的影响，为突破磁信息技术的瓶颈和物理极限提供材料和物理支持。相关研究的开展将进一步提高拓扑磁性材料实用性能并澄清物理机理。

结构的形成及界面调控机制。

2. 解决本科学问题面临的困难

本科学问题的主要难点包括：形成稳定拓扑磁性的物理机制尚不清晰，需要制备界面清晰、结构/成分可控的高质量样品。过去的研究表明，拓扑磁性的形成与材料中界面 Dzyaloshinskii-Moriya（DM）相互作用密切相关。随着研究的不断深入，拓扑磁性在诸多弱 DM 相互作用或者无 DM 相互作用的材料体系中被发现。因此，深入研究并澄清拓扑磁性的物理来源是当前该领域亟待解决的关键性问题之一。这一问题的深入研究也将为拓扑磁性新材料、新器件的进一步发展奠定理论基础。同时拓扑磁结构的观察主要依赖于洛伦兹透射电子显微镜，但电镜样品制备条件苛刻，限制了一些特殊复合材料体系的磁结构精确表征（例如，反铁磁材料中磁矩相互抵消，对外不呈现磁性），需要寻求其他表征手段针对特殊复合材料体系的磁结构进行精确表征和深度剖析，如光发射电子显微镜和极化中子

解决本科学问题面临的局限：理论机制、材料制备、表征手段。

反射谱仪等，试图从多维度对拓扑磁性的物理起源进行论证研究。

3. 研究本科学问题过程中的创新点

本科学问题的开展主要基于单晶/多晶块材、单晶/多晶薄膜和异质结/多层膜等磁性功能材料进行相关研究，运用材料基因组的设计理念，针对多元磁性材料进行结构可控的精准制备工艺优化，包括设计不同区域成分可控的材料体系，重点关注具备拓扑保护性质的新型拓扑磁性材料的可控制备；此外，拓扑磁结构的精确表征将主要结合洛伦兹透射电子显微镜、深紫外激光-光发射电子显微镜和极化中子反射谱仪等多种先进表征技术的特点，从多角度、多维度进行磁结构空间解析，重点分析其物理起源；在材料制备工艺优化和物理机制澄清的基础上，设计并构建具有特定功能性（如存算一体化）的拓扑磁性原理型器件，优化器件关键性能并初步实现其器件物理探索，从材料、物理和器件三个层次对拓扑磁性进行全方位研究。

基于以上困难分析，提出针对性的创新手段：在材料制备、物性表征、器件构建方面开展工作。

4. 研究本科学问题的意义

通过相关科学问题研究的开展，将获得室温性能优异、具有拓扑磁结构的新材料，用于制备新型拓扑磁性原理型器件；明确终止层设计与界面修饰调控体系拓扑磁性的物理机理；深入理解多场调控下体系拓扑磁性的物理起源。从材料、物理和器件三个层面深入理解拓扑磁性和拓扑磁性材料相关问题，重点研究拓扑磁结构的产生、湮灭、运动及其动力学行为，以此为基础构建高性能拓扑磁性器件，重点研究多场（如电场、磁场、自旋极化电流、温度场、纯自旋流等）对材料及器件性能的影响，

对知识体系产生的增量。

为突破磁信息技术的瓶颈和物理极限提供材料和物理支持。特别指出的是，利用电流驱动拓扑磁性材料中拓扑磁结构运动可以设计新型信息存算一体化，驱动电流密度（约 10^2 A/cm^2）远低于硅基半导体沟道电流上限限制，这将为自旋电子学器件与硅基半导体技术兼容性提供可用方案，在信息磁存储产业具有潜在应用前景。因此，对于多场调控拓扑磁性材料、物理与器件原理的深入探索和研究将有利于获得原创性的研究成果，同时促进国内该领域研究人员之间的合作交流，这将是自旋电子学领域未来发展的新方向，会为我国在自旋电子学材料器件产业化的发展中提供材料与物理方面的技术性支持。

研究的潜在应用价值。

案例点评

当今社会信息量的爆炸式增长对信息存储密度和处理数据提出了日益苛刻的要求，然而，随着后摩尔时代的到来，基于硅基半导体技术的集成电路已经逐渐接近物理学原理和工艺技术的极限。在重大产业需求和技术瓶颈的背景下，研究者致力于寻求具备更多操控维度、更低有效单元尺寸和更高器件集成密度的新材料及新技术，从而实现硅基半导体技术的兼容，甚至替代。具有拓扑保护特性的新型拓扑磁性材料，特别是斯格明子的发现为信息的存储和处理提供了新方案。

该项目的研究思路和研究方法独特，首先在材料制备方面基于材料基因组设计理念，进行结构和成分可控的精准化样品制备，有针对性地获得拓扑磁性材料，继而采用独特的深紫外激光和极化中子反射等表征手段来解析磁结构，厘清斯格明子形成和驱动等物理学原理，并最终构筑基于拓扑磁性材料的原型器件。该研究形成了从材料到器件的完整链条，并在表征和机理研究过程中提出了创新性方法。该研究是自旋电子学领域的重要科学问题，相关研究成果将推动基于拓扑磁性材料和器件的研发，加快自旋电子学与半导体产业的协同和发展。

案例供稿部门：工程与材料科学部

案例审读人：北京科技大学 乔利杰

案例点评人：天津理工大学 姜勇

二十三、大规模移动边缘网络智能协同感知-接入-处理理论与方法

凝练科学问题的过程及意义

1. 科学问题的探索过程

移动网络的不断规模化扩张，使得部署在网络边缘的实时移动信息服务任务快速增长。这些任务所包含的感知、通信、计算过程错综复杂、交叉互耦、盘根错节。在网络算力和通信资源受限的条件下，其时延、效率等综合服务性能已经不能由感知、通信和计算任何单一的过程所保障，这对未来移动网络的可持续演进和高效实时服务提出了新的重大挑战。近年来，随着相关研究的不断深入，学术界深刻认识到：面对时延敏感、资源约束的复杂任务场景，未来信息网络必须从网络整体出发进行感知、通信和计算智能协同设计，才有可能真正解决制约性能的瓶颈。这是未来信息网络研究的中心问题之一，具有很强的前沿性和科学性。

介绍研究背景及研究方向选定：感知、通信和计算智能协同问题。

前期研究表明，在移动边缘网络中，感知、接入和处理过程相互触发、多重交互，感知、接入和处理资源共同受限、相互约束，感知、接入和处理能力相互作用、相互折中、共同影响任务时延和效率，感知、接入和处理节点任务关联、通信计算架构不匹配。感知数据规模大，数据重要性、新鲜度差异大；感知模型动态变化，时空关联复杂，全局

总结前期研究概况以及得出的结论：当前边缘网络中通信计算架构不匹配，传统数据获取处理和传输接入方法难

融合难度大；感知过程事件触发，捕获处理难度大；感知节点分布式量化，融合代价和性能损失大。移动设备大规模密集部署，资源受限；多节点感知信息关联，接入流量特性复杂；环境存在复杂动态干扰，传输接入可靠性受影响；突发/偶发短包接入，时延要求高。移动边缘任务综合效率和整体实时性要求高，需要实现全过程、全任务、多目标优化，通信计算资源综合约束、相互折中，网络状态动态变化、感知数据依赖节点分布。

以适用。

通过对前期研究结果的分析和思考，团队认为面向大规模移动边缘网络智能协同感知–接入–处理理论与方法是亟待解决的关键科学问题，即通过探索大规模移动边缘网络感知、接入和处理过程的深度耦合机理及新型协同架构，设计大规模网络感知数据获取与分布式协同处理方法，解决大规模边缘设备实时高可靠传输接入，实现通信计算资源协同利用以及感知–接入–处理智能协同部署，显著提升移动边缘网络综合服务性能和资源效率。

根据前期研究结论，凝练出新的科学问题：大规模移动边缘网络智能协同感知–接入–处理理论与方法。

2. 解决本科学问题面临的困难

当前网络理论延续了数十年的分离架构，感知、通信、计算通常处于网络的不同层次并分别优化，尚没有形成完整、普适的协同设计理论体系。大规模移动边缘网络的网络状态复杂，节点感知、通信、计算能力各异且受限，任务对实时性、可靠性要求高，数据流量呈现特定突发/偶发性、时空关联性和短包特征，节点之间任务关联、分布协同，节点与网络存在复杂多重交互，节点感知、接入、处理过程深度耦合、密切关联、相互影响。面向移动边缘网络实时信息服务，迫切需要从典型应用场景出发，研究并建立相应的协同架构和理论方法体系。

建立上述协同架构和理论方法体系的困难在于，面向数据处理的计算架构、面向数据传输的通信架构以及面向数据采集的感知架构差异显著且通常不匹配，不同架构的网络状态空间变量数巨大且约束条件深度耦合，难以寻找统一的方法来解决上述问题，尤其是难以获得全局优化解。

解决本科学问题面临的难点：架构不匹配导致难以寻求统一方法获得全局优化解。

3. 研究本科学问题过程中的创新点

围绕上述科学问题，研究团队提出算法图及数据驱动的感知-接入-处理协同架构和协同机制，通过算法图到网络图的高度适配和数据驱动的流程设计，实现感知、通信和计算资源的端、边、云分布式协同；提出边缘网络中基于元学习的分布式智能感知方法、事件触发的高效量化传输机制以及相应的分布式智能处理方法，实现实时数据的感知和处理精度的提升、传输和计算代价的优化折中；提出面向感知短数据包的新型大规模低时延免注册接入技术、面向感知应用的无源大规模随机接入技术以及面向复杂干扰环境和交互控制的新型高可靠传输技术，有效保障实时任务数据的高可靠低时延接入传输；提出基于元学习/联邦学习的移动边缘网络分布式学习架构、基于边缘多节点任务协同的数据传递与模型迁移策略、基于数据和计算双队列模型的移动边缘网络通信计算资源联合优化方法，以及基于空中计算的边缘感知数据协同传输和处理方法。

基于以上困难分析，提出针对性的创新手段：算法图、元学习、免注册接入。

4. 研究本科学问题的意义

针对大规模移动边缘网络典型任务场景的实

时性、可靠性和效率需求，研究和探索感知、接入、处理过程的复杂耦合机理和多重交互关系，优化设计新型智能感知、可靠接入和分布式处理方法及其智能协同架构和高效协同机制，从而显著提升边缘网络综合服务性能和感知、通信、计算资源利用效率，为未来大规模移动边缘网络时延敏感、资源受限的分布式感知、接入、处理等应用提供坚实的理论基础。

对知识体系产生的增量。

项目以计算理论与通信理论融合为导向，将信息论、排队论与优化理论、机器学习等相结合，基于数据特征分析和过程耦合机理，开展感知-接入-处理智能协同理论研究，实现计算资源和网络资源的优化利用以及计算过程和通信过程的自主协调；同时将智能感知、分布式学习与通信过程相结合，利用数据的特征和结构，设计数据驱动的感知、接入和处理协同机制以及相应的分布式算法，保障网络服务的实时性和效率。相关研究成果有望为大规模移动边缘网络实时任务服务这一新兴领域的研究提供新路径。

研究的潜在应用价值。

案例点评

随着移动通信的快速发展和信息服务在各行各业中的快速渗透，“移动边缘网络”已经成为国民经济发展中的重要基础设施。该选题的研究对象非常重要。

“移动边缘网络”在发展中有诸多问题要解决，该选题从任务完成好坏的角度进行研究，选择了一个具有引领性的普适问题：如何提高大规模移动边缘网络的任务实时完成率，还明确了该问题面临的约束条件——“资源有限”。

该选题通过对现有研究的总结，发现现有网络的感知、通信（接入)、计算(处理)不协同是导致任务实时完成率低的根本原因，只有从网络整体出发才能有效解决这一问题，从而明确了“大规模移动边缘网络智能协同感知–接入–处理理论与方法”这一关键科学问题。

研究发现，解决这一科学问题的难点是协同架构和机制，进而提出了算法图到网络图高度匹配的协同架构和数据驱动的流程设计。具体包括：通过元学习提高大规模感知精度，通过免注册接入机制降低时延，通过将智能感知、分布式学习与通信过程相结合来提高任务完成的实时性。这些创新回答了大规模协同中要解决的关键技术，而且这些技术具有较好的基础性和通用性，将为未来大规模移动边缘网络的发展提供坚实的理论基础。

案例供稿部门：信息科学部一处

案例审读人：上海交通大学　陶梅霞

案例点评人：西安电子科技大学　李建东

二十四、阿秒脉冲的产生及应用

凝练科学问题的过程及意义

1. 科学问题的探索过程

在由分子、原子构成的微观世界里，核外电子的运动过程和规律是决定物质特性的要素之一，物理、化学、生物等学科涉及的科学内容，其本质都源于物质微观粒子的相互作用与相对运动。因此，研究并揭示分子、原子，特别是电子等微观粒子的超快动力学过程，是人们认识自然现象和科学规律的重要方法和手段。随着其运动变化过程的不断加快，探索并实现更高时间分辨能力的方法和技术便成了重要的研究内容。

介绍研究背景及研究方向选定：用于超快动力学研究的高时间分辨能力超短脉冲激光技术。

超短脉冲激光技术的出现为微观粒子的超快动力学研究提供了关键的工具。随着激光锁模技术、啁啾脉冲放大、脉冲压缩技术和高次谐波技术的发明和不断发展，人们所能获得的激光脉冲宽度经历 20 世纪 60 年代的皮秒（ps，10^{-12} 秒）、80 年代的飞秒（fs，10^{-15} 秒）突破后，于 21 世纪初进入到阿秒（as，10^{-18} 秒）量级，为揭示微观粒子的瞬态过程提供了越来越高的时间分辨能力。这些技术的相继发明和发展，催生了超快化学、强场物理、精密加工等前沿应用学科的出现和不断创新，并产生了 1999 年的诺贝尔化学奖、2005 年和 2018 年的诺贝尔物理学奖。

在微观世界里，电子运动的特征时间尺度是阿秒量级，并且因为质量小，电子往往最先对外界变化做出响应，从而决定着整个微观过程发展变化的方向，因此，阿秒脉冲的产生及应用就成为直接测量电子动力过程并推动超快科学进一步发展的关键科学问题和技术瓶颈。尽管超短脉冲激光技术在皮秒、飞秒乃至少周期脉冲的产生方面取得了巨大成功，但对于阿秒脉冲而言，如果采用传统的激光脉冲产生和压缩技术，就需要比可见光波段更宽的光谱及比少周期脉冲更精确的色散补偿，这在光学波段利用现有的激光技术及光学元件几乎是不可能实现的。

根据前期研究结论，凝练出新的科学问题：阿秒脉冲的产生及应用。

高次谐波技术为人们将激光光谱推进到深紫外甚至X射线波段提供了全新的解决方案,并成为获得阿秒脉冲的最有效技术。2001 年，维也纳技术大学的 Ferenc Krausz 教授领导的研究团队首次在实验上产生了孤立的阿秒脉冲，获得了 650 as 的结果，开创了可实时捕捉原子尺度下电子运动的阿秒时代，为科学家在更深层次上探索电子动力学相关的科学问题提供了全新的手段，如电子如何从原子或分子中剥离、如何影响分子轨道的重新排列，电子关联动力学机制如何形成和维持等。但受限于阿秒驱动激光的性能和高次谐波的转换效率，目前阿秒脉冲仍然存在着光子通量小、重复频率低、时间分辨能力不足等瓶颈，在实际应用中导致信号采集时间长、信噪比低等问题，极大地限制了阿秒脉冲的广泛应用。

2. 解决本科学问题面临的困难

阿秒脉冲的产生机制与技术不同于传统的超

短脉冲，目前最常用的方法是基于少周期飞秒放大激光与物质相互作用的高次谐波非线性技术和选通技术，因此阿秒脉冲在驱动激光、产生技术与测量应用系统等方面具有巨大的技术挑战性。首先，阿秒脉冲的性能直接由驱动激光决定，对驱动激光要求极高，不仅需要具有少周期或单周期的脉宽，而且通常需要 10^{14}～10^{15} W/cm^2 量级且波前稳定可控的聚焦功率密度，进一步的发展也对驱动激光的重复频率和等波长等参数提出了更高的要求；其次，由于气体高次谐波面临转换效率低、高性能反射聚焦等元件少、色散特性复杂等难题，也限制了阿秒脉冲的能量与脉宽；最后，为实现孤立的阿秒脉冲，往往还需要结合驱动激光对高次谐波进行选通，这进一步限制了阿秒脉冲的能量。这些困难不仅导致目前阿秒脉冲光子通量低、时间分辨能力不足等问题，而且极大地限制了对阿秒脉冲的直接测量及应用研究向内壳层电子动力学及原子单位时间分辨（24 as）能力的拓展。因此，发展新的理论方法和技术手段，以实现高性能阿秒脉冲的产生、测量及应用，是需要进一步深入研究的工作。

解决本科学问题面临的局限：存在阿秒脉冲光子通量低、时间分辨能力不足等问题。

3. 研究本科学问题过程中的创新点

基于阿秒脉冲产生、测量与应用研究，飞秒超强驱动激光的非线性与色散控制、高次谐波非线性与光电子调控、阿秒瞬态吸收谱方法、阿秒光场与原子分子相互作用的电子动力学等关键科学与技术问题已取得系列创新进展，如突破了百瓦级单晶光纤飞秒多级多通放大与压缩技术，演示了双啁啾光参量放大新方法，自主研制了磁瓶式阿秒条纹相机并实现最短 75 as 的脉冲测量；实现了高重频高

基于以上困难分析，提出针对性的创新手段：高功率高重频飞秒激光放大技术，孤立阿秒脉冲产生与测量方法，原子分子超快精

通量超快相干极紫外光源，光子通量达到 5×10^{10}/s（20 eV 处），并研制成功国内首台高重频高通量高次谐波超快角分辨光电子能谱仪；产生了 5.2 keV 的高光子能量的 X 射线相干辐射，发展了若干全新的泵浦–探测技术，揭示了强场相干操纵超快电子动力学新机制；通过深入研究原子分子电离、解离等电子关联动力学过程，发展了原子分子超快精密测控阿秒时间分辨的新理论、新方法和新技术，实现了分子不对称光电子阿秒隧穿延时的测量、原子多光子电子共振阿秒延时的测量、电子重散射与重俘获的阿秒精度测量等。

密测控阿秒时间分辨的新理论、新方法和新技术。

4. 研究本科学问题的意义

阿秒脉冲是解析并控制复杂体系电子动力学过程的关键，开创了实时捕捉原子尺度电子运动的新时代。为了推动阿秒脉冲更为广泛而深入的应用，进一步的研究需要不断朝着更高光子能量（更短波长）、更高光子通量、更高重频以及更短脉宽的方向发展。本项目解决了非线性抑制、色散控制、光谱调控、相位匹配及光电子调控等科学问题，在高平均功率飞秒脉冲放大及压缩、高光子通量阿秒脉冲产生及测量、新型极紫外阿秒符合测量技术等方面取得系列突破，并在电子超快动力学、分子不对称性阿秒电离延迟等研究中取得重要成果。通过对阿秒脉冲产生及应用中关键科学问题和技术的研究，为阿秒脉冲关键性能提升与应用奠定了基础，这不仅为揭示物理、化学、生物等学科的微观现象和动力学过程提供了实用化的创新工具，更将为多个应用领域（如拍赫兹超快光开关、高温超导、光伏材料等）的研究突破提供重要的创新驱动力。

对知识体系产生的增量。

研究的潜在应用价值。

另外，本研究也将为先进阿秒脉冲激光大科学装置建设提供关键技术支撑，有望实现阿秒脉冲在脉冲通量、光子能量和脉冲宽度等方面的新突破。

案例点评

高精度时间探针是诸多自然科学研究与高新技术发展的基石。过去 30 多年来，基于激光锁模与啁啾脉冲放大及时频调控等，超快激光脉冲已压缩至少周期量级，但产生更短时间尺度的光脉冲亟须突破原有框架。1989 年法国 CNRS 研究组在强激光激发惰性原子气体过程中观测到非微扰的高次谐波辐射，光谱覆盖至极紫外波段；1992 年，Theoder W. Hänsch 教授等提出可以利用超宽带光谱相干合成亚飞秒脉冲。宽带高阶拉曼级联散射或极紫外高次谐波，为亚飞秒脉冲及阿秒脉冲产生提供了新思路。至今，高次谐波已突破水窗波段，进入软 X 射线区，有望进一步突破至亚阿秒甚至仄秒的时间尺度，持续突破人类获得极端超短脉冲的极限。高通量阿秒相干光源的桌面化，是一系列阿秒科学应用的基础，构建阿秒时间分辨能力的精密时钟，也为埃量级的空间分辨提供支撑，使得直接观测与操控化学键极端超快过程、微观结构或物质相变中电子极端超快运动等成为可能。利用阿秒脉冲超高时间分辨能力特性，科研人员实现了原子分子强场隧穿电离阿秒延迟，电子全息成像、电荷转移等超快物性的精密测控。进一步地，高通量阿秒相干光源有望为高温超导、磁性和手性起源物理机制探索、新物态电子结构成像乃至新型量子器件开发与表征等提供前所未有的工具。

案例供稿部门：信息科学部四处

案例审读人：中国科学院物理研究所 魏志义

案例点评人：华东师范大学 曾和平

二十五、交换移植效率的非渐近分析

凝练科学问题的过程及意义

1. 科学问题的探索过程

器官移植的主要瓶颈为待移植患者与可供移植的器官数量间的巨大差异。我国每年有 30 多万人等待器官移植，但仅 2 万人可获得器官移植机会。活体移植的器官主要来源于患者亲属定向捐献的器官，但大比例存在配型不合无法移植的问题。为此，医学界开始交换移植的尝试，即在多个家庭之间进行交换捐赠，其交换形式分两大类——圈式交换和链式交换。圈式交换在实践中存在非常大的局限性，需要将多个自身无法配型的定向捐赠者及患者组合匹配，这虽然大幅提升了可移植比例，但是由于捐赠人存在临时反悔的可能，法律规定圈式交换必须多台手术严格同时执行，一般操作中严格要求最多 3～4 台手术同时执行。而链式交换虽然需要消耗死体捐献的器官但是具有很强的灵活性，可以允许患者先得到捐献再由其捐献者捐出器官，此模式下反悔的后果相对较小。但链式交换的链条启动需要一个死体捐献的器官，这会占用无捐赠者患者的医疗资源。因此，医疗界、法律界及政府管理部门在采用链式移植的必要性上一直存在争议，其主要焦点在于链式移植所带来的匹配效率提升与占用死体捐献的器官的代价之间的取舍。

介绍研究背景及研究方向选定：器官移植匹配优化。

在医疗实践中，医生与管理者发现链式交换可大幅提升系统效率，匹配率大幅上升，病人等待移植的时间大幅降低。但诺贝尔经济学奖得主埃尔文·罗斯（Alvin E. Roth）等的理论研究则给出完全相反的结论，即链式移植对系统效率的提升可以忽略。由此产生了领域内的重大争论：链式移植在交换移植系统中是否有存在的必要？

分析文献，发现领域内的重大争议：链式移植模式是否有存在的必要。

解决这一争议需要量化界定链式移植对匹配率的贡献，确定在什么条件下链式移植是必要的。在针对主要文献的分析中，团队发现罗斯等的相关研究中均采用随机图建模来表达捐赠者和患者之间的配型关系，并利用随机图理论中的现有理论工具分析问题。但他们所采用的经典随机图匹配理论均基于渐近性分析框架——分析图的规模趋向无穷大时的随机特性。研究团队在与卡内基梅隆大学图奥马斯·桑德霍尔姆（Tuomas Sandholm）教授团队及诸多交换移植机构的学术沟通中，发现实践中单次匹配涉及的患者规模往往较小，图的规模为几十（人口较少的小国或某个医疗子系统）到数千[北美 UNOS（United Network for Organ Sharing，器官共享联合网络）系统]，远未达到渐近分析理论中隐含的规模要求。因此，团队猜测理论研究与实际应用中链式移植必要性存在分歧的根源在于所针对的问题的规模差异。在前期研究中，团队通过仿真实验验证了图的规模对链式移植的必要性和效率存在根本性的影响，因此确认了解决此领域内重大争议的关键科学问题在于：针对不同规模交换移植问题的高效匹配算法设计与链式交换的有效性分析。具体研究内容包括以下几个方面。

通过前期研究，凝练以下科学问题：针对不同规模交换移植问题的高效匹配算法设计与链式交换的有效性分析。

（1）创建针对中小规模随机图中匹配优化问题的分析工具。

（2）设计针对中等规模问题的高效率最优匹配算法。

（3）从理论上估计链式交换移植对整体系统效率的提升。

（4）界定问题规模对匹配效率及不同移植模式必要性的影响。

2. 解决本科学问题面临的困难

解决本科学问题面临的困难：有限图交换匹配求解困难、比较两个 NP-难问题的差异更加困难、缺乏有效的理论工具。

首先，问题所涉及的圈式交换及链式交换移植问题本身是 NP-难问题。不仅如此，由于备选匹配的圈及链极多（指数级别），即使是只有数十个患者的小规模问题在文献中也只能求出近似解。例如，当时在实践中卡内基梅隆大学的图奥马斯 · 桑德霍尔姆等为北美最大的交换移植匹配公益平台 UNOS 设计的基于整数规划建模的匹配算法，对于数十个点的图都难以求解。而其他研究中采用的启发式算法既无法保证算法的最优性，也难以评估具体解的优劣程度，对有限规模的图缺乏理论分析。

其次，研究需要对比两个 NP-难问题最优值之间的差异（存在链式交换移植与不存在链式交换移植两种场景的差异），而这两个问题都难以求解甚至难以近似，比较二者差异并且从理论上界定问题规模对此差异的影响则更加困难。此外，研究从实践角度需要设计引入链式交换移植的合理模式，以保证加入链式交换移植后的算法显著优于现存及未来所有不采用链式交换移植的算法。

最后，经典的随机图理论中多采用渐近分析框架，现有理论中缺乏针对有限规模随机图的理论工具。为解决此问题，需要研究交换匹配的特性并由此给出针对有限随机图的理论分析工具。

3. 研究本科学问题过程中的创新点

为了比较两个无法精确求解的NP-难问题，团队首先将共同部分——圈式交换移植的最优匹配数量设为一个黑箱函数，根据仿真实验发现此函数是凸函数，并利用离散凸理论证明了此性质。其次将圈式与圈式+链式交换移植的差异分析这一核心难点分解成两个较独立的子问题：①链式交换移植对缩小问题规模的贡献评估；②问题规模对圈式交换移植匹配最优数量的影响。

基于以上困难分析，提出针对性的创新手段：将对比两个NP-难问题差异的问题分解为较独立的两个子问题，利用二维随机游走过程反问题的停止时间凸性构造了子问题①的高精度近似界，引入离散凸理论解决子问题②。

团队设计了两阶段的匹配策略框架，在第一阶段采用链式移植快速减少未匹配节点数量，在第二阶段嵌入圈式匹配算法。为了保证第二阶段的效率以及理论分析的可比性，在第一阶段需要兼顾匹配效率及剩余节点的可匹配度，以此为目的团队设计了随机链式交换匹配算法，保证一阶段执行结束后剩余子图的统计特性与原图一致。此随机算法的执行过程可抽象为游走概率与所在点y坐标相关的二维随机游走过程。团队创造性地利用其反问题停止时间（期望需要多少链可达成目标剩余随机图规模）的凸性，构造了原问题（给定链数预期可达成剩余随机图规模）高精度近似界。从而准确估计了给定链数（消耗掉的死体移植数量）在一阶段的贡献，并利用二阶段黑箱匹配函数凸性界定出一阶段效率提升对整体系统的贡献。特别地，此理论解决了领域内关于链式交换移植必要性的重大争议，明确指出链式交换移植在小规模及大规模问题中价值较低，而在实践中常见的中等规模（数十至数千）问题中对系统效率提升至关重要。

此项研究针对随机交换匹配的特点，创造性地设计了两阶段随机匹配框架以实现高效匹配，结合随机匹配理论、离散凸理论、随机过程理论实现了有限图交换匹配理论分析的突破性进展，并解决了领域内的重大争议。

4. 研究本科学问题的意义

此研究在理论上建立了随机图交换匹配的非渐近分析理论工具，从理论层面解决了精确估计有限规模随机图中匹配效率的问题，解决了移植领域中理论研究与实践前沿的重大争议，确定了链式交换移植模式在实践中常见的中等规模问题中的有效性。技术路线中，将问题转化为高维随机游走的离散随机过程的简化分析思路，以及利用离散凸分析理论估计输入参数对黑箱函数影响的量化分析路径，对有限规模随机图的相关问题有广泛的可借鉴性。

对知识体系产生的增量。

在应用层面，研究论证了链式交换移植在中等规模随机图中的有效性，为医疗管理实践及相关规章制度建设提供了理论依据。基于此，理论所设计的匹配算法有着显著的运算速度优势，采用此算法思路设计的可手动执行的简单随机匹配策略即可实现相关文献中复杂算法所达成的匹配效率。第一阶段的匹配算法有效地平衡了当前匹配效率与未来匹配效率（剩余未匹配子图不会过度稀疏），因此在实践中的动态执行过程中表现出较强的稳定性。此外，研究中所提出的随机链生成思路被卡内基梅隆大学图奥马斯·桑德霍尔姆团队借鉴，其将算法生成的随机链作为初始备选链整合进他们所采用的整数规划列生成算法框架中，使得匹配效率

研究的潜在应用价值。

得到了显著提升。

案例点评

器官移植是医学界救治若干类器官严重损害患者、挽救生命的有效手段，在全球有巨大的需求。器官移植匹配是2012年诺贝尔经济学奖获得者罗斯利用市场匹配理论于2003年开创的事业。这项工作是罗斯获得诺贝尔奖的成就之一。

由于伦理的问题，交换移植匹配是器官移植匹配的合理的方式。交换移植匹配的效率问题就是这一领域的核心问题。案例“交换移植效率的非渐近分析”主要解决交换移植匹配中两个重要的前沿问题：一是交换移植匹配的高效算法设计；二是在实践中表现不俗的链式交换移植是否在理论上具有有效性。

从提供的材料来看，案例的研究团队独辟蹊径，创新性地提出两阶段的匹配策略思路，利用离散凸分析理论、随机过程、随机匹配和随机图分析等工具，设计了随机交换匹配算法，算法产生的简单交换匹配策略有着很好的效率，研究成果被国际应用团队嵌入到实际交换移植的匹配算法之中。同时案例团队还从理论上证明了链式交换移植模式对于中等规模的问题具有有效性。罗斯等采用渐近分析技术得出曾经从理论上推导出的链式交换移植模式对系统效率的提升可以忽略，这一理论发现与现实的情况并不符合。这一结果解答了罗斯得出的结果与实际不符的原因，为链式交换移植模式奠定了理论基础。

特别地，该项研究所发展起来的随机图交换匹配的非渐近分析工具，突破了以往渐近分析的限制，使得对中小规模问题效率的分析有了更精确的分析手段。这一思想上的突破，有可能带来其他相近问题在非渐近分析上的发展。

案例供稿部门：管理科学部一处

案例审读人：浙江大学　章魏

案例点评人：中国科学院数学与系统科学研究院　杨晓光

二十六、基于中国情境的实物期权公司估值理论：理论重构与现实应用

凝练科学问题的过程及意义

1. 科学问题的探索过程

会计信息作为商业语言，能够反映公司的经济活动及运行状况，被赋予公司估值与优化市场资源配置的重要功能。自 1938 年 Williams 提出股利贴现模型（DDM）以来，基于会计信息的公司估值理论始终是会计与财务研究的核心领域。新近发展的实物期权模型（ROM），在先前模型基础上引入“资本逐利”假定，模型化会计信息指引投资的价值创造过程，进一步揭示了会计估值的内在逻辑与经济实质。

介绍研究的潜在价值与方向选定。

前期的研究工作主要集中于 ROM 在实践运用层面的探索与检验。比如基于跨国研究，探索 ROM 的“资本逐利”假定、估值效应、投资增长与价值呈现等在不同经济制度下的表现形式，并且积极探索 ROM 在中国市场的适用性和表现形式。然而，随着研究的深入，科研人员发现，受限于理想化的市场环境，以 ROM 为代表的前沿会计信息估值模型更符合西方的经济体制，特别是在将政府定位在经济运行辅助性角色、较为成熟的市场经济中尤为适用。当运用该估值模型到中国企业时，由于未考虑中国制度环境对企业价值创造的作用，模

总结前期研究概况以及得出的结论，点明形成中国情境下指导性的公司估值理论对企业的重要作用。

型估值与企业实际市场价值将存在脱节，在经济实践中的适用性具有局限。而中国市场的企业估值实践，在一定程度上以相对估值等经验性方法为主，未能上升并形成基于中国情境的指导性的公司估值理论。

探索与完善适用中国企业的会计信息估值体系对于会计估值理论的完善，以及中国经济发展都具有重要意义。一方面，ROM 等会计估值模型具有坚实的理论基础。其中，会计信息引导企业价值创造（“资本逐利”）的经济规律，在中国市场仍具有较强的通用性。另一方面，在中国情境下，政府对市场机制的纠正、培育及补充过程中更多体现其主动改革的内涵。因此，ROM 等会计估值模型运用到中国市场时，需要通过内化中国制度环境和政府主动改革对公司价值创造的作用，刻画中国市场下会计信息与企业价值创造的关系，从而探索基于中国情境的会计信息估值体系。

根据以上结论，凝练出新的科学问题，即适用于中国情境的会计信息估值体系构建。

2. 解决本科学问题面临的困难

ROM 通过引入“资本逐利”假定，模型化会计信息指引投资的价值创造过程。然而，ROM 相关研究忽视政府对经济价值创造的作用，比如，只关注政府对市场失灵的修复，或以制度摩擦形式引入政府因素。未能刻画在中国情境下，政府主动改革对公司资源引导和价值创造的作用。因此，ROM 在中国市场的解释力和适用性具有局限。发展基于中国情境的会计估值理论，首先要挖掘会计估值理论在中国市场应用受限的根源，识别中西方市场的重要制度差异，并将制度差异在理论模型中模块化。如何内化中国制度环境和政府主动改革对公司

解决本科学问题面临的局限：适用情境、信息技术变革。

价值创造的作用是重要的挑战。同时，会计信息在当前大数据等信息技术变革下，不断呈现新的特征。会计估值的国际前沿研究自身面临信息技术和环境变革的挑战。发展中国情境的会计估值理论，需要跟进与融入会计信息特征的演变以及前沿会计估值理论的衍生和发展。中国兼具新兴经济和经济转型的制度环境，同时面临互联网大数据高速发展的技术环境。中国制度环境与信息技术变革如何在中国市场产生化学反应，作用于企业价值创造过程，也是本研究面临的重要的困难与挑战。

3. 研究本科学问题过程中的创新点

本研究在 ROM“资本逐利”的基础假设上纳入政府作用，通过政策引导资本（“资本逐政”）假设模型化政府的主动性，将政府角色内化为与市场机制相平行的指引力量。政府与市场在获取及处理宏观信息与微观信息时各具优势，因而有效市场与有为政府之间本身具有互动性与共生性。其中，指引行业间资源流动的政策措施是政府在宏观层面上执行实物期权以纠正和补充市场机制的重要手段。在“资本逐利”与“资本逐政”双重假定下，基于产业信息模型化政府角色，理论推导出同时包涵企业会计信息与政府产业信息的权益价值函数，并通过大样本研究对估值理论在中国情境下的适用性进行验证。本研究进一步探索中国制度环境与当前信息技术变革在引导公司价值创造中的交互作用。通过放松中性政府与完全信息的潜在假设，以政府质量与技术变革为分析视角对理论进行拓展与深化，据此构建基于中国情境的实物期权公司估值新理论（NEW_ROM）。

基于以上困难分析，提出针对性的创新手段：在研究假设、模型构建、样本数据方面。

4. 研究本科学问题的意义

在西方估值模型的基础上，内化政府主动性改革对公司价值创造的影响，探索政府与市场并行机制下的公司实物期权估值新理论，发展与完善了基于会计信息的公司估值理论，拓展了公司估值模型在新兴经济和经济转型环境的适用性。同时，也为准确估计中国市场企业价值，引导资源配置和企业价值创造提供了理论基础。如何有效发挥市场和政府的协同作用，既是中国特色社会主义市场经济建设和发展过程中亟待解决的现实问题，也是学术界需要重点回答的一个重大理论议题。通过在微观层面发展形成更具解释力与普适性的 NEW_ROM，以及在宏观层面揭示如何协调与发挥市场这只“看不见的手”与政府这只“看得见的手”在资源配置中的合力作用，不仅可以帮助提升实体经济与资本市场的运行效率与协同发展，而且也为服务和推动我国宏观经济的高质量发展提供了重要的学理支持。特别是在全球各国对政府职能日益重视的发展背景下，可以为如何发挥国家制度优势（政府与市场协同），以及如何通过深化改革（提高政府质量，提升技术赋能等）与主动作为来实现政府与市场在资源配置中的互补互助，进而更快更好地促进经济高质量发展提供了相应的经验证据与政策启示。

对知识体系产生的增量。

研究的潜在应用价值。

案例点评

企业会计准则和审计制度安排，为高质量会计信息提供了切实保障。因此，会计信息对于公司（股票）估值、债券估值、授信评估、项目投资评价等工作都具有十分重要的作用。

基于会计信息的公司估值模型之所以有其相对优势，不仅因为企业会计准则和审计制度安排为会计信息的高质量提供了保障，而且也因为会计信息不同于预测性的市场信息，其具有较强的客观性和可靠性。自 1938 年 Williams 提出 DDM 以来，基于会计信息的公司估值理论始终是会计与财务研究的一个核心领域，基于会计信息的公司估值模型在实践中得到了广泛的应用。新近发展的 ROM 引入“资本逐利”假定，进一步揭示了公司估值的经济本质。

但是,ROM 未能刻画在中国情境下政府主动改革对公司资源引导和价值创造的作用，故在中国市场的解释力和适用性就受到了局限。基于中国情境的 NEW_ROM，在 ROM“资本逐利”的基础假设上，进一步引入“资本逐政”假设，将政府角色内化为与市场机制相平行的指引力量,同时反映有效市场和有为政府在公司价值创造中的作用，不仅具有理论上的重要发展，而且将大大提高该估值模型在中国公司估值实践中的有用性。

综上，基于中国情境的 NEW_ROM 这一科学问题的探索过程严谨，理论基础扎实，研究思路清晰，把握中国情境准确。解决本科学问题，将大力推动公司估值理论和估值方法的进步，并将进一步推动以公司估值为基础的会计学与财务学相关问题研究的发展。

案例供稿部门：管理科学部二处
案例审读人：武汉大学　李青原
案例点评人：北京大学　陆正飞

二十七、资源分配中的虚拟价格机制

凝练科学问题的过程及意义

1. 科学问题的探索过程

介绍研究背景及研究方向选定：市场设计理论产生的背景。

古典经济学理论主张以价格机制来解决资源的最优分配问题。市场常常被称作“看不见的手”，以价格作为反映资源稀缺性的信号，指导市场参与者在自利的动机下在各个生产和消费领域间调度资源，从而实现资源的最优分配。该理论反对政府或其他组织以计划的方式干预市场，同时也限制了价格机制的应用范围。在现实生活中很容易找到由于各种各样的原因不允许买卖资源的环境，因此不能使用价格机制来解决这些环境中的资源分配问题。在这些环境中很自然地需要某个机构来组织市场，并以计划的方式来分配资源。经济学中最近兴起的市场设计理论就是研究如何在这些环境中设计最优的分配机制。

设计最优分配机制来解决上述问题常常遇到三个困难。首先，难以掌握市场参与者的真实偏好和需求信息，而掌握这些信息是寻找和实现资源最优分配的前提。一方面，在很多分配问题中参与者的偏好和需求信息过于复杂，以至于参与者缺少表达完整偏好的能力；另一方面，当分配机制不满足激励相容性时，参与者常常有动机掩饰和谎报自己的真实需求。其次，在很多分配问题中，制度环境常常对资源分配过程和结果施加了各种复杂的约束条件。这时就很难设计出一个既满足复杂约束条件，又同时实现公平性和有效性的分配机制。最后，复杂的约束条件常常需要复杂的分配机制来解决，但是复杂的机制常常不具有实用性，参与者难以理解。这三个困难就成了市场设计理论和应用研究中反复出现的难点。

为解决上述难点，受到文献和现实两方面的启发，我们提出如下科学问题：能否借助古典经济学中的价格机制思想，使用虚拟的价格机制来解决上述复杂约束条件下的分配问题，即市场组织者向参与者分配一定数量的虚拟货币，对资源进行虚拟定价，让参与者使用虚拟货币购买他们想要的资源。这里的虚拟货币的数量是受市场组织者调控的，并且只在当前的分配问题中具有价值。

根据前期研究结论，凝练出新的科学问题：如何用虚拟价格机制解决市场设计问题。

2. 解决本科学问题面临的困难

虚拟的价格机制可以解决上述的第一和第三个难点：参与者在面临给定的资源价格时，只需要按自己的真实偏好通过购买行为来表达需求，不需要向市场组织者报出完整的偏好和需求信息；同时价格机制对于参与者而言简单易懂，与日常生活中的其他市场相似。但是，如何设计虚拟价格机制还面临两个重要的困难。首先，如何设计定价体系来解决上述的第二个难点，即既满足各种复杂的约束条件，又同时实现公平性和有效性。简单地模仿古典经济学理论对资源直接定价，将无法满足各种复杂的约束条件。从方法上来说，各种约束条件都可

解决本科学问题面临的困难：难以找到合适的价格体系。

以分成两类：最大额约束和最小额约束。最大额约束可以通过提高资源定价限制参与者的消费来满足。但如何满足最小额约束一直是相关领域中的难点。其次，因为虚拟货币对参与者而言没有真实的价值，所以市场均衡是否存在是未知的，不能使用古典经济学理论来证明均衡的存在性。

3. 研究本科学问题过程中的创新点

在解决上述问题时，我们主要进行了两方面的创新。第一，我们提出了一个处理约束条件的新方法。约束条件下的最优分配问题在市场设计领域中已经有了很多研究。但是过去的研究都是从约束条件的具体形式出发来设计解决机制。当约束条件的形式越复杂时，解决的难度也会越大。同时，当约束条件改变形式时，就需要不同的机制来解决。我们跳出了对约束条件具体形式的研究，直接研究满足约束条件的可行性分配集合的几何形状。当约束条件的形式发生改变时，只要可行性分配集合的几何形状不变，我们的处理方法就不变。第二，我们提出了对约束条件定价的新方法。通过调节约束条件的价格，我们可以使分配结果满足各种约束条件，无论其复杂程度如何。在我们的框架下，古典经济学理论中的对资源定价可以看作对资源的供给约束条件进行定价，是我们的方法的特例。

基于以上困难分析，提出针对性的创新手段：直接研究约束条件下可行性分配集合的几何形状，对约束条件定价。

4. 研究本科学问题的意义

首先，本研究在理论层面有重要创新，填补了相关空白。古典经济学理论中的价格机制是现代市场经济的基础。大量经济学研究从不同角度论证了价格机制的优越性。市场设计理论作为新兴的经济学研究领域，常常强调非价格机制的作用。本研究

对知识体系产生的增量。

通过将价格机制拓展到市场设计理论，填补了古典经济学和市场设计间的沟壑。

其次，本研究中提出的处理约束条件的新方法为后续市场设计研究提供了新思路。如上面所述，已有研究常常拘泥于约束条件的具体形式，难以处理复杂的约束条件。通过抓住可行性分配集合的几何形状，绕过约束条件的具体形式，可以简化分析过程，为解决更多的问题铺平道路。

最后，本研究提出的虚拟价格机制在多个实际问题中都有潜在的应用价值。例如，在疫情期间政府分配医疗物资时，每个地区和医院都有动机夸大需求。使用虚拟价格机制可以让每个地区和医院自主选择最紧缺的物资，从而实现物资的有效分配。

研究的潜在应用价值。

案例点评

新古典经济学主张以市场价格机制来优化配置稀缺资源，这是所有市场化导向的改革的理论基础，也是传统市场采取的主流分配机制。但是，在现实生活中，由于外部性、市场发育不完善、社会文化的约束等原因，价格机制与货币交换很难甚至不被允许参与到资源配置的过程之中，例如稀缺医疗分配、学校录取等。因此，在这类资源分配的过程中必须由某个组织介入，并设计合理的资源分配规则，这便是“市场设计”问题的现实背景。

不同于现有文献的处理思路，拟开展的研究创新性地提出，通过向市场参与方发放虚拟货币、引入虚拟价格机制，来对非买卖情形下的资源进行配置。这一方案至少具有两个方面的明显优势：一是规避了在资源配置分析中市场参与人复杂多变的偏好需求和制度环境约束这两方面建模的困难。市场参与人在虚拟环境中会基于自身偏好需求和环境约束来最大化自身利益，虚拟价格机制自然地将这两类建模难点反映出来。二是虚拟价格价值具有易实行、易纠错的特点。虚拟价格是现实价格的一个镜像，很容易实行。此外，这种方法创新性地简化了对复杂约束条件的处理方式，即使用约束条件的几何形状对问题进行分析；同时，通过对约束条件定价，而非对资源定价，具有更强的普适性。总的来看，该研究对于“非自由买卖情景下，如何设计最优的资源配置”的问题，有着重要的理论和现实价值。

案例供稿部门：管理科学部三处

案例审读人：中国科学院大学 洪永淼；首都经济贸易大学 李鲲鹏

案例点评人：中国科学院大学 洪永淼；首都经济贸易大学 李鲲鹏

二十八、自噬绑定化合物特异性降解生物大分子及细胞器

凝练科学问题的过程及意义

1. 科学问题的探索过程

许多人类疾病与特定蛋白或其他生物大分子的异常积累密切相关，如衰老过程中错误折叠蛋白、蛋白聚集体、脂滴及破损线粒体在细胞中的异常积累，可能是导致神经退行性疾病发生发展的重要原因。如能发现选择性清除这些生物大分子或细胞器的小分子化合物，则可能为阐明疾病的机制及探寻新的干预策略提供重要工具，给生物医学研究带来革命性进展。

介绍研究背景及研究方向选定：致病生物大分子及细胞器的选择性清除。

那么如何利用小分子选择性清除致病大分子及细胞器呢？研究人员基于已知的细胞生物学发现进行了演绎推理。大量研究揭示了细胞自噬是一种真核细胞均具有的内源性降解通路，该过程通过利用一种特殊的被称为自噬小体的细胞器，吞噬需要降解的生物大分子或细胞器，进一步将其送往溶酶体进行降解。因此，如果能利用化合物像“胶水”一样在自噬小体形成的过程中，将需要降解的目标“粘”在自噬小体内部，那么就有可能促进其通过溶酶体降解。研究人员把这种设想中的化合物称为“自噬绑定化合物”(autophagy-tethering compound，ATTEC)。由于细胞自噬途径非常强大，可降解细

根据已知的细胞基本过程，凝练出新的科学问题：如何利用“自噬绑定化合物”降解目标。

胞内几乎所有不同类分子，如果 ATTEC 这个设想得到证实，则不仅可能实现致病蛋白的选择性降解，还可能实现各种致病生物分子、细胞器乃至细菌及病毒等病原体的降解，为很多疾病提供机制研究思路或者干预手段。

2. 解决本科学问题面临的困难

然而，上述假说的证明并不容易。虽然理论逻辑上成立，但在既往的研究中从未进行过实际的探索。ATTEC 是否可以实现降解？如何选择有价值的创新靶点进行 ATTEC 研究？如何发现针对特定靶点的 ATTEC？发现后如何优化？如何阐明其作用机制？是否可能带来副作用？这些都是在具体研究上述科学问题时碰到的困难。

解决本科学问题面临的困难：无已有研究，实现原创设想的路径不明。

3. 研究本科学问题过程中的创新点

我国研究人员首先将假说变成了更具体的研究方案，选定了自噬小体上的关键蛋白微管相关蛋白轻链 3（microtubule-associated protein light chain 3，LC3）作为 ATTEC 发挥作用的“锚点”，提出寻找能够同时结合 LC3 与目标靶点的连接化合物，以实现将目标靶点“绑定”在自噬小体进而降解的目标。

此外，研究人员选择了合适的靶点进行上述研究。选择亨廷顿病（Huntington’s disease）及其致病蛋白作为此方向研究的切入点。亨廷顿病的致病基因于 1993 年被克隆，国内外致病突变研究较深入、数据量大。亨廷顿病作为最主要的单基因遗传的神经退行性疾病之一，是研究衰老和神经退行性疾病等常见的重要模式疾病。亨廷顿病的遗传图景清晰，由位于人 4 号染色体的亨廷顿基因 *HTT* 的

基于以上困难分析，提出原创的具体研究方案：在靶点选择上创新（从不可成药的蛋白乃至细胞器切入），提出具体创新降解策略（利用“小分子胶水”绑定目标至 LC3），并建立创新技术平台（融合化合物芯片、光学技术及蛋白质生化等交叉学

突变引起。一方面，大量实验证据提示，突变基因所表达的变异 HTT 蛋白（mHTT）具有神经毒性，是导致亨廷顿病的主要原因。而另一方面，野生型 HTT 蛋白（wtHTT）则具有较重要的生理功能。因此，mHTT 是亨廷顿病较为明确的致病蛋白，为研究如何利用小分子化合物选择性清除致病蛋白，提供了很好的切入点。

研究人员进一步利用小分子芯片技术、前沿光学技术及生物化学技术建立了筛选平台，并设计了反筛选以排除可能影响 wtHTT 的化合物，最终发现了选择性降解 mHTT 的 ATTEC，并在多种细胞及动物模型中初步证明了其对亨廷顿病可能的效果。该研究在 2019 年发表于 *Nature*，并被其选为年度“十大杰出科技论文”。

科技术建立筛选平台）。

研究人员在此基础上又思考如何利用 ATTEC 将目标致病分子乃至细胞器降解。首先，研究人员选择了脂滴作为降解的靶点。脂滴是细胞内用于储存中性脂肪的细胞器，其异常积累可能导致多种代谢疾病乃至神经退行性疾病。由于核心是非蛋白质类物质，已有的蛋白质降解技术无法用于脂滴，其选择性降解之前是无法实现的难题。其次，研究人员巧妙利用已知的特异性标记脂滴的探针，将其拼接在前期发现的 LC3 结合化合物上，组装成新的化合物 LD-ATTEC，以实现连接脂滴与自噬小体的目的。研究人员最终证明 LD-ATTEC 可有效降解脂滴，并可能对脂滴过度积累引起的代谢性疾病有很好的干预效果。相关研究结果于 2021 年作为封面论文发表于 *Cell Research*，并被领域著名科学家发表专文评述，认为 ATTEC 技术是“范式转移”（paradigm shift）

和“升起的新星”（arising star）。

本科学问题的研究思路具有原创性，基于细胞自噬的基础研究及分子间作用的基本原则，通过演绎推理提出了“自噬绑定化合物”这一新概念，独辟蹊径解决问题，是降解技术领域的理论创新。

4. 研究本科学问题的意义

本科学问题的提出，源自研究人员对不治之症的“不可成药”靶点的干预策略的思考，符合聚焦前沿的特征。研究人员提出了利用“小分子胶水”驾驭自噬选择性降解靶点这一原创思想，跳出了所有已有技术的藩篱，符合独辟蹊径的特征。本科学问题的解决有重要的科学意义。通过研究本科学问题将给已有知识体系带来增量，加深对细胞自噬本身功能及机制的理解；所发现的降解化合物可作为化学生物学工具，用于进一步探索其靶向的蛋白质或细胞器的生物学功能或相关疾病机制。例如，所发现的 mHTT 靶向化合物可用于研究 mHTT 的病理贡献及导致神经退行的机制；所发现的脂滴降解化合物，可用于研究脂滴对神经退行性疾病、各类心血管疾病等可能的病理贡献。在潜在应用方面，本科学问题的研究成果提出了一种干预药物靶点的新范式，可用于发现降解各种致病蛋白乃至非蛋白类致病物质的小分子化合物，为各类由特定蛋白引起的疾病的干预提供新方法乃至潜在药物，有望开拓药物研发的一个新领域、新赛道。

对知识体系产生的增量及在研究范式变革上的潜在价值。

案例点评

研究表明，许多重大疾病，特别是神经退行性疾病，与错误折叠的蛋白聚集体或其他生物大分子乃至破损细胞器的堆积密切相关。因此，如能选择性清除这些可能致病的生物大分子或破损的细胞器，就可以明确它们的病理贡献，为相关疾病的根本性干预提供创新思路。例如，靶向清除细胞外淀粉样聚集体的抗体药，在经历十几年的失败后，今年在临床试验中被证明可以显著缓解阿尔茨海默病患者的认知能力下降。但针对细胞内的靶点，抗体等生物大分子难于进入，因此如何选择性清除细胞内的致病生物大分子及细胞器，是极具挑战性的科学问题，发展这一手段将为生物医学研究和药物研发带来革命性进展。

我国年轻科学家鲁伯埙带领的研究团队在该科学问题的探索过程中大胆提出了利用“小分子胶水”驾驭细胞自噬选择性降解靶点这一原创思想，跳出了蛋白降解靶向嵌合体（proteolysis-targeting chimera，PROTAC）、基因治疗等已有技术的藩篱，开辟了靶向药物研发的新领域、新赛道。此外，研究团队利用前沿交叉学科技术建立了独特的筛选平台，组织几个研究组通力合作，针对变异 HTT 蛋白和脂滴这样有重大疾病意义同时又难以用现有技术干预的靶点实现了上述原创设想。总体而言，在该科学问题的凝练与研究中，研究团队选择了具有重要理论和应用价值的科学问题，独辟蹊径地提出了研究思路，并利用交叉学科前沿手段将其实现，体现了高度的原创性、前沿性和多学科交叉，值得很多研究借鉴。

案例供稿部门：医学科学部三处

案例审读人：哈尔滨医科大学　张学

案例点评人：复旦大学　马兰

二十九、基于三维微流控芯片平台定量检测肿瘤特异性外泌体

凝练科学问题的过程及意义

1. 科学问题的探索过程

恶性肿瘤是严重危害人类健康的重大疾病，由于大多数肿瘤起病隐匿，一经确诊已是临床中晚期，早期发现并及时治疗是有效阻止肿瘤进展、改善患者预后的关键，也是临床亟待解决的难题。外泌体作为液体活检领域的后起之秀，携带有多种核酸及蛋白质等关键信息，能灵敏反映原发肿瘤的实时动态变化，为肿瘤早期诊断提供“可视窗口”，是国际学术界关注的焦点和热点。如何在成分复杂的体液中实现肿瘤特异性外泌体的定量检测，是检验医学亟待解决的难题。

介绍研究背景及研究方向选定：在成分复杂的体液中实现肿瘤特异性外泌体的定量检测。

最新研究显示，微流控芯片是一类新兴的微全分析技术平台，具有分离生物颗粒速度快、纯度好、集成度高、用量少等独特优势，在外泌体定量检测方面具有广阔的应用前景。而目前基于微流控芯片的外泌体检测方法存在分离富集纯度低、检测条件要求高及步骤烦琐的不足，难以实现临床应用。如何构建微流控芯片外泌体检测新技术平台，实现血清肿瘤特异性外泌体的高效富集、快速捕获与定量检测，助推肿瘤早期发现，是国际学术界关注的前沿热点。

根据前期研究结论，凝练出新的科学问题：构建微流控芯片外泌体检测新技术平台，实现血清肿瘤特异性外泌体的高效、快速检测。

为解决上述科学问题，本项目前期采用 3D 打印技术，基于河流弯道结构模型，创新性制备了三维纳米柱阵列微流控芯片外泌体分离单元，初步实现了外泌体的快速分离。拟进一步联合适配体捕获单元，构建微流控芯片外泌体高效富集平台。在此基础上，设计特异性外泌体表面蛋白及 Piwi 相互作用 RNA（piRNA）分子标记，研发基于膜融合的肿瘤特异性外泌体直接定量检测技术，并结合全内反射荧光显微镜光学成像和人工智能分析系统，建立集成的外泌体检测新技术平台。最后选取结直肠癌为研究模型，利用建立的技术平台定量检测特异性外泌体并构建联合诊断模型，通过临床多中心、大样本系统验证，评估其在结直肠癌早期发现中的应用价值。此外，本项目建立的基于三维纳米柱阵列微流控芯片的外泌体检测新技术平台具有通用性，可复制、可推广，为恶性肿瘤的早期发现提供了新途径。

2. 解决本科学问题面临的困难

解决本科学问题面临的困难：常规技术进行检测成本高、效率低、准确度不足。

（1）微流控具有分离生物颗粒速度快、纯度好、集成度高、用量少等独特优势，可用于痕量物质的分离纯化，但能否应用于外泌体的高效富集仍不明晰。研究人员曾尝试过基于免疫亲和作用及声学与微流控技术结合的方法分离捕获外泌体，但仍存在耗时长、成本高、无法区分微小尺寸差异颗粒、分离纯度低、结合效率低等不足。

（2）由于蛋白质和核酸等不同种类外泌体标志物空间分布不同，表达丰度各异，检测要求有别，且目前的微流控芯片集成度不够，操作复杂，极易导致外泌体损耗而引起漏检，如何实现一站式“样本进，结果出”的特异性外泌体检测是亟待解决的难题。

3. 研究本科学问题过程中的创新点

为实现血清肿瘤特异性外泌体的高效富集、快速捕获与定量检测，本项目主要突破三项关键技术创新：①针对外泌体粒径小、分离效率低的难题，创新性融合河流弯道结构及三维纳米柱阵列，基于惯性效应与确定性侧向位移原理，实现颗粒分离效果的倍比增强，高效分离肿瘤外泌体；②针对现有微流控结构捕获耗时长的技术瓶颈，设计并制备多重串联反应池，在其中包被高亲和性、高特异性适配体，提高比表面积，增加涡流效应，提升外泌体捕获效率；③针对外泌体表面特异性蛋白，合成多色量子点抗体复合物，实现多种表面蛋白的同时定量检测，同时设计量子点标记的发夹状分子探针并装配于特定脂质体中，依据膜融合原理，定量肿瘤特异性外泌体内部 piRNA，实现膜内外多标志物联合检测。

基于以上困难分析，提出原创的具体研究方案：融合河流弯道结构及三维纳米柱阵列；设计并制备多重串联反应池包被适配体；合成多色量子点抗体复合物，并设计量子点标记的发夹状分子探针。

4. 研究本科学问题的意义

微流控技术是在微纳米空间对流体进行精准控制和检测，具有集成化、小型化、高通量等优势，为痕量标志物检测提供了一种新途径，被《福布斯》杂志评为影响人类未来 15 项最重要的发明之一。本项目在构建基于三维微流控芯片的外泌体检测平台过程中，从肿瘤外泌体标志物发现的理论依据出发，到功能化微流控芯片的开发与应用的实践积累，建立了跨多学科的医理工交叉融合的学科知识体系，拟构建具有国内自主知识产权的微流控检测芯片并形成转化产品，从科技创新供给侧实现高质量知识产权创造，打破专利壁垒，形成核心竞争力。同时本项目构建的基于三维纳米柱阵列微流控芯

对知识体系产生的增量及在研究范式变革上的潜在价值。

片的外泌体检测新技术平台可复制、可推广、可转化，不仅为特异性外泌体的高效富集与定量检测提供了新的思路，也为临床实现恶性肿瘤的早诊早治奠定了基础，填补了临床外泌体体外诊断领域的空白，突破了医学科技成果转化应用困难的瓶颈，促进了创新链与产业链融合，为提供更优质、便捷的高技术体外诊断产品和服务奠定了基础。

案例点评

"聚焦前沿"——外泌体作为液体活检新型标志物，具有丰度高、信息载量丰富及内容物稳定等独特检测优势，近年来备受体外诊断研究领域的关注，有望以无创的检测方式助力重大疾病的精准诊疗，具有极大的临床应用前景，目前已成为国内外研究前沿。因此，选题以外泌体为新技术开发的检测靶标，属于"聚焦前沿"。

"独辟蹊径"——目前，外泌体检测技术仍存在分离富集纯度低、检测条件要求高等不足。选题以提高恶性肿瘤早诊早治这一临床需求为导向，充分利用微流控小型化和高度集成化的优点，并以此为核心技术载体"独辟蹊径"，通过多学科交叉融合，提出一种基于三维纳米柱阵列微流控芯片的外泌体检测新技术平台的构建策略，用于成分复杂的体液中肿瘤特异性外泌体的定量检测，具有鲜明的引领性与开创性特征。

科学问题凝练的创新之处如下：①技术创新，整合微流控多功能模块，能实现血清肿瘤特异性外泌体的高效富集、快速捕获和定量检测过程一体化，这将极大地降低外泌体在检验医学临床应用中的门槛，简化操作步骤；②检测标志物创新，拟通过脂质膜融合技术，赋能量子点荧光抗体和核酸探针，可以实现特异性外泌体表面蛋白和 piRNA 两种不同组学标志物的联合多重检测。

案例供稿部门：医学科学部六处
案例审读人：南方医科大学　郑磊
案例点评人：南方医科大学　郑磊

三十、动脉粥样硬化性心血管疾病系统流行病学研究

凝练科学问题的过程及意义

1. 科学问题的探索过程

缺血性卒中和冠心病是重要的动脉粥样硬化性心血管疾病，在我国人群中导致的疾病负担持续增加。开展病因研究，特别是确定那些通过干预可以改变的疾病危险因素，对实现有效的一级预防具有重要的科学价值和公共卫生学意义。近年来，基于中国人群的前瞻性队列研究涌现出一批生活方式（如吸烟、饮酒、饮食、体力活动等）、环境暴露（如室内空气污染）与动脉粥样硬化性心血管疾病的关联研究成果，为我国疾病预防指南的制修订提供了国人高质量的人群研究证据。然而，传统的建议所有人戒烟限酒、合理膳食、积极运动的"一刀切"式的预防模式面临挑战；当代的慢性病防控亟须向更精准的预防模式转型，如果可以确定具有某些特征的人群可从特定的生活方式干预中获益最大，对某些特征人群需优先实施健康保护，则有望实现更有效率和效果的疾病防控实践。另外，人群研究中观察到的疾病危险因素是如何在分子水平上导致疾病的？具体的致病通路和调控网络如何？既往研究仍以局部的、单一微观组学的探索为主，关注因素的独立作用，证据呈碎片化，难以整

介绍研究背景及研究方向选定：以缺血性卒中和冠心病为代表的动脉粥样硬化性心血管疾病。

合实现全面系统的认识。近年来测序技术、质谱技术等高通量组学技术实现突破，检测成本大幅降低，基因组、表观遗传组、蛋白质组、代谢组等逐渐可以应用于规模性人群生物样本的检测，海量组学数据分析技术也在不断发展。这为整合暴露组、表型组及微观多组学数据，打开流行病学病因研究的“黑箱”带来了契机。解决上述科学问题，对于提升疾病预测预警能力，发现可用于预防心脑血管损害的新干预靶点，满足越来越迫切的精准预防需求具有重要意义。

根据前期研究结论，凝练出新的科学问题：动脉粥样硬化性心血管疾病的流行病学病因研究。

2. 解决本科学问题面临的困难

解决上述科学问题，研究中暴露和疾病结局评价的先因后果的时间顺序必须明确。最适合的研究设计是长期随访的队列研究或基于人群队列开展的嵌套研究设计；针对人群队列中的研究对象采集基线未患动脉粥样硬化性心血管疾病时的生活方式、环境暴露、体格检查、其他医学史和疾病家族史等各类信息及血样本，并通过长期随访观察，确定新发生心血管疾病的个体。另外，厘清暴露组、基因组、蛋白质组、代谢组等在疾病发生发展过程中的作用，最好是在相同的研究人群中、可比条件下开展系统、整合分析。然而，既往研究多以因果时间顺序不明确的病例对照设计或横断面设计为主，或者为小样本量的队列设计，采用缺血性卒中和冠心病的混合结局，只检测单一微观组学。解决本科学问题面临的瓶颈是采集有生物样本的长期随访的大规模人群队列，以及队列中相同研究对象多组学的检测。

解决本科学问题面临的局限：既往研究设计周期短、样本量小、检测结果单一。

3. 研究本科学问题过程中的创新点

拟开展研究基于持续随访 15 年以上的大样本中国成人队列，前瞻性的队列研究设计可控制环境因素（包括生活方式因素）研究中易面临的因果倒置问题，丰富的协变量信息可以有效控制可能的混杂因素，大样本量和长随访期为统计学效力提供了保障。基于病例队列设计对队列中部分研究对象进行多组学标志的检测，整合暴露组、基因组、蛋白质组、代谢组等多组学信息，分析基线时的暴露或生物标志物水平与随访期间新发疾病风险间的关联。这种研究设计既满足先因后果的时间顺序，推论因果的证据强度高；相比队列研究设计的实施效率也更高。针对高维、多组学数据，联合"基于高通量组学技术的数据驱动的分析策略"和"基于流行病学方法的假设驱动的分析策略"，开展系统流行病学研究，有望深入解析病因网络和致病通路。

基于以上困难分析，提出针对性的创新手段：基于长期随访的大规模人群队列研究，以及队列中基于多组学检测、因果推断高维数据分析的系统流行病学研究。

4. 研究本科学问题的意义

通过开展基因–环境、环境–环境因素的交互作用研究，可以帮助理解：成年期不良生活方式对疾病风险的影响程度是否会因个体发生动脉粥样硬化性心血管疾病的遗传易感性不同或同时存在的其他危险因素而不同，哪些特征人群可以从特定生活方式干预中获益最大；个体发生心血管疾病及调控环境污染物在体内代谢的遗传易感性会有差异，环境污染暴露对疾病风险的影响是否会因个体的这些遗传易感性不同或同时存在的其他危险因素而存在差异，对哪些特征人群需优先实施健康保护。而基于多组学的病因研究有望在分子水平上揭示缺血性卒中和冠心病的主要致病通路及其调控

对知识体系产生的增量及研究的潜在价值。

网络，发现可以改善人群疾病风险分层能力的新型标志物和潜在的干预靶点，为未来临床实践、公共卫生筛查项目等提供新的发展方向，改善疾病预测预警。上述研究将为促进精准预防的实现提供重要科学支撑，有望推动整合多组学信息的系统流行病学研究领域的发展。

案例点评

我国心血管疾病的患病率不断攀升，心血管疾病死亡高居城乡居民总死亡原因首位，其中动脉粥样硬化性心血管疾病（ASCVD）死亡是最主要的类型，约占心血管疾病死亡的60%，占总死亡人数的25%。因此，开展ASCVD系统流行病学研究对于进一步明确疾病危险因素、提高防控水平和降低我国心血管疾病等慢性病的疾病负担是十分必要和迫切的。

ASCVD是多因素参与的复杂慢性疾病。长期以来，ASCVD的防控措施主要针对经典的危险因素，包括血脂紊乱、吸烟、糖尿病、高血压等，虽然这些措施取得了一定的成效，但是ASCVD持续高发的态势始终难以遏制。李立明教授在“动脉粥样硬化性心血管疾病系统流行病学研究”课题中，提出要根据某些特征人群的代谢特征，整合暴露组、表型组及微观多组学数据，深入分析基因和环境、环境和环境因素的交互作用与ASCVD发生和发展的关联，以及生活方式和个体易感性与ASCVD发病风险的关联，为推动ASCVD传统的“一刀切”预防模式向更精准和个体化的预防模式转型提出了重要的研究策略，具有很好的创新性和引领作用。

ASCVD是长期发展的过程，目前多数的临床研究仅观察危险因素与ASCVD临床终点结局的关联，难以阐明这些危险因素与ASCVD发生发展的关联，也易面临因果倒置的问题。李立明教授认为前瞻性研究设计、大样本量和长随访期是解决这一问题的重要基础，需要在大规模的前瞻性人群队列研究中，重点关注基线时的暴露或生物标志物水平与随访期间新发疾病风险和疾病进程中间效应指标间的关联；

研究还将结合病例队列研究设计，通过多组学数据分析寻找致病通路和调控网络。这种研究思路和设计不仅满足先因后果的时间顺序，实施效率高，推论因果的证据强度高，也为明确 ASCVD 发生和发展不同阶段的危险或保护因素提供了具有创新特色的技术路线。

案例供稿部门：医学科学部八处

案例审读人：南京医科大学　胡志斌

案例点评人：中山大学　凌文华

三十一、石墨烯大面积制备

凝练科学问题的过程及意义

1. 科学问题的探索过程

石墨烯是第一种被充分研究的单原子层二维材料。由于特殊的晶格结构和电子间相互作用，石墨烯具有独特的狄拉克锥型能带结构，其中的电子传输类似于相对论性准粒子，具有极高的迁移率。同时由于面内碳原子之间形成的共价键键能较大，石墨烯具有优异的导热性能和力学性能。综合上述性质，石墨烯在电子器件、光电器件、集成电路等方面具有巨大的潜在应用价值，受到广泛关注。

介绍研究背景及研究方向选定：石墨烯大面积高质量宏量制备。

早期的石墨烯研究主要集中于电学性质方面，关注微纳尺度的器件性能研究。此类研究所需要的石墨烯面积往往较小，处于微米级别，因此通过胶带解离等简易的方法就可以制备得到高质量样品。相比之下，大面积高质量石墨烯制备的研究少之又少，既没有形成经验的摸索和积累，也没有理论方法的总结。

随着研究的迅速推进，石墨烯表现出了广阔的应用前景，其中一个重要应用是基于石墨烯的碳基电子学。然而要实现从实验室到实际应用的跨越最关键的因素是要实现石墨烯的大尺寸、高质量、大规模制备。因此石墨烯高质量宏量制备的原理及方法是亟须攻克的关键科学问题。一方面，制备大面

根据前期研究结论，凝练出新的科学问题：石墨烯高质量宏量制备的原理及方法。

积石墨烯需要深入研究石墨烯生长的化学机理和生长的动态过程；另一方面，需要进行大量的生长实验和条件摸索，为生长理论和机制的建立提供实验依据。因此要解决这一关键科学问题亟须从实验和理论两方面入手，相互促进，并在此过程中交叉融合物理、化学、材料等方面的知识，具有较强的交叉学科属性。

2. 解决本科学问题面临的困难

不同于微纳尺度石墨烯样品的胶带解离制备过程，石墨烯材料高质量宏量制备需要从基本原理入手进行研究。在实现大面积生长的同时获得较高的样品质量，需要摸清石墨烯生长的规律和动力学过程。由于生长过程中变量较多，因此需要实现对生长过程的实时监测和反馈，并及时作出相应调整。此外，为了实现器件应用，生长之后需要将石墨烯从金属基底转移到其他基底上，而石墨烯与基底之间的界面是影响转移的关键。综上所述，本研究所面临的难点包括：①石墨烯的生长机理；②生长过程中石墨烯结构演变的实时监测和控制；③转移过程中界面性质的表征。本研究需要采取全新的角度来思考适用于应用场景的石墨烯制备过程中蕴含的科学和工程问题。以物理或化学等单一学科的视角开展石墨烯生长研究是目前该领域的研究方法所面临的局限，采用多学科交叉研究的视角来看待本科学问题是有效的研究路径。

解决本科学问题面临的局限：需要采取全新的角度来思考适用于实用场景的石墨烯制备过程中蕴含的科学和工程问题。

3. 研究本科学问题过程中的创新点

区别于以往石墨烯研究，本研究站在构建碳基电子学这一高度重新梳理了石墨烯生长、转移、加工、测试等环节中存在的难点，总结凝练出最关键的核心科学问题，进而进行有针对性的攻关。这种全链条的宏观视角区别于过去针对某一具体问题的逐个研究，具有创新性。

以往的材料物性研究过程大体分为材料制备和物性测量两大块。在材料制备环节缺少实时反馈，而仅依靠物性测量的结果来进行改进迭代。这样的研究范式一方面反馈较为缓慢，迭代时间成本高，效率较低，另一方面不适用于性能影响参数数量大幅增加的大面积材料制备过程。本研究采取创新的研究思路，首先建立材料生长的普适动态规律，实时监控生长过程，根据监控数据进行及时调整，大大缩短了工艺迭代周期，加快了研发进度。

基于以上困难分析，提出针对性的创新手段：发展生长理论，采取实时反馈、动态调整的生长方式。

本研究所采用的方法具有以下创新点：①发展生长理论，结合人工智能实时控制优化石墨烯的生长过程；②着眼于生长过程中的应力分布以及转移过程中表界面性质，从而提高高质量大面积石墨烯的成品率。以上两点突破了传统的学术研究范式，从工程、材料等领域重新审视了大面积高质量石墨烯的宏量制备这一问题，创新特征明显。

4. 研究本科学问题的意义

当前针对二维材料的大面积高质量制备研究较为缺乏，在生长理论、结构控制、性能调控等多方面存在一系列问题亟待研究。石墨烯作为最典型、最熟悉的二维材料非常适合作为大面积高质量生长的研究对象。本研究从生长理论、过程控制等多方面同时入手，相互形成反馈和互补，全方位研究石墨烯的大面积高质量生长，对于整个二维材料大面积生长领域具有积极的引领示范和借鉴作用。

本研究在理论和方法两方面可产生方法论的突破：理论方面——厘清化学气相沉积（chemical vapor deposition，CVD）生长过程中多相催化反应历程，建立从微观到宏观的 CVD 生长理论；方法方面——发展多形态石墨烯材料的制备方法学，揭示多尺度结构调控原理及结构性能关系。本科学问题的解决可以有效针对不同应用场景制备石墨烯材料，提高器件功能多样性和集成性，在光电通信器件、医疗传感器件等方面具有广泛应用价值。针对本科学问题的研究将阐明二维材料大面积高质量宏量制备的关键原理，为二维材料的宏量制备、产业化和实际应用奠定坚实的科学基础。

对知识体系产生的增量和研究的潜在应用价值。

案例点评

自 2004 年以来，二维材料一直占据着凝聚态物理、材料物理化学、信息电子等学科领域的前沿热点。作为最具有代表性也是研究最为广泛的二维材料，石墨烯展现出优异的物理化学性质（如超高迁移率、半整数量子霍尔效应、莫尔超晶格等），在碳基电子学、透明电极、复合材料等方面有巨大的应用价值。因此，研究人员在基础研究的同时，希望将石墨烯和其他二维材料推向产业界，产生一系列变革性技术，而石墨烯大面积高质量宏量制备是必须要解决的材料问题。与实验室级别的材料制备不同，面向产业应用的材料在质量、规模、重复性等方面都提出了更高的要求，需要对石墨烯生长机理具有深刻的原子层次的理解，发展生长过程的准确实时监测和控制技术，以及材料质量的高通量无损表征，属于高度学科交叉的研究领域。我认为该科学问题的论述准确抓住了石墨烯宏量制备过程中的关键问题，其提出的在线实时监控以及人工智能控制优化生长过程具有显著的创新性，可以大大缩短工艺迭代周期，加快研发进度。值得指出的是，我国科学家在石墨烯大面积宏量制备方面的基础研究在国际上处于领先的地位，在国家自然科学基金委员会的支持下，有望进一步解决从基础研究向产业化跨越的关键科学问题，推动相关产业的发展。

案例供稿部门：交叉科学部

案例审读人：中国科学院金属研究所　任文才

案例点评人：南京大学　王欣然

Part III

第三篇

需求牵引　突破瓶颈

一、大型可展开柔性空间结构的动力学与控制

凝练科学问题的过程及意义

1. 问题来源

为满足行星探测、高分辨率对地观测及星际航行等重大任务需求，我国航天科技迫切需要发展10～100米量级的大型可展开空间结构。这类结构在航天器发射前处于收缩状态，航天器入轨后再展开，结构展开过程及展开后受扰振动面临大范围刚体运动、结构柔性、运动副间隙、摩擦等非线性因素，结构的部件多、柔性大、构造复杂导致模型复杂、自由度数高及高低频动力学相互耦合的多时间尺度效应，同时在地面模拟空间结构所处的微重力、真空、交变热环境非常困难，在空间进行实验则受到成本和测试手段的制约。因此，大型空间结构展开动力学呈现高维非线性、多尺度耦合、超低频振动等特征，导致在结构设计中难以建立可信的动力学计算模型，难以进行天地一致性验证。

阐述本研究的应用需求，点明大型可展开空间结构的重要性。

描述无法解决的具体障碍：此类结构动力学特性复杂，且实验难以开展。

2. 将实际应用需求转化为科学问题的思考、探索过程

可展开空间结构日益大型化和复杂化，结构中包含大量的杆、梁、绳索、薄膜、薄板等柔性构件，构件间除铰接头的约束外，还有同步齿轮等非线性约束，结构在航天器发射前收缩在很小的空间内，

从需求中寻找研究切入点，即目前针对大型可展开空间结构的动

在航天器入轨后在动力驱动下从收拢构形快速释放，再沿多个方向逐渐展开，最后锁定至工作构形，是具有时变拓扑特征的典型多柔体系统。航天界一直基于多刚体动力学或具有小变形的多柔体动力学进行研究，如中心刚体-柔性附件系统，采用分析力学方法直接建立动力学方程并进行分析，其研究成果成功指导了早期的航天工程发展，但无法准确预测大变形多柔体系统的动力学响应。我国学者经过长期探索，认识到大型空间结构在展开过程中，呈现柔性部件的大范围运动与大变形耦合的非线性动力学特征，特别是索网、细梁等大柔性部件的展开过程复杂，结构展开与航天器本体姿态相互耦合，而间隙运动副则导致展开过程呈现高低频耦合动力学特征，现有的多体动力学软件难以处理这类难题。因此，应对大范围运动与大变形强耦合、运动副内碰撞接触、多时间尺度耦合动力学等问题开展基础研究，提出精确、高效的多柔体动力学建模和计算方法，正确描述柔性索网及其接触和缠绕动力学问题，对结构与航天器本体的刚-柔耦合展开过程进行动力学模拟和优化控制，揭示结构柔性、运动副间隙、热交变冲击等引起的复杂非线性动力学机理，建立可有效抵消重力的展开动力学地面实验系统，发展天地一致性实验技术，方可确保大型空间结构在轨展开成功。

力学模型尚不完备。

依照前期研究，得出结论：现有多体动力学软件难以处理大型空间结构展开的模拟。

按照科学问题凝练的思路，引导出关键科学问题："多柔体系统动力学建模和分析方法"。

3. 研究本科学问题过程中的创新点

大型可展开空间结构是非常复杂的高维非线性动力学系统，项目基于系统科学思想来处理该复杂系统，将系统的动力学与控制问题尽可能在时间域、空间域进行自上而下的分解，经过细致的动力学分析和控制设计之后，再进行自下而上的大系统动态综合。针对具体科学挑战，建立能精确描述柔性部件大范围运动与大变形耦合的新有限单元系列，大幅提升多柔体动力学建模的能力；建立间隙与润滑运动副的多柔体动力学新模型，揭示含间隙运动副的空间结构多时空尺度动力学行为；提出展开过程动力学高效计算与优化方法，解决结构动特性设计和地面实验验证难题。明确项目各课题研究重点和彼此分工，开展交叉、综合研究和联合实验及观测研究，确保达到研究目标。

阐述研究过程中采用的创新研究思路，提出针对多柔体系统的动力学新模型以及高效计算和优化算法。

4. 研究本科学问题的意义

大型柔性空间结构展开动力学与控制研究包含众多开放的问题，面临许多艰难挑战。项目以我国未来航天科技发展为背景，针对大口径可展开空间结构，解决多柔体系统动力学建模与计算的难题：建立精确、高效的多柔体系统展开动力学建模和计算方法，能正确描述空间微重力、热载荷作用下的柔性索网及其接触和缠绕动力学问题，能精确描述多维、非对称展开过程；建立含大量间隙的结构展开动力学建模与高效计算方法，能综合考虑间隙内的摩擦、滑移与黏附等复杂因素，以更加真实地反映大型空间结构的展开动力学特性；在确保精度的前提下，建立可展开结构、航天器本体及其柔性附件系统整体降阶模型，实现系统耦合动力学特性优化控制。项目形成高维多柔体系统动力学建模与分析软件，计算数据可支撑我国大口径星载天线在轨展开分析，为我国航天科技提供对大型空间结构展开和服役阶段进行动力学分析与控制的关键技术，不仅使我国大型航天器动态设计水平跃上新

描述解决本应用难题可能产生的重要作用。

台阶，而且使我国多柔体动力学研究产生重要国际影响。

案例点评

为满足空间科学和空间应用发展需求，空间结构正朝着大尺度和轻量化方向发展。尺寸达百米的大型空间载荷（如高分辨率天基雷达）、千米量级的超大型空间结构（如空间太阳能电站）将是未来航天强国的标志。为此，极大口径星载天线组装建造问题被中国科协列为2022十大工程技术难题之一。

以大型星载天线为代表的空间结构需满足高精度要求，但其超低频振动、密集模态等特征给动力学分析、设计和控制带来严峻挑战。以微波天线为例，百米量级天线的形面精度要求控制在毫米量级，而天线基频可能低于0.05赫兹。此外，由于运载火箭尺寸限制，这类天线需要通过在轨展开和组装，展开过程和众多关节导致极为复杂的非线性、多尺度问题。因此，解决大型空间结构大范围展开、大变形耦合和高精度保形的非线性动力学与控制问题至关重要。

该案例针对大型可展开空间结构“大、柔、轻”等结构特点和“变拓扑、变质量、变惯量、变激励”等力学特征，探索多柔体系统动力学的新方法。建立了能精确描述柔性部件大范围运动与大变形耦合的新有限单元系列，提出了间隙与润滑运动副的动力学新模型，发展了大型空间结构展开过程动力学高效计算与优化方法和软件，为解决大口径星载索网天线的轻量化设计问题和商业软件无法实现的高效计算问题提供了有效方法，支撑了我国首副大口径星载索网天线成功在轨展开，为我国航天科技发展做出了贡献。

案例供稿部门：数学物理科学部力学科学处

案例审读人：清华大学　宝音贺西

案例点评人：上海交通大学　孟光

二、基于铌酸锂导电畴壁的 pn 结及其光探测应用

凝练科学问题的过程及意义

1. 问题来源

光电器件的集成是光电子学及光通信、光信息处理等应用发展的必然趋势，然而到目前为止还没有一种材料能够满足一个集成光电系统的所有要求，实现系统的光电集成。一个完整的光电集成系统至少包含光源、光传输与调控和光探测与处理三个部分。到目前为止，虽然铌酸锂晶体在光传输和调控集成光子学器件方面取得了极大的进展，但在集成光源方面和其他半导体集成材料平台相比并不具有突出优势，尤其在光探测与处理领域，更是一个空白。核心原因是铌酸锂晶体作为宽禁带材料，基本上可以认为是个绝缘体，即使想用掺杂来解决导电问题也很不成功。这极大限制了其在集成光电子系统中的应用范围，使得基于该材料的光电集成系统设计、制备非常复杂，成本很高。

阐述本研究的应用需求：电子学和光通信等领域内的光电器件集成。

描述无法解决的具体障碍：用掺杂来解决导电问题很不成功，光电集成系统设计、制备复杂，成本高。

2. 将实际应用需求转化为科学问题的思考、探索过程

锂酸锂晶体具有优良的电光效应、光生伏打效应和非线性光学效应，在可见光和近红外波段有宽广的透明窗口，因此在电光调制器、非线性频率转换器件、新型光源等方面有重要的应用，被誉为光

从需求中寻找研究切入点，在外场作用下主动控制畴壁等。

子学硅材料。尤其随着铌酸锂单晶薄膜（lithium niobate on insulator）制备技术和微纳加工技术的发展，铌酸锂单晶薄膜已经成为集成光子学的优选材料平台之一。然而，铌酸锂是一种 n 型宽禁带材料，多数载流子是电子，电学性能差且极难调控，限制了其在电子学器件方面的应用。

铌酸锂具有 180° 的铁电畴结构，其铁电畴壁仅具有纳米量级或约为几个原胞的宽度，在外场作用下可以主动控制畴壁的产生、移动和抹除。相比于单畴晶体，倾斜的铌酸锂铁电畴壁，由于在畴壁处自发极化矢量的不连续从而产生大量的束缚电荷。根据畴壁两侧自发极化矢量相对取向的不同，这些束缚电荷可以是正电荷（“头对头”型畴壁），也可以是负电荷（“尾对尾”型畴壁），为保持畴壁处的电中性，这些正的或者负的束缚电荷被晶体中的自由电子或者空穴所补偿，并且自由电子或者空穴局域在纳米量级宽度的畴壁处，大大提高了畴壁处自由电子或者空穴的浓度，使得铌酸锂铁电畴壁的导电性能得到极大提高，从而在绝缘的铌酸锂晶体中形成一个纳米级的导电通道，有望在纳电子学方面实现应用。

凝练出系列关键科学问题。

3. 研究本科学问题过程中的创新点

理论研究表明，铌酸锂畴壁的导电性能和畴壁倾角有关。铌酸锂铁电畴的极化传统上通常采用 z 切铌酸锂晶体。但是 z 切铌酸锂晶体中畴壁的倾角一般都比较小（$\leqslant 5°$），而且难以精确控制。所以本项目采用横向面内电场极化方案，在 x 切或者 y 切铌酸锂单晶薄膜上制备铁电畴壁，通过合理设计极化电场的空间分布精准控制铁电畴壁的倾角，实

阐述研究过程中的创新点：独特电场极化方案和精确调控畴壁。

现在全角度内对铌酸锂畴壁倾角的精准调控。

在z切铌酸锂晶体中绝大部分情况下形成的导电畴壁是“头对头”型畴壁，即n型畴壁。本项目通过合理设计极化电场的空间分布，在x切或者y切的铌酸锂单晶薄膜上，既可以形成“头对头”型的n型铁电畴壁，也可以形成“尾对尾”型的p型铁电畴壁，从而解决p型导电畴壁的可控制备问题，使得在铌酸锂晶体中制备pn结成为可能。

4. 研究本科学问题的意义

铌酸锂铁电畴壁光电性能及其器件应用的研究表明其有优越的光电性能及可调控性。在传统电场极化方案下，z切铌酸锂晶体中产生的畴壁倾角一般都比较小（≤5°），而且角度不容易控制。本项目将通过引入新的自由度畴壁倾角，即采用横向面内电场极化方案，在x切或者y切铌酸锂单晶薄膜中，设计极化电场的空间分布来精准控制铁电畴的空间分布，这将使我们可以进一步在外场作用下对畴壁载流子的极性、浓度和导电性能实现全方位的精确调控。

铌酸锂畴壁具备这样的优越光电特性极有可能使铌酸锂晶体成为新一代集成纳光电子学器件的材料平台。pn结是半导体光电器件的基本结构单元，是光探测器、发光二极管、激光二极管、太阳能电池等光电器件的基础。本项目还将突破传统p型和n型半导体材料对掺杂离子的依赖性，提出的铌酸锂pn结制备的新方案，将打破铌酸锂晶体在电子学和光电探测等方面的应用限制，拓展铌酸锂晶体在纳光电子学器件方面的应用范围，从而推动铌酸锂晶体在集成光电子器件方面的应用进程。

描述解决本应用难题产生的重要作用：打破光电方面的应用限制，推动在集成光电子器件方面的应用进程。

案例点评

为了满足未来光电信息处理和光量子信息技术对光电集成芯片的需求，人们发展了硅、氮化硅、磷化铟和铌酸锂等材料平台，其中，铌酸锂由于具有优良的压电、电光和非线性光学效应，宽透明窗口和低传输损耗，尤其引人关注。目前，基于铌酸锂单晶薄膜的光波导、电光调制、光频率转换、低阈值激光、量子光源等单个器件及其集成方面都取得了重要进展，但在光的探测方面，受材料本身限制，难以在材料中构建能实现有效光电转换的pn结结构。该项目提出利用铌酸锂的铁电特性，构建带电畴壁，制备出基于导电畴壁的pn结和光探测器。该方案在技术上采用控制畴壁倾角的方法使畴壁带上自由电荷，通过调控畴壁组态（即“头对头”的n型和“尾对尾”的p型）来控制畴壁载流子的极性和浓度。这完全不同于通过掺杂来控制材料中载流子的极性和浓度的传统工艺，突破了利用铌酸锂实现光探测的技术瓶颈，使得光的产生、调制和探测三种功能都能在铌酸锂薄膜中完成，进而为实现三者规模集成在单一薄膜上成为可能。从未来应用角度分析，项目如能设法进一步提高铌酸锂导电畴壁中载流子的浓度，优化畴壁pn结结构，提升光电转换的性能，有望为高性能铌酸锂集成光电芯片及系统构建，发展变革性技术做出贡献。

案例供稿部门：数学物理科学部物理科学一处
案例审读人：华东师范大学　程亚
案例点评人：南京大学　祝世宁

三、分布式 X 射线源静态 CT 成像及其安检应用研究

凝练科学问题的过程及意义

1. 科学问题的探索过程

目前公共安全面临越来越严峻的形势，行包货物的高速、精准、智能化查验对于反恐防暴而言有着迫切的实际需求。现有的安检 CT 采用滑环旋转配合被检物体前进的方式实现螺旋扫描。要提高安检 CT 系统的通过率，有效的方式是提升滑环的转速或增加探测器排数。然而随着通过率的不断提高，这种依赖滑环的 CT 系统正逐渐接近其功能极限。滑环转速的提高使得环上的离心加速度呈平方关系提升，目前最快的螺旋 CT 安检设备的滑环转速约 3.3 转/秒，其环上部件所受的离心加速度将高于 $20g$。如此高的离心加速度给 CT 系统的机械设计和制造带来极大的困难。同时受 X 射线源高压绝缘材料的应力极限和冷却系统工作压力的限制，CT 系统的可靠性和安全性已成为不可忽视的隐患。而探测器排数的增加，将造成设备成本的大幅提高，还将带来大锥角扫描所产生的数据缺失、散射伪影等问题，造成 CT 检测精度的下降。亟须探索具有高速成像能力的新型 CT 查验理论和装备。

阐述本研究的应用需求：安检 CT。

描述传统 CT 系统面临的具体障碍：依赖滑环的 CT 系统接近功能极限，面临着高滑环转速带来的高离心加速度以及材料应力、冷却系统、成本提升、精度下降等问题。

2. 解决本科学问题面临的困难

基于滑环技术的螺旋 CT 是 X 射线 CT 发展的里程碑，但受滑环转速等因素的制约，多排螺旋安检 CT 的通道尺寸与扫描速度已达到极限，无法适应新时期行包快速检测的迫切需求。

为实现超快高清分辨的 CT 成像，必须突破传统的基于滑环旋转的 CT 扫描模式。随着 X 射线源和探测器技术的发展，利用程序控制各靶点出束的分布式光源进入应用阶段，催生了无旋转结构的静态 CT 成像技术，是实现快速、高清成像的新途径。静态 CT 通过在物体周围排布一系列 X 射线源靶点并进行序列化曝光获取完整的投影数据，通过靶点的高速切换可以达到几十倍于滑环的等效转速，实现远远高于螺旋 CT 的时间分辨率。由于在系统设计上避免了滑环的使用，静态 CT 不但减少了噪声和振动，也降低了 X 射线源、高压模块、探测器等传统环上部件的机械设计难度，使整机系统更为安全、可靠。静态 CT 由于在扫描速度、成像模式和可靠性等方面的突出优势，被公认是新一代 CT 系统的最佳选择，尤其在安检应用上的优势特别受到青睐。

从需求中寻找研究切入点：静态 CT 成像技术。

近年来，碳纳米管冷阴极分布式 X 射线源技术的不断成熟，为静态 CT 的研制开辟了崭新方向。与热阴极 X 射线源相比，基于碳纳米管冷阴极的分布式 X 射线源具有靶点小、排布密、能耗低、时间分辨率高等优点，为新一代静态 CT 的发展在光源上铺平了道路。

基于分布式光源的超快高清分辨的静态 CT 系统，是 CT 成像技术新的发展方向，通过对 X 射线

凝练出关键问题：通过对 X 射

源、探测器、图像重建及成像结构设计理念的创新，开创性地研制新一代静态 CT 成像设备将有助于解决行包货物的高速精准查验难题。宛如“动”极而求“静”，如果能够让射线源与探测器不再旋转，则能从根本上摆脱安检 CT 查验速度受制于滑环旋转的困境，实现全新的高速静态安检 CT 成像技术。

线源、探测器、图像重建及成像结构设计理念的创新，研制基于分布式光源的超快高清分辨的静态 CT 系统。

3. 研究本科学问题过程中的创新点

科学研究思路上紧紧围绕碳纳米管冷阴极分布式 X 射线源研制、静态 CT 成像机制及双能 CT 重建方法这三个关键科学问题和技术难点展开。

靶点密集排布的高流强碳纳米管冷阴极分布式 X 射线源是研制静态 CT 成像系统的主要技术特征，也是实现超快高清分辨 CT 成像的关键。基于碳纳米管“场致发射”效应的特点，提出了独特的单真空腔体、密集排布靶点的射线源结构设计和多靶点“平行”聚焦结构相结合，研制高流强、小靶点、密集排布的安检用碳纳米管冷阴极分布式 X 射线源，提升了射线源的长期稳定性。通过深入研究分布式 X 射线源静态 CT 系统投影数据的特点，提出了创新的多段直线排列 X 射线源静态 CT 系统设计方案。并基于静态 CT 成像设计，首创了一种多段直线扫描轨迹下的滤波反投影（FBP）解析重建算法，解决了由几何投影数据不完备所带来的 CT 成像数据缺失问题。

阐述研究过程中的创新点：研制了稳定工作的碳纳米管冷阴极分布式 X 射线源，首创多段直线扫描轨迹下的 FBP 解析重建算法。

4. 研究本科学问题的意义

静态 CT 是突破多排螺旋 CT 瓶颈最具潜力的技术，聚焦的科学问题均是国际上在 X 射线 CT 成像领域的科学热点，将对新型 X 射线源机理、CT 成

描述本应用研究所产生的重要作用和价值。

像理论乃至新一代 X 射线 CT 系统起到引领作用。

新一代静态 CT 成像设备从科学原理、扫描模式、核心技术创新到安检领域工程实践的应用研究，具有国际国内尚没有的创新特色。在静态 CT 核心器件研制、核心成像理论以及 CT 重建算法研究等方面同时发力，设计和研制满足超快高清分辨所需的高流强、小靶点碳纳米管分布式 X 射线源，解决了射线源的寿命和稳定性难题，并在新型静态 CT 重建方法、超快高清分辨静态 CT 投影数据病态性问题上取得了创新性的研究成果，填补了 CT 成像理论与实际应用的空白。

静态 CT 系统采用无滑环设计和多扫描平面结构，可有效解决行包查验所面临的扫描高效化和查验精准化的迫切需求，实现了各类大通量旅客/物流运输安全高效通关。研究团队通过分布式 X 射线源核心器件的突破及工程化实现以及静态 CT 成像模式与重建算法的创新，抢占新一代 X 射线 CT 的技术制高点，并形成具有完整自主知识产权的静态 CT 成像系统。

案例点评

自 1895 年发现 X 射线以来，X 射线分析和诊断一直是科学和工程领域前沿研究取得突破的利器，已有 20 多项诺贝尔奖与 X 射线的贡献有关，X 射线已广泛应用于医疗诊断、放射治疗、安检、工业探伤、材料分析和大分子结构解析等重要领域。因制造相对简单，常规 X 射线源一直采用热阴极电子源。然而，随着应用对 X 射线源要求的不断提高，热阴极电子源已经成为制约其相关设备性能的主要技术瓶颈之一，这要求人们在新阴极技术上进行探索，特别是利用碳纳米管场致发射阴极发展了一种革命性的电子源技术。基于传统热阴极电子发射的X射线源受其原理限制，响应时间长、体积较大。与之相比，基于碳纳米管冷阴极电子发射的X射线源则具有结构紧凑、高时间分辨率、可编程式发射等优势。该研究在场致发射阴极方面取得了突破，成功研制了满足超快高清分辨所需的高流强、小靶点碳纳米管分布式X射线源，解决了射线源的寿命和稳定性难题。另外，传统CT成像均是基于滑环旋转扫描工作模式，限制了它进一步提高成像速度和质量，为破解相关的技术难题，该研究采用颠覆性的新型静态CT设计理念和技术路线，在图像重建方法、超快高清分辨投影数据处理上创新和突破，最终实现了新型超快高清分辨的静态CT成像，形成了X射线成像领域新的技术范式。这是一个技术突破与设计创新完美结合的科技创新范例。

案例供稿部门：数学物理科学部物理科学二处

案例审读人：中国科学院高能物理研究所　魏龙

案例点评人：中国科学院上海高等研究院　赵振堂

四、生命过程中外源污染物的识别与追踪

凝练科学问题的过程及意义

1. 问题来源

环境污染是危害我国国民健康的重要因素，良好的生态环境是人类生存与健康的基础。由于我国当前环境污染状况的严峻性和复杂性，环境污染所导致的健康问题已经凸显，近年来与环境污染有关的重大疾病（如心脑血管疾病、肺癌等）的比例越来越高。近期研究表明，我国的环境污染具有显著不同于发达国家的特征：一是高度复合，点源与面源污染共存，生活污染和工业排放叠加，一次排放污染与二次污染相互复合；二是高度压缩，整个工业化过程中的污染情况在较短的时间内集中呈现。从众多风险因素中准确辨识出关键致病环境因素，如同大海捞针和盲人摸象，对环境健康研究是个极大的挑战。针对当前我国环境污染区域性高发疾病的环境污染诱因不明的问题，阐明环境污染与区域性高发疾病关系的重要瓶颈就在于对人体生命过程中污染物及其特征和行为的认识不足，尤其是相关研究方法学的缺乏。

介绍研究背景及聚焦研究方向：外源污染物识别。

2. 将实际应用需求转化为科学问题的思考、探索过程

我国很多地区存在区域性肺癌、甲状腺癌、心脑血管疾病、不良妊娠等疾病高发的现象，但这些

根据前期研究成果，凝练解决科

疾病在致病毒性组分、发病机制等方面均不明确。与此同时，科研人员发现在相应地区的人体血液及组织内赋存着形貌、来源、组成都极其复杂的环境污染物。目前研究大多关注疾病与单一或几种环境因素的关联，但面对混杂多因素时，关联性分析很难辨析出风险因素与疾病的因果关系，缺少研究污染物在生命体内的吸收、分布、转化与赋存形式，绝大多数关联关系的内在科学证据不足。以往基于模式动物和细胞培养的环境毒理研究也不能准确揭示外源污染物环境暴露对区域性疾病高发的贡献度，缺乏环境污染物在人体内甄别示踪、代谢转化及其介导高发疾病的作用机制研究，致使环境污染暴露与疾病的因果关系缺乏内在关联。总体上，对不同污染物在外部环境的污染特征、迁移转化和环境归趋等均已有了大量的研究，但对污染物在体内与生物分子的相互作用及动态复合过程的研究较少，对生物体关键的生命过程的扰动的分子机制不明，污染物对不同器官及生理系统的功能的影响机制也尚不清楚，对人体内及生命过程中环境污染物的识别、追踪及其作用机制仍近乎“黑箱”状态，如何解析环境污染与健康的内在关系是当前全球环境科学研究的前沿与难点。同时，体内污染物来源极其复杂且浓度极低，传统的研究技术和方法很难满足需求，仍缺乏高效的人体内痕量污染物的筛查方法和溯源技术，从而严重影响污染物的疾病负担评估及健康风险评价。

学问题的瓶颈：人体内痕量污染物的筛查方法与溯源技术。

3. 研究本科学问题过程中的创新点

本科学问题的解决将采用从健康效应出发和全局污染组分分析的新思路，按照“识别—溯源—

基于以上困难分析，提出针对性

追因”来布局整个研究工作。这一研究思路与传统的环境毒理研究思路相比具有明显的独特性。传统思路一般是从污染物出发，研究其浓度水平，得到的研究结果易以偏概全。而本研究思路从健康效应出发，创建体内超痕量外源污染物的识别与表征新方法，通过全局组分分析和效应导向分析，关注污染物的体内全生命周期，更加符合真实环境污染的复杂性，有望找到与疾病相关的关键效应污染物，实现科学目标的突破。

的创新手段：从健康效应出发，通过全局组分分析与效应导向关联，关注污染物的体内全生命周期。

4. 研究本科学问题的意义

通过对典型区域性高发疾病的环境污染致病因素的辨识，建立生物体内超痕量污染物分析方法学平台，揭开生物体内外源污染物暴露的“黑箱”，识别典型区域性高发疾病的环境污染诱因，追踪环境致病组分体内全生命周期，在环境健康领域形成引领性的研究思路与研究特色，推动环境毒理与健康交叉学科发展。提出环境健康风险削减的政策建议，为全民健康和污染防治的国家重大战略需求提供科学技术支持。

描述解决本科学难题可产生的重要作用。

案例点评

环境污染导致的健康危害已经成为影响人类发展的首要问题之一。此类研究的难度在于如何厘清重大疾病的环境污染因素。由于经济社会、自然地理、饮食结构等差别，我国的环境污染特点决定了其影响健康的不同机制，需要在研究思路及方法等方面进行创新。

该案例突破传统的环境健康思路，从健康效应结局和全局污染组分分析出发，聚焦人体中真实外源污染物的形态等科学问题，按照“识别—溯源—追因”新思路，建立生命过程中超痕量外源污染物的识别、鉴定和溯源方法，分析典型人群体内外源污染物的总体赋存状况，揭示外源污染物进入人体的暴露途径、生物屏障穿透、分布代谢机制，建立外暴露和内暴露关联模型，深入认识污染物在生物体内的生命周期，阐明典型区域性高发疾病的环境污染诱因，更加符合真实环境污染的复杂性。在暴露组学的操作层面，提出了全局分析（comprehensive identification，CI）的新概念，使得研究更具靶向性与可操作性；在实验平台方面，充分利用了先进的成组毒理学平台（integrated toxicology analyzer，ITA），实现高通量的污染物辨析与毒性通路测定的大样本分析。研究成果可为我国区域性高发疾病的环境污染诱因追踪提供重要思路，推动环境健康学科向定量化方向发展，也可以为流行病学研究的结果提供科学解释。

案例供稿部门：化学科学部化学科学四处

案例审读人：清华大学　许华平

案例点评人：中国科学院生态环境研究中心　江桂斌

五、益生菌对食品中有害重金属的生物减除机制分析

凝练科学问题的过程及意义

1. 问题来源

食源性铅、镉等重金属已成为危害食品安全的重要污染物，同时会在食物链中逐级富集，最终在人体内积累并对肝脏、肾脏、神经系统等造成一系列的毒害作用。针对重金属中毒的干预方法主要是使用螯合剂等加速其排出体外，但易引起肠道、肾脏功能损伤等副作用。

阐述本研究的应用需求，点明重金属对人体的危害以及益生菌具有生物减除重金属的潜力。

已有报道表明通过膳食干预能够达到重金属暴露风险的管控。益生菌是一类对健康有益的食品微生物，前期的动物实验和试食试验均证明特定的益生菌具有生物减除重金属的潜力，如日常摄入 10^9 CFU 的植物乳杆菌可显著降低血液和组织中的重金属含量，并促进重金属通过粪便排出。但是益生菌发挥这一保护作用的内在机制并不明确，导致无法确定功能菌株的基因或蛋白靶点，制约了具有生物减除重金属功能的优良益生菌菌株的定向高效选育。

描述无法解决的具体障碍：其内在机制不明确，无法确定功能菌株的基因或蛋白靶点。

2. 将实际应用需求转化为科学问题的思考、探索过程

课题组基于对前期研究的总结，发现具有生物减除重金属功能的益生菌体现出对重金属优良的

从需求中寻找研究切入点，即益

耐受和吸附能力，推测这两项微生物学特性分别赋予了益生菌在面对重金属暴露时保持菌株自身生理活性和抢先结合隔绝重金属的能力，是其生物减除重金属的前提条件。因此首先基于多组学技术和细胞组分分析等手段，解析了益生菌耐受和吸附重金属的菌株特异性机制。

生菌在面对重金属暴露时保持菌株自身生理活性和抢先结合隔绝重金属的能力。

在益生菌耐受重金属的机制方面，基于种群多样性规律分析，发现益生菌耐受能力存在显著的株间差异（如植物乳杆菌 CCFM8610 对镉的耐受能力达到同种菌株平均水平的 10 倍以上）。利用蛋白组学、代谢组学等手段分析特定菌株的强耐受机制，发现 CCFM8610 具有一套“能量节省”的生存模式，在镉压力下可主动降低细胞膜流动性，并保持转运系统和核酸代谢的相对稳定。在重金属吸附机制分析方面，首先利用细胞组分剥离、表面基团掩蔽等技术锁定了特定菌株的吸附位点如菌体胞外多糖、细胞表面氨基及羧基等。进一步进行吸附热力学和动力学模型拟合，发现 CCFM8610 等强吸附菌株的吸附过程符合拟二级动力学方程，且包括溶液扩散和位点结合两个步骤。蛋白组学分析表明 CCFM8610 的吸附能力与其较强的金属转运能力和细胞壁合成能力相关。

依照前期研究，得出结论：CCFM8610 的吸附能力与其较强的金属转运能力和细胞壁合成能力相关。

在阐明益生菌耐受、吸附重金属机制的基础上，进一步基于验证模型探究了菌株缓解重金属生物毒性的主要机制。首先发现特定益生菌菌株可通过保护肠道上皮细胞活性以及调节紧密连接蛋白表达两条途径来修复被重金属破坏的肠道屏障，进而抑制重金属的肠道吸收。此外，通过对重金属的示踪分析以及胆汁酸阻隔剂验证实验，证明铅、镉

按照科学问题凝练的思路，引导出关键科学问题：“益生菌对食品中有害重金属的生物减除机制”。

均与胆汁酸共同经历肝肠循环。进一步证明膳食补充 CCFM8610 等特定菌株可下调回肠上皮细胞对胆汁酸的吸收和转运，并促进肝脏中与胆汁酸分泌相关蛋白的表达，从而加速胆汁酸的排泄，促进重金属和胆汁酸一起通过粪便排出体外。

基于上述探索发现，锁定了益生菌生物减除重金属的基因和蛋白靶点，实现了相关功能益生菌的定向选育，为重金属暴露提供了有效的日常膳食干预方案。

3. 研究本科学问题过程中的创新点

过往报道虽然已有关注食源性重金属暴露的安全危害和对应的膳食生物减除策略，但往往还停留在对重金属总量毒性的评价上。事实上食品中的铅、镉等重金属多与生物成分相结合并呈现出多种化学存在形态，单一考虑重金属总量并不能全面体现其毒性危害，也会制约对应膳食干预策略的开发。针对这一问题，对不同食品（谷物、果蔬、肉品、蛋品、乳品等）中重金属铅、镉元素的存在形态展开研究，进一步分析了益生菌对各类存在形态重金属的耐受及吸附特性差异，发现菌株生物减除重金属的能力与食品中重金属的存在形态密切相关。

阐述研究过程中采用的创新研究思路，分析了重金属与生物成分相结合并呈现出多种化学存在形态，对多种类大量益生菌进行了系统分析。

同时，考虑到过往针对益生菌耐受、吸附重金属机制的研究往往以小样本量和现象观察为主，对 3 个属 38 个种 1300 余株益生菌耐受铅、镉的能力进行了系统分析，以最大程度规避结果偏差，进而发现了潜在的种群规律；同时基于组学和分子生物学技术，将研究对象从菌体整体细化到细胞组分及特定蛋白，从而获得了益生菌与生物减除重金属相关的更加精确的分子靶标。

4. 研究本科学问题的意义

食物链中的重金属污染导致摄入人群处于长期的暴露风险中，这在发展中国家尤为严重，研究日常、可持续的膳食干预策略具有重要的意义。益生菌具有生物减除重金属的潜力，已逐渐获得学术界和产业界的关注，如前世界卫生组织专家组主席、国际益生菌益生元协会主席 Gregor Reid 教授就提出，“益生菌具有缓解重金属毒性的巨大潜力”。

相关研究的开展阐明了食品中不同重金属存在形态在生物吸收及生物毒性等方面的特性差异，为重金属暴露的膳食干预策略提供了新的思路和着眼点。在此基础上，选育得到了一批具有自主知识产权且可显著生物减除重金属的益生菌菌株，填补了具有相关功能益生菌的菌种空白，对相关益生作用内在机制的解析也拓展了对食品益生菌生理功能的认识，加深了对益生菌耐受环境胁迫种群规律的了解，为后续功能菌株的高通量筛选提供了精确靶标。目前，相关菌种已在本土大型乳品、功能食品企业实现产业化应用，形成了一批新型益生菌产品，为我国食品益生菌的研究与应用提供了理论基础和技术支撑。

描述解决本应用难题可能产生的重要作用。

案例点评

食源性重金属污染是世界各国高度关注的食品安全问题，来源于食品原料、加工和贮运过程中的接触及暴露，重金属的体内富集具有无法降解和难以排出的特性，从而对机体产生健康威胁。食品重金属污染防控对于保障食品安全具有重要意义，但现今尚无策略能够有效减少和控制食源性重金属污染，该项目提出的基于膳食生物干预的重金属减除策略为食品重金属污染防控提供了研究思路和重要途径。项目关注益生菌的食源性重金属生物减除作用及其机制，着眼于膳食干预的生物防控，一方面通过菌种选育获得具有自主知识产权的益生菌株，为降低食源性重金属的暴露危害提供生物样本；另一方面提出益生菌耐受、吸附重金属机制，为功能菌株的高通量筛选提供分子基础。基于益生菌的重金属减除能够为食源性重金属暴露控制提供膳食干预手段，不但降低重金属对机体的潜在危害，拓展益生菌的益生功能，而且为多样化膳食干预手段的提出提供研究思路，以促进食源性重金属膳食干预多技术手段发展，满足不同种类重金属的生物防控要求。该项目着眼于膳食益生菌的益生特性并拓展其在食源性重金属防控方面的作用，对于益生菌特定益生功能的深入探究具有启示作用；同时，在益生菌的重金属生物减除作用探究中，综合考量了重金属与膳食组分的结合形态及防控效率，结合大样本观察和基于组学及分子生物学的组分分析，解析益生菌减除重金属的分子机制，为后续功能菌株的高通量筛选提供精确靶标。

案例供稿部门：生命科学部

案例审读人：南开大学　王硕

案例点评人：南开大学　王硕

六、草莓果形调控的分子机制研究

凝练科学问题的过程及意义

1. 问题来源

草莓被誉为“水果皇后”，因其具有风味独特、栽培周期短、经济效益高、适合休闲采摘和都市农业等特点，产业规模逐年增加。自 2003 年来，我国草莓种植面积和总产量稳居世界首位，是草莓生产大国和消费大国。现有草莓主栽品种的果实大多数为圆锥形，外观相似度高，不能满足人们对果形多样化和新奇的需求。因此，选育果形美观奇特的草莓新品种仍是当前的重要育种目标之一。

阐述本研究的应用需求，点明选育果形美观奇特的草莓新品种是当前的重要育种目标之一。

据报道，欧美研究人员开发了评估草莓果形的软件，并应用于育种研究，可见果形是草莓育种中广受国内外关注的重要性状。近来基因编辑技术的日趋成熟以及在草莓中的成功运用，为草莓果形美观奇特新品种的选育提供了新机遇。然而，草莓果形调控机理研究仍然非常少，这导致遗传改良靶点不明确，从而严重制约了基因编辑等分子育种技术在草莓新品种高效培育中的应用。综上，阐明草莓果形调控机理是当前急需解决的重要科学问题。

描述无法解决的具体障碍：控制草莓果形的功能基因缺乏，严重制约草莓新品种的高效培育。

2. 将实际应用需求转化为科学问题的思考、探索过程

为了促进草莓在果形方面的新品种培育，科研人员以发掘草莓果形调控中的关键基因为研究目

标，建立调控网络，为分子设计育种提供理论基础和基因资源。途径之一是利用自然群体表型数据和序列信息进行关联分析，寻找与果形连锁的目标区域，然后通过精细定位寻找关键基因。这种方法需要丰富的草莓资源和稳定的表型数据，以及大量经费投入。另外，现代栽培草莓是八倍体凤梨草莓（*Fragaria×ananassa*），基因组序列质量不高且高度杂合，基因克隆和功能鉴定均存在一定障碍。因此需要寻找更切实可行的其他途径。

二倍体森林草莓（*Fragaria vesca*）是栽培草莓的优势祖先种，推测两个种很可能具有相同的果形调控机理。此外，森林草莓具有基因组小（约 240 Mb）、基因组序列质量高、生长周期短、植株矮小、具有纯合度高的多代自交系、易进行遗传转化等优点，可作为栽培草莓的模式系统。于是科研人员在森林草莓甲基磺酸乙酯（EMS）诱变群体中筛选果形发生变化的突变体，获得了果形显著变圆的突变体 *round fruit*（*rf*），其果形指数（果实纵径与横径比值）比野生型显著降低。该突变体为草莓果形研究提供了理想材料，科研人员以此为切入点进行基因克隆和功能研究，有望产出具有创新性和良好应用前景的成果。

从需求中寻找研究切入点，即森林草莓 EMS 诱变获得了果形显著变圆的突变体 *round fruit*（*rf*），为控制果形基因克隆和功能研究提供了理想材料。

前期科研人员发现外源赤霉素处理可使野生型草莓果实显著变细长，而 *rf* 果实形状基本保持不变，即 *rf* 对赤霉素处理不敏感，说明 *rf* 与已报道的草莓 *shortened fruit*（*sf*）突变体的致变基因不同。遗传学实验表明 *rf* 突变体由单基因隐性突变所致，说明其致变基因是草莓果实伸长的关键正调控因子，并以此为起点建立整个调控网络。*rf* 回交 F_2

依照前期研究，得出结论：TRM 家族蛋白 RF 是草莓果实伸长的关键正调控因子。

代群体混池基因组重测序结果表明 *RF* 候选基因编码 TRM 家族蛋白。

因此，基于前期的研究基础，科研人员首先进一步通过互补实验及突变体和过表达草莓材料的表型分析，明确 RF 在果形调控中的作用及特点。其次，其他物种中的研究表明 *OFP* 和 *TRM* 家族基因是调控果形的关键基因，且两类蛋白能发生直接互作，下一步将通过酵母文库筛选等方法寻找与 RF 互作的 OFP 蛋白，并借助遗传学方法、转录组分析、赤霉素和生长素外源施加和内源激素含量检测等手段阐明其作用机理。最后，通过基因编辑创建两基因的栽培草莓突变体，获得果形变异的草莓新种质。通过上述探索研究，鉴定了调控草莓果形的关键基因，揭示了草莓果形的调控机理，同时能为育种提供基因资源和新材料。

按照科学问题凝练的思路，引导出关键科学问题："草莓 *RF* 基因调控果形的分子机理解析及其应用"。

3. 研究本科学问题过程中的创新点

栽培草莓基因组是森林草莓基因组的四倍，大部分基因存在多个同源拷贝；栽培草莓有性后代表型分离严重，难以衡量单基因的贡献，以及多基因之间的遗传关系。森林草莓在这方面具有明显优势，采用 7 代自交系作为背景材料，通过人工诱变创建突变体，易于克隆基因，准确界定其生物学功能，并鉴定多个基因的相互调控关系。因此本项目采用化繁为简的研究思路，以森林草莓为模式系统解析果形调控的分子基础，然后运用于栽培草莓的遗传改良，即现代遗传学中普遍使用的模式材料的理念。

阐述研究过程中采用的创新研究思路，以基因组小且易于遗传转化的森林草莓为模式系统，采用化繁为简的研究思路系统解析草莓果形调控的分子基础。

此外，科研人员将现代分子生物学手段运用于解决园艺作物中的产业问题。建立了森林草莓 EMS

诱变、构建 F_2 回交群体、极端混池测序快速克隆基因、基因功能验证等成熟的研究体系，为顺利开展基因功能研究奠定了基础。此外，基因编辑是目前最热门且功能强大的生物技术，科研人员前期采用 CRISPR/Cas9 介导的基因编辑技术，在 T_0 代高效率地敲除了栽培草莓中含 6 个拷贝的果实着色基因 *RAP*，为在栽培草莓中改造 *RF* 基因、获得圆果或扁圆果草莓提供了技术保障。

阐述研究过程中采用的创新研究方法，将现代分子生物学手段运用于解决园艺作物中的产业问题。

4. 研究本科学问题的意义

栽培草莓大部分品种果实形如鸡心，如“红颜”“甜查理”等，少数果形较长，如“章姬”等，但是圆果草莓非常稀少。本研究分离了促进果实伸长的关键基因 *RF*，功能缺失后导致果形由长变圆或扁圆，为创建圆果草莓新品种提供了具有自主知识产权的基因资源。*RF* 调控网络中的其他基因（如 *OFP*）也具有潜在应用价值。因此，本研究有助于通过分子育种方法创建果形奇特的栽培草莓新品种。可采用两种策略将这些发现应用于育种，一是采用基因编辑直接改造现有主栽品种，获得果形多样的草莓种质资源；二是检测这些基因在自然群体中的序列变异，开发功能基因分子标记，通过分子辅助育种培育果形多样的新品种。

研究的潜在应用价值：为分子育种培育草莓新品种提供靶点和功能基因标记。

与番茄等不同，草莓果实是假果或聚合果，果肉由花托发育而来，花托表面的每个瘦果才是生物学意义上的果实。目前，以番茄为模式材料的果形调控研究已取得一定进展，但草莓中的相关研究却非常少。虽然已有其他物种 *TRM* 基因的功能报道，但是草莓中 *RF* 的生物学功能及分子机制并不清楚，可能具有物种特异性。赤霉素和生长素是影响草莓果形指数的关键激素，*RF* 是否受到赤霉素或生长素的直接或间接调控有待确定。这些问题的解决将有利于揭示和完善草莓果形调控机制，以及不同物种在果形调控机制上的异同。

对知识体系产生的增量。

案例点评

草莓是深受消费者喜爱的小浆果，其果实鲜美，营养丰富。随着人民生活水平的不断提高，人们对果品品质的要求也越来越高。果形是果实重要的外观品质性状，目前栽培草莓果形多为圆锥形，难以满足人们对果形多样化和新奇的需求。基于上述情况及前期研究基础，该项目研究 *RF* 基因对草莓果形的调控作用和特点，寻找与 RF 互作的 OFP 蛋白并阐明其互作调控草莓果形的机理，在此基础上，利用基因编辑技术创造果形奇特的栽培草莓资源。该项目从产业需求出发，解决技术瓶颈背后的基础问题。项目完成后，不仅将揭示草莓果形调控机制及不同物种在果形调控机制上的异同，也为培育果形美观奇特的草莓新品种奠定重要基础，具有重要意义。

栽培草莓是异源八倍体，基因高度杂合，有性后代表型分离严重，因此，以栽培草莓为试材开展基因功能及作用机制研究的难度较大。森林草莓为二倍体，是栽培草莓的优势祖先种，具有基因组小、纯合度高等优点，已成为草莓乃至蔷薇科的模式植物。该项目采用化繁为简的研究思路，以森林草莓诱变出的果实圆形突变体为切入点，开展果形调控机制研究，并利用基因编辑技术和分子标记技术将二倍体森林草莓的研究成果应用到八倍体栽培草莓上。该项目的研究试材独特，在研究理念上具有创新性。

案例供稿部门：生命科学部

案例审读人：沈阳农业大学　张志宏

案例点评人：沈阳农业大学　张志宏

七、GNSS 高精度定位质量控制理论与方法

凝练科学问题的过程及意义

1. 问题来源

随着我国北斗导航系统全球组网的完成、多频多模全球导航卫星系统（GNSS）的不断发展，卫星导航定位技术在智慧城市、智能交通和无人驾驶等领域得到了广泛应用。毋庸置疑，高精度是当前 GNSS 定位技术发展的趋势，也是诸多位置服务产业发展的基础，因此，提升 GNSS 定位性能是推动高精度位置服务产业纵深发展的关键。

阐述GNSS高精度定位是位置服务的核心。

当前 GNSS 定位技术尚未建立完备的自身可信度理论体系，换言之，大多 GNSS 定位系统缺少可信度指标，或者可信度指标不完善，缺少理论支撑。因此，当前 GNSS 定位结果的可信度理论不完备，制约了 GNSS 高精度定位的深度应用。

点明高精度位置服务的瓶颈是提升定位可信度。

2. 将实际应用需求转化为科学问题的思考、探索过程

目前 GNSS 定位精度的评估是在自身参考框架下与外部参考值进行对比统计得到的，并非实际应用环境中定位输出的精度，因此无法客观地表征系统当前的定位性能。其理论原因是系统输出定位结果的协方差矩阵失真，精度指标虚假偏高，导致实际应用中存在较大的弃真和纳伪错误，因此亟须

将提升可信度归结为提升定位结果的协方差矩阵。

建立定位系统自身的可信度完备理论，从而提供定位结果的真实协方差矩阵。

深入分析其理论根源，定位结果协方差矩阵不可信的原因是 GNSS 定位中采用的随机模型不准确和数据异常处理不精细。具体地，未充分顾及信号精度的多样性、信号在时间域和空间域的相关性、信号的干扰衰减、复杂环境下的多路径效应、接收机信号处理异常、电离层和对流层扰动、非视距误差、滤波模型失效等综合因素。因此，提升定位可信度的关键在于解决 GNSS 定位中的质量控制问题。

阐述提升协方差矩阵综合处理现阶段制约因素，可归纳为 GNSS 质量控制问题。

3. 研究本科学问题过程中的创新点

采用从局部到整体的系统性思维，将质量控制分为函数模型增强、随机模型优化、整数质量控制、非模型误差处理四个方面。

阐述质量控制的四个方面研究内容。

研究多频多系统 GNSS 频间系统间偏差稳定性约束、定位场景感知约束的增强函数模型；研究随环境误差耦合的自适应多频多系统随机模型；研究多备选整数解的全概率加权方法及其对应的定位解的精度评定；研究非模型误差诊断以及分类补偿关键。

最终，建立高精度定位的全过程质量控制理论和方法体系。其中，创新性地运用多元假设检验的全概率整数估计理论，避免二元假设检验的风险；将观测扰动和异常归为非模型化误差，构建非模型化误差的诊断和补偿理论。

阐述项目的总体目标和两个创新点。

4. 研究本科学问题的意义

通过完善 GNSS 高精度定位质量控制理论与

方法，提高 GNSS 定位精度指标的可信度，提升 GNSS 高精度位置服务的可靠性和性能，推动 GNSS 应用的深度，重点推动解决智能交通和无人驾驶等空间信息领域的风险控制，实现空间位置信息应用的自主安全可控。

项目研究对高精度位置服务的直接价值。

可信度问题是大地测量观测解算的共性难点问题，也是一个复杂的多要素耦合影响的难点问题，特别是随着空间大地测量技术应用不断深化和实时动态高精度需求的增大，对可信度的要求愈加迫切。因此，项目的研究抛砖引玉，推动解决卫星大地测量和导航领域的可信度理论认知不深、手段缺少和方法不足等问题，填补当前 GNSS 定位结果的可信度指标缺失或失真的缺陷。

项目对大地测量可信度共性理论的贡献。

案例点评

GNSS 高精度定位质量控制理论与方法是 GNSS 技术高质量、高可靠应用的基础。解决 GNSS 定位质量控制问题，提升 GNSS 定位可信度不仅是对该领域可信度共性问题的有益探索，对拓展 GNSS 高精度位置服务也非常重要，尤其在航空飞行、无人驾驶、智能交通等领域，高精度定位的可信度是用户关注的重点。因此，“GNSS 高精度定位质量控制理论与方法”具有很强的应用需求。

GNSS 定位是通过测定信号传播时间计算距离再进行定位的。信号发播源、传播过程以及接收端都会产生误差，导致观测模型不能可靠地描述观测与待估参数之间的关系。此外，其“可信度”指标的“不可信”问题是制约 GNSS 高精度位置服务整体性能提升的瓶颈，也是影响 GNSS 在地球科学反演边值条件严密性和可靠性的重要因素。要实现 GNSS 精确定位以及可信度的精确评估，必须构建精准、完备的 GNSS 质量控制方法。GNSS 质量控制方法可以从函数模型增强、随机模型优化、整数质量控制和非模型误差处理四个方面寻求创新和突破。

该案例首先阐述了 GNSS 高精度定位服务于国家需求，是“需求牵引”型项目；接着点明研究中“瓶颈”——提升定位可信度，分析了其制约因素，提出了解决途径，并提炼出项目的科学目标和创新点。该案例科学问题清晰，研究思路和方法逻辑严密，具有很强的科学性和可读性。

案例供稿部门：地球科学部三处

案例审读人：中国地震局地质研究所　单新建

案例点评人：西安测绘研究所　杨元喜

八、如何解决数值化学天气预报中的关键科学与技术难题

凝练科学问题的过程及意义

1. 科学问题的探索过程

解决经济社会发展和国防建设中的关键科学技术难题，是科学研究发展的主要驱动力之一。大气科学研究通常有两个方面的广泛社会服务需求：一是气象防灾减灾，二是应对气候变化。我国是世界上受自然灾害影响最严重的国家之一，其中灾害性天气导致的气象灾害损失占比达70%，做好数值天气预报是气象防灾减灾的关键。而在实际天气预报应用中发现天气预报往往受到人类活动导致的大气成分变化、大气污染加剧的显著影响，其中气溶胶被认为对天气尺度气象要素的影响很大、不确定性也大。紧扣这一重大应用需求，分析其中没有解决的障碍，组织开展人类活动导致的大气成分-大气污染变化对天气过程、天气预报影响研究，将人类活动影响定量考虑到数值天气预报系统中，发展数值化学天气预报一体化系统，是国际日益关注的传统气象未来发展的一个核心科学方向，也是我国有重大需求和问题导向的方向，有望取得突破。

阐述研究的应用需求，点明做好数值天气预报是气象防灾减灾的关键。

描述无法解决的具体障碍：人类活动对天气影响很大，但尚未被考虑到数值预报中。

2. 解决本科学问题面临的困难

在确定化学天气这个重要的方向之后，关键是

方向确定之后凝

要凝练出其中核心、主干、瓶颈性的关键科学问题或技术难题。如何提高数值天气预报准确率是天气学领域一直以来的核心研究内容，天气预报受到人类活动导致的大气成分变化、大气污染加剧的影响，其影响主要发生在两个方向上：一是气溶胶与辐射的相互作用、二是气溶胶与云的相互作用。基于团队长期在沙气溶胶辐射气候效应、气溶胶-云-降水相互作用及大气重污染与天气气候双向反馈机制等方面的研究积累，以及基于这些研究开发的亚洲沙尘暴数值预报系统和我国雾-霾数值预报系统的经验，凝练出两大类前沿和主干的核心科学问题：一是在业务上运行的数值天气预报系统中如何高质量地量化气溶胶-辐射-边界层相互作用；二是如何量化气溶胶-云-辐射-降水相互作用及其对天气预报影响程度问题。

练出核心、主干、瓶颈性关键科学问题和技术难题是开展有意义研究的关键。

受前期关键性研究积累的启发，归纳出两大类核心科学问题：气溶胶-辐射-边界层、气溶胶-云-辐射-降水相互作用。

在此基础上进一步细化了在构建我国化学天气数值预报系统中没有解决，或在以往未解决好的系列具体技术难题。从发展数值模式走到实际的数值预报系统还有两大类核心科学技术难题需要攻克：一是如何利用多源观测为化学天气数值预报系统提供受到气象影响的大气成分初值和边值（即天气-成分耦合同化难题），这是实际预报系统和科研模式最大的区别之处；二是实际的化学天气数值预报系统建立后能否形成同化再分析系统和产品，这是能够充分发挥预报系统在进一步认识机制、优化模式、摸清规律方面的非常重要的配置。目前，国际上仅有欧洲中期天气预报中心有弱耦合的化学-天气同化再分析系统。团队进而认为需要开展天气-大气成分耦合的再分析研究，而利用大气化学-天

进一步深入到解决实际预报问题时面临的挑战，提出实际应用中还需解决的两大核心技术难题。

气耦合模型还能够突破观测数据局限性，产生长时间序列的、高时空分辨率的格点再分析数据，这也是化学天气模式发展和应用的重要方向，这方面核心技术难题的攻关同时可为数值天气预报与更多地球系统分量模式的耦合资料同化，探索一条新路。

3. 研究本科学问题过程中的创新点

长期的研究经验表明，将模式研发人员与从事观测实验与理论研究的两拨人融合在一起，在交叉领域碰撞出新理论和解决实际问题的火花是此类研究成功的关键；能否联合气象局传统数值天气预报的队伍，并激励这些团队进入不熟悉的大气化学-天气耦合预报、数据同化、数据再分析等交叉领域是研发成功的组织保障。学术带头人的学术视野和团结凝聚作用至关重要。团队首席首先要在学术上服众，要在整体研究的布局和结构把握上高出一筹，这样团队成员才能服气，才能最终提炼出整个团队聚焦最核心的关键科学问题。这些是保证研究成功最关键的要素，具备了这些要素之后，团队成员就会很好地配合整个研究的部署。当然宽容和团结也是团队首席和成员之间的成功合作之道，但最关键的还是不断提出有意义的研究问题并把握方向，使大家参与其中，并团结起来，这是本科学问题在研究过程中不断创新和取得成功的另一个关键。

在解决这些关键科学和技术难题的过程中，组建融合观测及模式的研究团队非常关键，发挥交叉优势是取得研究突破的另一个关键，同时团队首席科学家的科研视野宽度、关键问题把握能力、凝练能力、团结和领导作用也非常重要。

4. 研究本科学问题的意义

通过该方向科学研究的突破，有望解决全球和区域两个尺度、一体化发展的我国化学天气数值模式中的关键科学问题，突破化学-天气耦合四维变

突破关键科学和技术难题后对数值天气预报领域

分资料同化"卡脖子"难题，解决大气化学-天气强耦合同化及再分析"卡脖子"难题，建立国际上还未成熟的区域/全球一体化数值化学天气预报和同化业务系统，并突破观测数据局限性，产生化学、物理、动力高度协调一致、长时间序列、高时空分辨率的我国格点化学-天气再分析数据集。

未来新研究方向的开辟影响深远。

建立我国自主开发的具有坚实物理数学基础的高分辨率区域/全球一体化数值化学天气耦合同化预报系统、在中央气象台实现数值化学天气预报系统的业务运行、在国家气象信息中心建立我国大气成分再分析业务系统，在传统数值天气预报中实现量化人为活动影响，改进我国业务数值天气预报系统对温、压、风、湿和降水等的预报准确度，实现更准确的数值天气预报和大气污染预测，这些工作都将拓展我国传统天气学研究、数值天气预报研究的领域的知识体系，培养从事大气化学模式和天气预报模式开发研究的复合型人才队伍。同时，将为我国传统的气象灾害预报预警以及大气污染预测预警提供科技支撑，为关系经济社会和人民生活各方面的气象防灾减灾和环境保护做出更有力的科技贡献。

解决应用难题对知识体系的增量及经济社会价值也很明显。

案例点评

传统的数值天气预报主要关注的是大气中物理量的预报，如气温、气压等，因此可称之为数值物理天气预报。随着人类活动加剧，排入大气的人类生产生活所产生的化学成分不断增多，导致大气中的化学成分发生变化。现有研究表明，大气成分的变化不仅对天气气候产生影响，也对人类社会及其可持续发展会产生重要影响，例如：大气中的颗粒物等增多可以导致大气污染，直接影响公众健康；大气中的污染物通过干、湿沉降过程，对其他自然系统产生影响；大气中二氧化碳等温室气体的增加，造成气候变暖，已经严重影响了人类生存环境和生产生活。鉴于如上原因，产生了对大气中化学成分含量预报以及这些大气成分如何进一步影响气象要素的需求。因此，在传统数值物理天气预报的基础上，针对大气中化学成分含量的数值预报以及它们影响气象条件、影响天气的数值预报，称为数值化学天气预报。

大气中的化学过程并不是独立的，会与物理过程产生相互影响，因此数值物理天气预报与化学天气预报是一个一体化预报过程。从科学上来讲，利用数值模式合理预报大气中物理量和化学成分含量及其反馈，不仅需要认识大气圈内部的化学过程与物理过程之间的相互作用，也需要认识地球气候系统与人类社会经济系统之间复杂的相互作用，这是数值物理和化学天气预报的科学基础，是国际大气科学领域的一个重要前沿。从技术上来讲，需要在数值预报模式中建立能反映上述相互作用的数学模型，另外，还需要建立涵盖大气中物理量、化学成分含量和人类活动的综合观测系统，并构造耦合资料同化系统，支撑数值预报的开展。

自从数值天气预报诞生以来，如何提高数值天气预报水平一直是气象学家不断探究的问题。建立数值化学天气预报，将从大气成分这一新的视角，进一步完善对大气运动规律及其成因的认识，在预报大气化学成分含量的同时，也将会提高大气中物理量预报的准确率。因此，引入数值化学天气预报，将是提升数值物理天气预报水平的一个重要途径。另外，数值化学天气预报在研究方法上具有明显的学科交叉特征，除了自然科学中的物理学和化学之间的交叉外，也涉及自然科学和社会科学之间的交叉。因此，在研究范式方面，也将与传统研究产生明显差异。

案例供稿部门：地球科学部五处

案例审读人：兰州大学　田文寿

案例点评人：复旦大学　张人禾

九、目标观测算法研究及其在海洋观测系统设计中的应用

凝练科学问题的过程及意义

1. 问题来源

厄尔尼诺–南方涛动（El Niño-Southern Oscillation，ENSO）是地球上最强的年际变化信号，会对全球天气、气候异常产生显著影响。ENSO 预报水平在近 20 年间几乎停滞不前，无法满足国家防灾减灾重大需求，其根本原因在于观测资料缺乏。考虑到海洋观测的高成本性，我们必须加强对 ENSO 预报最有影响的关键区域和关键变量的连续观测，布局可能的最优观测站位，以此提升 ENSO 的预报能力。作为对老一代热带大气与海洋阵列/跨洋三角形浮标观测网（Tropical Atmosphere Ocean array/TRIangle Trans-Ocean buoy Network，TAO/TRITON）的优化，国际上提出了一个新的热带太平洋观测系统计划 2020（Tropical Pacific Observing System 2020 project，TPOS 2020），在该计划中我国做出了在热带西太平洋布放 12 套锚系浮标的承诺。为切实履行该承诺，同时考虑到国际形势的不确定性，如何设计最优的布放方案，以便最大限度地发挥这些浮标资料对 ENSO 监测预测的作用是当前我国迫切需要解决的问题。目标观测是解决此类优化设计问题的最佳方法，然而传统的

阐述研究的应用需求：关键区域加强观测，以提高 ENSO 预报能力。

描述无法解决的具体障碍，即如何选择最佳观测区域和布放方案，提升 ENSO 预报水平。

集合卡尔曼滤波器目标观测方法受限于观测和预测的区域及观测和预测的变量必须一致的前提假设，无法满足ENSO预测目标观测的实际需求。

2. 将实际应用需求转化为科学问题的思考、探索过程

目前常用的确定目标观测区域的方法中，基于顺序数据同化理论的方法具有与实际预报系统相一致和具备一定连贯性的优势。另外，针对锚系浮标阵列定点位置的需要，顺序同化方法能在点与点的框架下确定最优观测网，并跟同化系统密切相连。

从需求中寻找研究切入点，要在传统目标观测方法上尝试理论创新。

然而，传统的顺序同化集合卡尔曼滤波器目标观测方法受限于观测和预测的区域及观测和预测的变量必须一致的假设，显然无法满足ENSO预测目标观测的实际需求。该方法也只能确定某个时刻的最优观测位置，很难应用到像ENSO这种气候过程的季节预报中。尽管有学者已对该方法进行了改进，但仍然存在背景误差协方差假定不随时间变化，并依赖模式的局限。因此，直接应用到如ENSO这种背景误差协方差随时间变化的预报对象上往往会导致较大误差。

因此，研究目标观测方法新理论，发展新型目标观测技术，是解决目前算法中若干“卡脖子”的科学技术难题的关键。在前期研究中，项目组改进了传统的模式依赖和非流依赖的目标观测方法，考虑了流依赖的性质，并应用到了印度洋海平面高度异常预测的目标观测分析中，得到了逐点格式的最优观测点。这方面经验也为解决ENSO相关的目标观测提供了参考和思路。

分析现有研究，得出存在的问题：必须突破观测区域和预测变量的限制。

3. 研究本科学问题过程中的创新点

针对目前基于集合卡尔曼滤波器的目标观测方法优缺点，项目组将围绕 ENSO 相关的目标观测进行改进和创新。新算法在继承同化流程并充分利用其优点的同时，发展“优化局部区域”和“多变量的观测算子”两个重要功能以适应海洋浮标观测系统的需要。在探索算法研究过程中，受到线性变换空间的启发，项目通过构造投影算子和观测算子，充分验证“跨区域、跨变量”算法的准确性和计算的可行性，以期发展适合“跨区域、跨变量”的新算法。为得到客观、长期稳定、不依赖模式的目标观测位置，项目组拟设计概率最优的策略，使用多套资料确定目标观测，最终得到独立于模式的流依赖最优观测点，从而实现不依赖模式和预报时刻，又能长期稳定的海洋目标观测，为海洋目标观测提供新的研究方法和技术手段。

阐述研究过程中采用的研究方法：构建影算子和观测算子，得到适合“跨区域、跨变量”的新算法；采用概率最优策略，实现不依赖模式和流依赖的目标观测方法。

4. 研究本科学问题的意义

本项目研究发展的“跨区域、跨变量”海洋目标观测算法不仅能为我国在 TPOS 2020 观测计划中布设浮标提供最优布放方案，减小不确定性，提升我国在国际海洋观测预报领域中的话语权。项目发展的新目标观测方法也能被广泛应用于针对各种尺度海洋预报的海洋观测网设计，对节省海洋观测成本、提高海洋预报能力具有重要意义，为我国统筹海洋资源、发展蓝色经济和海洋可持续性发展提供技术支撑。

描述解决本应用难题产生的重要作用：一是提出最优布放方案；二是为 ENSO 预报和研究提供新的视角。

此外，项目还将利用目标观测来研究 ENSO 前期西太平洋热含量的变化，探寻赤道外向赤道西太平洋热含量的传输通道，从可预报性的角度完善现有 ENSO 理论，为 ENSO 预报机制研究以及深入认识 ENSO 多样性提供了一个新的视角。项目成果有助于提高我国对 ENSO 事件的预测能力，为国家防灾减灾提供科学支撑。

案例点评

目标观测是针对海洋观测难度大、成本高、传统观测方案难以兼顾时间和空间大跨度及高分辨要求的长期困境，提出的被国内外寄予厚望的新思路。由于提出时间短、所采用的集合卡尔曼滤波器方法不易为许多从事海洋观测的学者所熟知和掌握，所以目标观测的概念及其实践在当下仍可能是基础性的、小众的研究方向。以长期被海洋与气候界关注、研究涉及面广、突破难度大的 ENSO 观测与预报，作为目标观测算法研究和应用场景，既易于阐明该选题的重要性和可期待性，又生动体现了其"需求牵引，突破瓶颈"的科学问题属性。

以此为切入点，具体分析指出，现有目标观测方法在应用于指导 ENSO 观测和预测时，与 ENSO 空间多样性、位相强度不对称性和多时间尺度变异并存的自然属性无法很好的匹配，而发展目标观测方法新理论和新型目标观测技术，是解决目前算法"卡脖子"难题的关键。在此基础上，根据申请人多年的研究积累和近期的有效探索，并设计出适当且新颖的解决思路，提出了发展"跨区域、跨变量"新算法及完善 ENSO 理论的研究目标，体现了创新性的科学思想和可行性强的实施途径。

案例供稿部门：地球科学部四处

案例审读人：河海大学　宋翔洲

案例点评人：中国科学院海洋研究所　王凡

十、涂层/基体异质界面相容性实现方法及作用机制

凝练科学问题的过程及意义

1. 问题来源

碳/碳（C/C）复合材料是新一代高速飞行器超高温热防护部件最具前途的候选材料之一，长寿命抗氧化/烧蚀涂层技术的突破是实现其在高速飞行器领域实际应用的前提。高熵碳化物陶瓷因具有超高熔点、成分可设计性强等特点成为C/C复合材料表面理想的抗氧化/烧蚀涂层材料，有望解决硅基及传统超高温陶瓷涂层高温稳定性不足、长寿命抗氧化/烧蚀性能差等难题。但该涂层与C/C复合材料存在热膨胀失配及界面不相容的问题，导致其应用于C/C复合材料表面时极易开裂和剥落，无法满足长寿命抗氧化/烧蚀的服役要求。为此，探索涂层与C/C复合材料界面结合状态及规律，揭示界面匹配相容性的实现机制，是解决高熵碳化物涂层开裂和剥落问题，进而实现其长寿命稳定服役的前提。

阐述本研究的应用需求，明确C/C复合材料在高速飞行器上的应用依赖于长寿命抗氧化/烧蚀涂层。

描述无法解决的具体障碍：抗氧化/烧蚀性能优异的高熵碳化物涂层极易从C/C复合材料表面开裂与剥落。

2. 将实际应用需求转化为科学问题的思考、探索过程

针对高熵碳化物抗氧化/烧蚀涂层开裂和剥落的难题，首先分析其产生的本质原因：①碳化物陶瓷涂层的热膨胀系数为C/C复合材料的6倍以上（C/C：约1×10^{-6}°C^{-1}，碳化物：$6\times10^{-6}\sim8\times10^{-6}$°C^{-1}），

从需求中寻找研究切入点，即高熵碳化物陶瓷与

两者之间存在严重的热膨胀失配，且碳化物陶瓷材料存在固有的脆性断裂问题，这两种因素都会引起涂层在高温制备和服役过程中产生应力开裂，从而导致涂层抗氧化/烧蚀性能大幅衰减；②涂层与 C/C 复合材料界面不相容产生的弱界面结合导致涂层易剥落，从而丧失氧化/烧蚀防护效果。在摸清本质原因的基础上，开展了初步的探索研究工作。采用有限元计算模拟结合工艺试验的方法，获得了涂层和 C/C 复合材料基体因热膨胀失配产生的热应力分布状态及其诱发驱动裂纹的机制，发现高温制备及氧化/烧蚀过程中产生的界面应力是涂层开裂的主要原因。针对涂层与 C/C 复合材料界面不相容导致的弱界面结合，系统探索了不同制备工艺条件下涂层与 C/C 复合材料的界面结合状态，获得了制备工艺方法（包埋固渗、化学气相沉积、超声速等离子喷涂、原位反应烧结等）及工艺参数与界面结合状态的关系规律，发现形成“扎根”的钉扎化学结合形式具有最高的界面结合力。在前期研究结果的基础上思考和凝练关键科学问题：在界面应力导致涂层开裂的问题上，需探索热应力缓释及提高涂层韧性的方法，揭示热应力释放与韧化机理；在涂层与 C/C 复合材料界面不相容导致的弱界面结合问题上，需探索提高界面结合力的方法，阐明其作用机理，力求获得“扎根”的钉扎化学结合界面状态。归结起来，就是解决高熵碳化物涂层与 C/C 复合材料异质界面匹配相容性的实现方法和作用机制这一关键科学问题。

C/C 复合材料热膨胀系数失配，且界面结合较弱。

依照前期研究，得出结论：热应力缓释、提高涂层韧性和增加界面结合力是防止涂层剥落的有效途径。

按照科学问题凝练的思路，引导出关键科学问题：“高熵碳化物涂层与C/C复合材料异质界面匹配相容性的实现方法和作用机制”。

3. 研究本科学问题过程中的创新点

基于纳米相强韧化、复合材料界面等理论知识及前期研究，创新发展了 C/C 复合材料表层孔隙结构调控、超高温陶瓷纳米线原位钉扎增韧及低熔点相界面反应等提高涂层与 C/C 复合材料异质界面匹配相容性的方法。C/C 复合材料表层孔隙结构调控在保证 C/C 复合材料基体原始性能的基础上，可为超高温陶瓷纳米线及涂层粉料提供合适的渗透空间；超高温陶瓷纳米线原位生长在孔隙内可形成"扎根"的钉扎效应及对陶瓷涂层的增韧；低熔点相界面反应可在高熵碳化物陶瓷涂层与 C/C 复合材料间引入过渡层，在缓解热膨胀失配的基础上还可形成涂层与 C/C 复合材料基体的强化学结合。通过它们的协同作用有望实现高熵碳化物涂层与 C/C 复合材料异质界面匹配相容性，进而实现涂层与 C/C 复合材料强界面结合并提高涂层的韧性，解决高熵碳化物陶瓷涂层脆性开裂和剥落的难题。

阐述研究过程中采用的创新研究思路，利用 C/C 复合材料表层孔隙结构调控、超高温陶瓷纳米线原位钉扎增韧及低熔点相界面反应等提高涂层与 C/C 复合材料异质界面匹配相容性。

4. 研究本科学问题的意义

通过解决本关键科学问题，可获得表层孔隙结构调控、超高温陶瓷纳米线原位钉扎增韧及低熔点相界面反应等提高涂层与 C/C 复合材料异质界面匹配相容性的方法，揭示其对涂层与 C/C 复合材料异质界面匹配相容性的作用机制，有望实现高熵碳化物涂层与 C/C 复合材料异质界面匹配相容，提高涂层与 C/C 复合材料之间的界面结合力和涂层的断裂韧性，进而解决高熵碳化物陶瓷涂层脆性开裂和剥落的难题，最终实现其对 C/C 复合材料在 2000℃以上极端环境下的长寿命氧化/烧蚀防护。本关键科学问题的解决，为高熵碳化物陶瓷涂层应用于新一代高速飞行器 C/C 复合材料热防护部件奠定了理论基础并提供了技术支撑。研究思路可为

描述解决本应用难题可能产生的重要作用。

提高其他功能涂层（热障涂层、环境障碍涂层、耐磨涂层等）与其基体的界面匹配相容性提供新的思路，相关成果可形成一些功能涂层界面设计与创新研究的普适方法，也可丰富和发展高熵超高温陶瓷、抗氧化/烧蚀涂层、复合材料及界面等理论知识体系。

案例点评

C/C 复合材料作为航天热防护的主要材料之一，其应用长期受限于其抗氧化/烧蚀性能。当前的解决方案主要集中于基体改性与涂层改性两种思路。针对该研究中的高速飞行器，C/C 复合材料的涂层改性是最具前景的解决方案。目前所有的改性方法，诸如包埋固渗、化学气相沉积、超声速等离子喷涂、原位反应烧结等技术方案均无法从根本上解决抗氧化涂层与 C/C 复合材料由于热膨胀系数差异所导致的热膨胀失配问题，且陶瓷涂层的本征脆性以及与 C/C 复合材料的弱界面结合方式亦会加剧涂层在高温制备和服役过程中产生应力开裂与剥落，从而导致 C/C 复合材料抗氧化/烧蚀性能的大幅衰减。因此，该科学问题的解决将为高熵碳化物超高温陶瓷涂层应用于新一代高速飞行器 C/C 复合材料热防护部件奠定理论基础并提供技术支撑。

该科学问题立足于涂层界面的钉扎增韧与匹配相容性研究，在探索过程中有效地将多种涂层制备方法以及界面强韧化机制相匹配，创新性地提出了 C/C 复合材料表层的孔隙调控研究思路，为超高温陶瓷纳米线的生长提供适宜的环境。此外，低熔点相界面的引入有效降低了复合材料的损伤，并可与 C/C 复合材料基体形成强化学结合。该科学问题充分体现了从需求出发，采用“自上而下”研究方法的优势，规避了传统单一涂层制备工艺的试错方法，值得推广。

案例供稿部门：工程与材料科学部无机非金属材料学科
案例审读人：哈尔滨工业大学　张幸红
案例点评人：哈尔滨工业大学　张幸红

十一、高密度高可靠电子封装中多物理场耦合的应力-应变演化规律

凝练科学问题的过程及意义

1. 问题来源

电子制造业是保障国家信息安全的基石，芯片等产品的性能、成品率和寿命代表国家电子制造业的核心竞争力。芯片封装是实现其供电、保护、散热及信号互连等基本功能的核心工艺过程，被誉为芯片的“骨骼、肌肉、血管、神经”，是决定芯片产品制造成败的关键。“一代芯片需要一代封装”，不同的封装可实现的集成度大于 1000 倍。典型中央处理器（CPU）封装占其制造成本的 60%～80%，微机电系统传感器封装则占到 50%～95%。芯片封装涉及层状薄膜结构、多种材料和多步工艺，且制造、测试及运维过程存在随机振动、热冲击、电磁等复杂环境载荷，芯片常因晶格和热-力性能失配而产生孔洞、裂纹、界面脱层等多种缺陷，导致成品率低和性能差，是困扰芯片制造领域的“痼疾”。尤其是大规模集成电路及封装结构高度复杂、高密度互连，其封装设计中缺陷预测与抑制难度巨大，亟须建立高密度高可靠电子芯片封装结构设计与制造工艺新技术体系。

阐述本研究的应用需求，点明封装技术是决定芯片产品制造的关键。

描述无法解决的具体障碍：高密度大规模集成电路的高可靠封装工艺。

2. 将实际应用需求转化为科学问题的思考、探索过程

针对高密度大规模集成电路封装过程中可能导致产品缺陷的问题，科研人员发明了封装材料及结构性能多轴测试和系列光电检测设备，用于检测芯片封装过程中翘曲和异质界面开裂过程的应力-应变。提出小尺度试件热-力-光学测量方法，突破多轴自适应协调控制、试样光测对准及夹持预应力实时反馈调整技术，实现封装材料的拉压弯扭、加/卸载、蠕变等一体化测试分析，研制出具有自对准0.1 μm 轴向分辨率的六轴万能疲劳试验机、纳米精度位移测量的桌面干涉仪、用于带元件基板的微米精度集成影子光栅和投影光栅的翘曲测试仪，实现了1 μm 厚试件低载荷大变形测试和微焊点10.4 nm 精度的热变形测量，系统地获得了封装材料界面相位角和应变率的断裂韧性，以及和温度相关的应力-应变关系。

从需求中寻找研究切入点，即芯片封装翘曲和异质界面开裂过程中的应力-应变测试。

为了减少芯片封装翘曲和异质界面开裂失效，提出了封装过程复杂多因素耦合的性能失效理论模型，阐明了以界面断裂力学和损伤力学为基础的非线性机制，创建了有限元整体-局部、热-湿-力-电-光多场耦合的封装结构设计方法。进而，通过高密度大规模集成电路封装工艺的协同设计有效抑制因晶格和热-力性能失配而产生的孔洞、裂纹、界面脱层等多种缺陷，使被封装产品的可靠性大幅提升。

依照前期研究，得出结论：以热-湿-力-电-光多场耦合理论模型实现封装翘曲和异质界面开裂的精确预测。

大量失效案例表明，在高密度大规模集成电路的多材料多工序封装制造过程中，芯片在随机振动-热冲击-电磁等复杂环境载荷下多物理场耦合的应

按照科学问题凝练的思路，引导出关键科学问

力-应变演化规律的精确预测是提高电子封装可靠性的关键科学问题，且依赖于电子封装过程的跨尺度-多材料-多能域的精确数值模拟。

题："多物理场耦合的应力-应变演化规律"。

3. 研究本科学问题过程中的创新点

针对困扰封装行业发展的重大共性技术难题，经过"产学研用"校企联合攻关，逐步突破了高密度高可靠电子封装技术的技术瓶颈。

（1）阐明了芯片封装过程复杂多因素耦合的性能失效机理，创建了封装界面损伤控形控性非线性协同设计理论，发明了封装材料及结构性能的多轴测试和系列光电检测装备。芯片封装设计制造关键工艺变形仿真与实验吻合度高达97.3%。

阐述研究过程中的创新点：封装界面协同设计理论、晶圆级硅基埋入扇出封装成套工艺、非气密性封装成套工艺、低应力倒装焊接工艺等。

（2）提出了亚纳米精度无缺陷化学机械晶圆减薄方法，发明了超低温纳米孪晶低翘曲再布线技术，提出了晶圆级硅基埋入扇出封装成套工艺，晶圆翘曲比扇入工艺降低高达94%。

（3）发明了高精度光路耦合技术，研制了多通道并行测试技术，研制了模块误码全自动检测仪，攻克超高速光电模块亚微米对准和高散热的非气密性封装成套工艺难题。

（4）针对高密度芯片封装工艺中焊点易桥连和界面易损伤难题，提出倒装铜柱凸点高密度键合技术，发明了原位微米级栅线投影翘曲测试方法，研制出基材与布线密度匹配、磁性载具与回流曲线优化的低应力倒装焊接工艺与装备。突破7 nm 9芯片64核CPU芯片封装核心技术，产品成品率达99.8%。

4. 研究本科学问题的意义

电子制造技术代表国家制造业最高水平，是世界各国争相占据的战略制高点。本案例实现了我国自主可控高密度高可靠电子封装技术的从无到有，为一批国际知名封装企业提供了核心技术，助力电子制造业打破封锁，夯实封装全产业链技术创新驱动发展战略的工艺及装备基础，取得巨大的经济、社会和国防效益。

描述解决本应用难题产生的重要作用。

建立了先进封装完整的知识产权体系及创新知识体系，组建国家集成电路封测产业链技术创新战略联盟。研制封装核心设备、在线检测设备及封装柔性产线，包括首条 12 in① 7 nm 制程封测产线、天车系统自动化晶圆级封测产线、400/800 G 最高速光通信模块封测产线（谷歌最大供应商）；被封装的 300 多类产品覆盖通信、汽车、国防等 12 个行业，集成电路和全系列光模块封装市场份额均居全球第二，成果用于华为、英特尔、高通、AMD、联发科等顶尖公司。总体技术达到国际先进水平，其中晶圆级铜柱凸块制备及系统级封装技术、晶圆级硅基扇出封装技术、400 G 光模块封装技术达到国际领先水平。三年新增销售 507 亿元、利税 31.7 亿元，出口逾 20 亿美元。

案例点评

随着系统对芯片的性能要求不断提高，芯片的性能及输入输出（I/O）数也在持续增加，在提升 I/O 数量方面经历了晶体管外形封装、双列直插、四角扁平封装、球珊阵列封装等不同发展阶段，在提高集成度方面由二维的扇入型封装衍生出三维堆叠封装、扇出型封装等面向不同需求的封装技术。作为芯片与模块/系统的界面，封装结构设计

① 1 in=2.54 cm。

既需要承担芯片与系统基板间的信号/电源桥梁，又需要承受外界环境的各种复杂载荷（如振动、湿气、污染物等）以保护内部芯片正常工作。因此，封装涉及的材料类型、制造工艺类型、封装结构所需承受的载荷相对于芯片都更为复杂，极易在不同工艺过程中、不同材料界面产生裂纹、孔洞等缺陷，最终影响芯片封装模块的整体性能。因此，在20世纪90年代，芯片封装良品率低是业内普遍存在的痛点。其背后是芯片与封装过程的多场（热、力、电等）、多尺度（从芯片的纳米尺度到封装器件的毫米尺度）交互作用导致失效的机理不明。该科学问题的解决，可奠定我国自主可控高密度高可靠电子封装技术的发展基础，解决一系列建模、测量、加工方法问题。同时，精密测量、多物理场耦合作用是很多领域广泛存在的基础性问题，如航空航天、材料生长等，所以这套解决问题的思路和方法框架在其他领域也值得借鉴。

案例供稿部门：工程与材料科学部工程科学二处

案例审读人：苏州大学　孙立宁；东南大学　陈云飞；

华中科技大学　罗小兵；上海大学　张建华

案例点评人：中国北方车辆研究所　毛明

十二、强多径、快时变海洋信道下可靠水声通信理论与方法

凝练科学问题的过程及意义

1. 问题来源

远海水下信息获取和实时传输具有重大需求，水声通信是水下信息无线传输的重要手段。海洋信息技术是探索与开发海洋的重要技术支撑，水下装备之间、水下装备与岸基装备之间的信息实时传输与互联互通是新时代海洋发展的核心技术之一。目前，声波仍是唯一能在水下进行中远距离传播的信息载体，水声通信是水下信息无线传输的重要手段。

阐述应用需求：水声通信是水下信息无线传输的重要手段。

然而，水下声波传播面临复杂海洋环境的影响，水声信道具有强多径、大衰减、快时变、高噪声和窄带宽等特性，水声信道的复杂性给可靠水声通信带来了巨大的挑战。瞬息万变的海洋环境导致水下声波的屏蔽、干扰、衰减和畸变效应，严重影响水声通信设备的性能，在理论、仿真、验室环境、湖试环境下，可行的水声通信方案在真实海洋环境中的性能往往会严重下降甚至失效，这要求所研究的理论和方法以及所研制的技术和系统必须经受得住实际海洋环境的检验。

分析无法解决的具体障碍：变化的海洋环境严重影响水声通信性能。

2. 将实际应用需求转化为科学问题的思考、探索过程

水声通信是最有可能满足水下信息无线传输

总结前期研究情

需求的信息传输方式。但是，声波在水下传播时速度比电磁波小 5 个数量级，多普勒效应强，频谱扩展较无线电通信大；水声多径效应强，这种信道特性导致水声通信面临非常严重的时变时延问题。这些问题导致传统无线电通信技术无法直接应用于水声通信，必须在深入研究水声信道特性与信号畸变机理的基础上，研究适配水声信道的高速水声通信理论与方法，解决实际海洋条件下可靠水声通信的难题。

况及得出结论：传统无线电通信技术无法直接应用于水声通信，必须研究适配水声信道的高速水声通信理论与方法。

通过对实际应用需求分析，梳理出其中存在的卡脖子难题：一方面，受海浪的影响，海面噪声比水下更大、信噪比更低；另一方面，海面接收端为了方便布放而要求体积小，但这使其在海面会随着波浪来回摇晃，造成接收信号畸变性加剧并随时间快速变化。此外，海洋设备能源受限、计算资源有限，这不仅要求水声通信信号处理方法具有很好的信道均衡能力、均衡方法来快速高精度收敛并纠正快速时变信道带来的信号畸变，而且要求算法计算复杂度小，能快速跟踪信道的变化。

依照前期研究，得出结论：需要解决水下低信噪比、快信号畸变、能源及计算资源受限问题。

通过对海洋实际环境下水声通信存在难点的分析，认为我国现有水声通信技术均无法应用在该复杂水下场景下，需要针对这些难题开展进一步深入研究。

3. 研究本科学问题过程中的创新点

采取问题与需求牵引的思路，从水声信道分析、水声通信信号处理方法、水声通信设备研制、海上试验验证等方面开展研究。在组织方式上，一方面与用户单位紧密联系，深入了解实际需求；另一方面与国内同行深入交流，组织大范围的学

研究思路：理论联系实际，研究自适应双向 turbo 均衡方法、快速信道估

术研讨。

在水声通信科学研究方面，主要的创新点包括以下几方面。

（1）在对水声信道研究的基础上，揭示水声信道的不对称性，进一步利用水声信道冲激响应的稀疏性，提出基于信道稀疏度与最小误码率准则的自适应双向 turbo 均衡方法，显著提高了水声通信的性能，实现了全海深高速水声通信。

（2）针对水声信道的快速多变特性，结合水声信道长时统计特性和瞬时变化信息，提出快速信道估计与补偿和时频域快速迭代符号检测方法，实现了快速时变水声信道的实时跟踪，解决快速时变信道条件下实时水声通信难题。

（3）发明高功率密度水声通信发射和低计算复杂度接收方法，突破小型化、低功耗唤醒等关键技术。在理论与关键技术研究的基础上，研制关键设备，并在海上成功完成水声通信试验验证，实现小尺寸高效节能水声通信。

计与补偿和时频域快速迭代符号检测方法、小尺寸高效节能设计。

4. 研究本科学问题的意义

面向海洋强国战略需求，针对海洋水下信息传输瓶颈问题，开展水声通信关键技术研究，解决复杂海洋条件下的可靠高速水声通信的难题，研制关键设备，在海上成功完成试验验证，实现深海潜标观测数据无线实时传输到陆地，提高深海数据获取的时效性，实现水声通信技术全天时、全天候常态化业务应用。

高速水声通信关键技术的突破，对于建设我国全天时、全天候、大范围深海观测网具有重大意义，对提高国家海洋环境安全保障能力、国防能力具有

可能产生的重要作用。

重大价值，应用前景广阔。

水声通信方法与技术研究成果为解决复杂快变信道的估计、均衡与补偿提供了新的思路，为推动水声通信技术的发展提供了理论与方法支撑。“十四五”规划论证期间，国内军民多个科研部门在海洋信息领域都将水声信息网络列为重点支持方向，水声通信与水声网络技术将在未来几年得到井喷式发展与广泛应用，并在未来大放异彩。

对知识体系产生的增量。

随着我国海洋战略由“近海防御”过渡到“走进深海”，水下分布式网络化观测技术发展趋势将催生新的目标探测、识别与跟踪机理，也将促进信号与信息处理、计算机、人工智能等学科领域的交叉融合，并以此研究出新的理论和方法。

案例点评

水声通信指的是利用声波来实现水下无线信息传输的技术，其用途非常广泛，大到潜艇之间的协同、水下航行器之间的信息交换、深海钻井平台的控制、海底观测与资源勘探信息的回传，小到潜水员之间的交流，都需要水声通信技术。也可以利用电磁波和光波进行水下无线信息传输。但由于海水的导电性，只有低频电磁波（如 300 赫兹以下）才能实现远距离传输，这种系统不仅天线尺寸大，而且通信带宽很小；而由于海水的散射特性，光波也无法实现远距离传输，因此，水下无线信息（尤其是远距离）传输的最佳方式仍然是水声通信。

对于水声通信技术的研发可以回溯到 20 世纪 40 年代，当时科学家已成功设计出了用于潜艇通信的水声无线电话。但在过去 40 年中，和无线通信技术的快速发展相比，水声通信技术的进步看起来显得有些滞后，其中既有市场需求和部署成本方面的原因，也有技术方面的因素。在技术方面，水声信道的挑战性（正如“问题来源”中总结的“水声信道具有强多径、大衰减、快时变、高噪声和窄带宽等特性”），使得很多在无线通信中获得成功应用的技术却无法在水声通信中发挥作用，所以“将实际应用需求转化为科学问题的思考、探索过程”部分从信号信息处理的角度出发，指出“必须在深入研究水声信道特性与信号畸变机理的基础上，研究适配水声信道的高速水声通信理论与方法”。这个问题引出的思考与探索方法是解决科学与工程问题的重要途径。

针对水声通信面临的关键挑战，“研究本科学问题过程中的创新点”从方法和系统两个维度进行了创新。在方法方面，提出了一种针对不对称性和稀疏性的水声信道均衡方法和快速时变水声信道估计与补偿方法；在系统方面，研制成功了小尺寸高效节能水声通信设备，实现了深海潜标观测数据的无线实时回传。

案例供稿部门：信息科学部一处

案例审读人：浙江大学　瞿逢重

案例点评人：西北工业大学　陈景东

十三、医用可交互人体器官数字模型构建问题

凝练科学问题的过程及意义

1. 问题来源

世界卫生组织等权威机构发布的数据显示，手术过失导致全球每年有 100 万人在手术期间或手术不久后死亡。高度依赖模型、动物、尸体和志愿者的传统手术研究与教育手段以及过度依赖临床经验的诊疗方法，导致部分患者在临床治疗时“被实验”“被练手”。同时，诊疗信息的碎片化与专科化，基础医学研究与临床医学研究相对脱节等，使得新药研发周期长（15 年左右）、耗资大（15 亿美元左右）、风险高，严重影响着新药创制模式的转型发展；而且对病体复杂成因的诊断缺乏系统性、演进性，导致产生了无法“精准诊疗”的实际难题。解决这些问题的核心是寻求可替代真实人体进行实验的全新数字化平台。

阐述本研究的应用需求：部分患者在临床治疗时“被实验”“被练手”；同时，基础医学研究与临床医学研究相对脱节，严重影响着新药创制模式的转型发展，对病体复杂成因缺乏系统性、演进性诊断。

人体、疾病和手术固有的复杂性，使得人体器官多尺度、多维度数字化建模和医学应用面临着四个方面的技术挑战：器官内蕴特征“辨不清”、器官物理与生理生化功能模型“建不准”、复杂诊疗操作“仿不精”、医学应用技术体系“难重用”。虚拟生理人体多尺度智能混合建模及其医用可交互自主演化仿真已成为虚拟现实与数字医学深度交

描述无法解决的具体障碍。美国、德国、瑞典、以色列等发达国家争相投入对这些技术的研究，我国亟须突破多尺

叉融合的国际学术研究前沿。美国、德国、瑞典、以色列等发达国家争相投入对这些技术的研究，我国亟须突破多尺度人体器官数字孪生模型构建与可交互自主演化仿真技术，研发新型信息化支撑平台。

度人体器官数字孪生模型构建与可交互自主演化仿真技术。

2. 将实际应用需求转化为科学问题的思考、探索过程

目前临床精准诊疗面临的主要问题是：不仅风险大、针对性差、定量评价难、成本高，而且无法开展个性化手术方案规划预演和高效的病理、药理仿真实验。模拟仿真人体器官及人体，用于医学和医学人才培养，一直是科技界和医学界的目标。人体模拟仿真已有两三千年的历史，从实物仿真、实物与机电结合仿真，到现在的虚拟人体仿真，对医学的支撑能力不断提升。随着信息、医学、生命等学科以及人体多源数据采集和虚拟现实技术的快速发展，解密人体疾病的产生与演化并进行精准治疗成为可能，构建与真实人体在几何外观形态，物理、生理特性，以及疾病演化轨迹等方面高度近似的人体数字孪生，可全面支撑人体正常生理功能、疾病发生机制、临床诊断治疗的定性定量研究。

从需求中寻找研究切入点，即构建与真实人体在几何外观形态，物理、生理特性，以及疾病演化轨迹等方面高度近似的人体数字孪生，全面支撑人体正常生理功能、疾病发生机制、临床诊断治疗的定性定量研究。

虚拟人体经历了“虚拟可视人”和“虚拟物理人”两个研究阶段，目前开始进入“虚拟生理人”阶段。一些国家已经成功构建了本国的虚拟可视人，如美国的“可视人体”项目以及我国的“中国数字化人体”计划等。然而，这些数字化人体只是人体解剖结构的可视化，不能体现人体的物理和生理特征。在此基础上，美国等发达国家于 20 世纪末开始构建“虚拟物理人”，实现了人体特定器官

依照前期研究，得出结论：必须综合体现器官的几何、物理、生理功能特性。

的部分物理和宏观生理现象的仿真。

由于人体是典型的复杂巨系统，心脏、肝脏、大脑、胃肠等各类人体器官和循环系统、呼吸系统、消化系统等生理系统形态各异、构成复杂，且具有 10^{-12} 米至米级的空间尺度和 10^{-6} 秒至年的生存期跨度，不仅要逼真展现人体器官和系统的几何形态特性，还要准确体现重量、材质、温度、弹性等物理特性，以及生化、代谢、病变等典型生理特性。因此，虚拟生理人体多尺度智能混合建模及其可交互自主演化仿真成为重大科学问题，具体包括生理/病理学数据的定量获取、微观尺度人体构成单元的生理/生化建模、药物与人体构成单元的交互作用机制、多尺度人体生理孪生建模、生理/病理动态机能行为自主演化仿真、人体生理孪生效用的定量评价等。

凝练为关键科学问题：虚拟生理人体多尺度智能混合建模及其可交互自主演化仿真，并对此进行具体聚焦研究。

3. 研究本科学问题过程中的创新点

临床手术种类多样、病变情况因人而异，手术操作需随机应变。针对手术研究和技术训练以及手术方案规划缺乏技术支持的突出问题，实现了多模态医学影像协同分析处理、人体器官形态与功能模型构建、复杂手术实时交互仿真等关键技术，研制了虚拟手术支撑平台与系列手术仿真系统。主要创新包括：①通过将各向异性热扩散理论、流形微分分析理论应用于医学数据内蕴结构特征的度量和具有不变性的多尺度表示，并在内蕴特征空间构建了基于“低秩+稀疏”约束的优化分析理论，将多模态医学数据的分析处理方式从独立模态、低维空间线性相关、单一尺度提升为多模态协同、高维内蕴结构空间非线性相关、多尺度耦合；②通过将数

阐述科学问题过程中的创新点：多模态协同、高维内蕴结构空间非线性相关、多尺度耦合的医学数据高效分析处理，支持个性化特征、几何物理生理功能自主演化仿真的人体器官功能模型构建，多类仿真方

学、物理、生理规律与数据活化知识有机融合，建立融几何形态、力学特性、生理功能及其相互作用机制为一体的人体器官机能建模技术体系，将人体器官的建模仿真从依靠共性属性、几何物理模型的脚本化仿真提升到支持个性化特征、几何物理生理功能混合模型的自主演化仿真；③通过将欧拉与拉格朗日方法、有网格方法与无网格方法、纯物理仿真方法与物理模态重用等技术在方法论和总体技术框架层面相融合，突破复杂诊疗操作过程实时交互仿真和多点接触力觉合成渲染技术，将诊疗场景中对刚体、柔体和流体等的交互操作仿真从不同仿真方法各自为战、低效能叠加提升为多类仿真方法一致表示、动态有机关联映射；④通过抽象统一数据表示结构、提取共性功能算法、自主研制多功能反馈设备，建立了可灵活重组的手术仿真流程框架，研发了高效能虚拟手术支撑平台，将不同种类手术仿真系统研发方式从低效重复、功能固化、算法性能更新换代困难提升为高效可重用、功能灵活扩展、模块化性能优化。

法一致表示、动态有机关联映射的复杂诊疗操作实时交互仿真，虚拟手术支撑平台与系列手术仿真系统。

4. 研究本科学问题的意义

项目技术的成功转化和推广应用可为我国小康社会以及和谐社会的建设，特别是大健康产业起到积极的推动作用。项目技术和平台成果被列入转化医学国家重大科技基础设施（北京协和）和中国医学科学院创新单元。研发的 10 余款手术仿真系统在全国 90 余家医疗机构和各类医学院校实际应用，形成了规模化的市场销售，累计经济效益超 1.3 亿元，打破了国外产品的市场垄断。开展可实时交互的临床手术方案规划、预演，优选数百例方

描述解决本应用难题所产生的重要作用。

案，为数十家医学校院提供了累计超过 10 万人次的医学实验线上仿真服务，社会效益显著。中国电子学会的鉴定委员会认为，“该项目成果技术复杂度高，研制难度大，创新性强，虚拟手术整体技术达到国际领先水平”。

项目成果应用范围覆盖手术研究与转化、临床手术方案规划与预演、医学教育和培训、医患沟通、新医药研发验证和新医疗器械研究运用验证、医学院校学生实验教学、自主学习，以及普通大众科学普及教育等诸多方面，以直观可视、实时交互、高效个性化、视觉与力觉一致为核心价值，能够从根本上摆脱传统医学研究、诊疗方案规划、教育培训对动物、尸体、志愿者和模拟器具等传统实验器具的高度依赖，具有可重复性、安全性、经济性、可推演性以及规范化、个性化、精确化等显著优势。未来可进一步拓展至术中导航与监护、远程干预、手术机器人和病理药理研究等领域。

案例点评

医用可交互人体器官数字模型构建是数字中国发展过程中的重要问题，是医疗卫生体系信息化的关键技术，是世界各个科技强国瞄准的生物医药制高点。人体建模起初由物理体模发展而来，随着计算机运算能力的提高，数字体模逐步替代了不灵活、不方便、不准确的物理体模。1959 年，国际辐射防护委员会（International Commission on Radiological Protection，ICRP）第 2 号出版物中提出了简单几何计算体模，它通过简单的形体之间的交并运算表达了一个简单的几何计算体模。然而，简单几何计算体模受到当时计算能力及三维显示能力的限制，表达能力有限，精确度较低。20 世纪后半叶，简单几何计算体模可以根据计算机断层扫描（CT）或核磁共振成像（MRI）等医学图像信息被构建得更加精确，体素体模因此诞生。数字体模由堆砌的体素构建，这种体模表达更加精确，但不利于表达一些随时间变化的信息（如心脏搏动、人体呼吸等）。世界各个研究组织建立了不同人种、不同性别、不同年龄阶段的标准体素体模。2009 年，ICRP 第 110 号出版物中声明了 ICRP 成年男女人体参考体素计算模型。为了更好地表达运动信息，面元计算体模成为当下计算体模发展的主流。计算体模不断发展，其在辐射防护、放射治疗、医学教育、药物研发、手术仿真等领域的价值逐步凸显，未来将会在精准化个性医疗中扮演重要角色。该研究充分利用学科交叉优势，扎根于基础医学的科学问题，交融于计算机图形学的先进表征技术，反哺于临床医学的具体项目，形成了学研落地、实践反馈的良性循环。

案例供稿部门：信息科学部二处

案例审读人：中国科学院深圳先进技术研究院　郑海荣

案例点评人：清华大学　戴琼海

十四、Ge 沟道 CMOS 迁移率增强机制和方法

凝练科学问题的过程及意义

1. 问题来源

目前，7 纳米工艺的集成电路已经量产，然而随着器件特征尺寸的进一步缩小，硅（Si）基 CMOS 器件开始进入瓶颈阶段，单纯靠缩小沟道尺寸来提高器件性能和集成度的方法已经面临基本物理原理和工艺技术的限制。为了进一步延续“摩尔定律”带来的性能和成本优势，利用非 Si 高迁移率材料替代 Si 实现高迁移率沟道是突破器件微缩瓶颈的解决方案之一。

阐述本研究的应用需求，点明采用非 Si 高迁移率材料是突破器件微缩瓶颈的解决方案之一。

在相同沟道长度和较低的工作电压条件下，高迁移率沟道可以使集成电路在不增加集成度的情况下，提高性能，降低功耗。因此，空穴迁移率为 Si 的 4.4 倍且容易实现 Si 衬底集成的锗（Ge）开始受到广泛关注，它被认为是实现高迁移率 pMOSFET 器件的理想沟道材料。然而，要实现具有高可靠性的 Si 基绝缘层上高迁移率 Ge 沟道 pMOSFET 器件，并通过与 Si 基 CMOS 器件集成最终实现高能效的集成电路芯片，亟须解决一直以来该器件研究所面临的关键问题：如何通过控制界面态和沟道应力来实现 Ge 沟道空穴迁移率的增强。

描述无法解决的具体障碍：如何通过控制界面态和沟道应力来实现 Ge 沟道空穴迁移率的增强。

2. 将实际应用需求转化为科学问题的思考、探索过程

科研人员针对 Ge 沟道空穴迁移率增强机制和方法这一关键科学问题，从材料生长、表面钝化、应变工程和可靠性等几个方面展开大量研究和探索。从目前的研究结果来看，提高 Ge 沟道空穴迁移率的关键是降低界面态密度和引入压应变这两个核心点。因此，需要围绕 Ge 沟道 pMOSFET 器件的界面态产生机制以及压应变的作用机制，开展材料生长、工艺探索及器件设计等方面的研究。

从需求中寻找研究切入点，即 Ge 沟道 pMOSFET 器件的界面态产生机制以及压应变的作用机制。

从界面态的产生机制来看，Ge 沟道 pMOSFET 器件虽然有效地利用了 Ge 这一高空穴迁移率材料，但是由于 Ge 沟道与栅介质之间会形成疏松且不稳定的 GeO_x 界面层，导致界面态密度增高，造成器件空穴迁移率难以达到预期。针对这个问题，过去采用 Si 钝化 Ge 表面或者生长致密 GeO_x 界面层这两种表面钝化工艺来提升 Ge 沟道 pMOSFET 器件的电学性能。前者虽然可以获得较高的载流子迁移率，但是同时会造成器件的等效电容层厚度变大；而后者由于 GeO_x 的不稳定性，很难获得优异的器件界面特性，并不能解决器件可靠性差的问题。

依照前期研究，归纳出潜在研究内容：Ge 沟道 pMOSFET 空穴迁移率提升需要有效控制界面层质量，并且开发比现有的应力引入方式更适用于 CMOS 集成的新方法。

从压应变的作用机制看，在 Ge 薄膜上加入面内压应变，可以使得 Ge 的价带去简并，并且沿压应变方向，空穴质量减小，进而提升空穴迁移率。过去通过在 SiGe 弛豫衬底上外延生长 Ge 薄膜获得压应变 Ge 沟道，这种方法通常需要非常厚的 SiGe 过渡层，不仅对外延生长工艺要求较高，而且这种工艺不适用于 CMOS 集成。

因此，Ge 沟道 pMOSFET 中空穴迁移率增强

按照科学问题凝

机制和方法，从器件工艺上实现了对 Ge 沟道和栅介质之间的 GeO_x 层的厚度和质量的有效控制，并且在不阻碍 pMOSFET 器件微缩化的条件下，在 Ge 沟道中引入压应变，是亟待解决的关键科学问题。

练的思路，引导出关键科学问题：Ge 沟道 pMOSFET 中空穴迁移率增强机制和方法。

3. 研究本科学问题过程中的创新点

由于实现低界面态密度和高可靠性的 Ge 沟道 pMOSFET 器件的主要思路是控制 GeO_x 界面层的形成。本研究创新地采用了具有超高介电常数、较小的带隙、良好的致密性、理想的界面质量以及相似的禁带宽度的 ZrO_2 作为 Ge 沟道 pMOSFET 的栅介质。研究显示，ZrO_2 栅介质与 Ge 沟道界面处的 GeO_x 在退火工艺过程中会发生高温分解并穿过 ZrO_2 层析出，从而减小 GeO_x 界面层的厚度。因此，引入 ZrO_2 作为栅介质与 Ge 沟道接触，便可以采用优化后退火工艺的技术手段，来有效控制 GeO_x 界面层的厚度和质量，从而得到优异的界面特性和超薄的 GeO_x 界面层，实现了低界面态密度和高空穴迁移率的 pMOSFET 晶体管器件。针对压应变中面临的器件集成度问题，项目创新地采用应变锗锡（GeSn）量子阱沟道。由于 GeSn 比纯 Ge 更软，可以直接在 Ge 或者 Si 上面外延压应变超薄 GeSn 沟道，从而得到更高空穴迁移率晶体管器件。

阐述研究过程中采用的创新研究思路：采用新介质材料控制界面层质量；并通过采用 GeSn 量子阱沟道引入压应变，得到更高空穴迁移率。

4. 研究本科学问题的意义

针对 Ge 沟道所面临的高界面态密度问题，开发实现高可靠性的 Ge 沟道 pMOSFET 器件的 Ge 表面钝化和栅介质的关键工艺。通过探索 Ge 沟道 pMOSFET 空穴迁移率提升机制，提出用超高介电常数材料 ZrO_2 作为栅介质，并结合优化后退火工

描述解决本应用难题可能产生的重要作用：推进高空穴迁移率 Ge 沟道 pMOSFET

艺，在减小 ZrO_2 层的等效物理厚度的同时钝化 Ge 沟道表面、抑制 GeO_x 的形成，显著降低了 Ge 沟道/栅介质的界面态密度，从而在达到小于 1 纳米的等效栅氧层厚度的同时，实现了 Ge 沟道 pMOSFET 空穴迁移率的显著提升，大大推进高空穴迁移率 Ge 沟道 pMOSFET 的高可靠性实用化进程。另外，ZrO_2 作为一种反铁电材料，其中极化态的变化可以有效调整 MOSFET 的阈值电压，以面向目前工业界高度关注的铁电栅介质 MOSFET 的应用。针对在 Ge 沟道中引入压应变工程所面临的与 CMOS 集成不兼容的问题，开发了利用分子束外延生长应变 GeSn 量子阱沟道的技术，大大增强了器件的空穴迁移率。本研究实现了与 Si 基 CMOS 工艺兼容的高空穴迁移率沟道和栅介质制备工艺模块，对高空穴迁移率晶体管技术发展和实用化有重要的推动作用。通过对上述科学问题的研究，为突破 CMOS 器件微缩瓶颈，实现高能效的集成电路芯片提供理论指导和技术支撑。

的高可靠性实用化进程。

案例点评

Ge 沟道 pMOSFET 空穴迁移率增强技术契合“加速推动信息领域核心技术突破”这一国家重大战略需求。当前集成电路已经发展到后摩尔时代，不再以晶体管特征尺寸微缩或者集成度提高作为主要衡量标准，而是以功耗、能效等作为发展标尺，晶体管迁移率成为重要指标。

Ge 材料具有比 Si 高很多的空穴迁移率和电子迁移率，并且与 Si 基 CMOS 工艺兼容，被认为是延续摩尔定律极具潜力的晶体管沟道材料。但是目前对于 Ge 基晶体管，其栅介质与 Ge 之间的界面较差，较大的缺陷态密度限制了迁移率的提升，器件性能未能达到预期效果。

为了突破这一瓶颈，我国科学家从界面态产生机制这一关键科学问题出发，提出采用具有超高介电常数的 ZrO_2 作为栅介质，并结合优化后退火工艺，减小 ZrO_2 层的等效物理厚度和钝化 Ge 沟道表面、抑制 GeO_x 形成的方法，来降低 Ge 沟道/栅介质的界面态密度；同时采用分子束外延生长应变 GeSn 量子阱沟道技术，解决引入压应变工程所面临的与 CMOS 集成不兼容的问题，最终获得了高迁移率、高集成度的晶体管器件。

该项目通过机理解析和新材料导入，建立新的缺陷态控制和迁移率增强方法，有望为后摩尔时代集成电路发展提供新技术。

案例供稿部门：信息科学部四处

案例审读人：清华大学　吴华强

案例点评人：中国科学院微电子研究所　李泠

十五、不正常航班恢复问题

凝练科学问题的过程及意义

1. 问题来源

航班正常性是衡量航空业服务水平的重要指标。然而，全球航空公司都普遍面临不正常航班问题，中国更突出：2019 年全国客运航空公司平均航班不正常率达 18.35%。面对不正常航班，国内外航空公司主要通过业务人员手工恢复的方式，而大量的决策环节和计算工作意味着耗时较长。虽然欧美供应商销售并提供不正常航班恢复服务，但我国航空公司仍受困于手工恢复的窘境，其原因有三，即“用得贵”“用不了”“用不好”：首先，欧美供应商动辄几亿元的采购费用和上千万元的服务费用使得大多数航空公司望而却步；其次，欧美供应商不能按照中国民航运行特点进行个性化定制，不能切实服务国内航空公司的日常运营；最后，欧美供应商以输出成熟产品为主，并不开放核心技术，若单纯引进国外产品，势必在核心技术上受制于人，无法解决运行过程中不断出现的新情况、新问题。因此，国内民航业大规模不正常航班的恢复仍处于一种低效状态，成为我国向“全方位的民航强国”迈进必须解决的痛点问题。

阐述本研究的应用需求，中国航空公司航班不正常率高。

描述无法解决的具体障碍：与欧美相比手工恢复的三个难题。

2. 将实际应用需求转化为科学问题的思考、探索过程

不正常航班恢复问题长期困扰全球航空公司的原因主要在于成因不确定和问题规模巨大：首先，恶劣天气、飞机故障、机组缺勤、空中管制等各种因素均可能导致不正常航班的产生，这些因素大多数是不确定甚至难以预测的；其次，航班运行涉及空管、机场、航空公司等多个主体以及航班、旅客、飞机、机组等多种资源，系统本身非常庞杂，还需要遵守一系列安全运行规则。为了快速有效地解决不正常航班恢复问题，必须做到精准预测、高质量决策。因此，项目组开展调研并凝练得到相应的两个关键科学问题。

从需求中寻找研究切入点：成因不确定和问题规模巨大。

依照前期研究，得出结论：必须做到精准预测、高质量决策。

（1）实现延误的精准预测与提前预警。航班延误包括本身原因导致的直接延误以及由飞机前序航班延误导致的连锁延误。在综合分析航班延误的历史数据、研究延误分布特征、挖掘非连锁延误与连锁延误的关系后，我们发现航空公司往往更多关注直接延误（如提高飞机维修保障水平以降低飞机故障），而低估了连锁延误影响。项目组发现其理论原因是传统计算方法会低估连锁延误期望。针对这一谬误，如何快速正确地计算连锁延误期望，是本项目的一个关键科学问题。

将“不正常航班”凝练为两个关键科学问题进行研究。

（2）实现多资源的一体化智能恢复。针对不正常航班恢复问题，传统航空公司一般分步骤、分部门依次解决，例如，运控部门先捋顺飞机飞行路径，机务部门再修改飞机维修计划，然后机组部门安排飞行员航班任务，最后旅服部门解决旅客的延误、取消、签转。然而部门之间工作侧重点各有不同，缺少全局考量，往往导致恢复效果欠佳，且决策链条较长，时效性不强。为了克服多阶段逐次求解不能实现全局最优的缺点，项目组构建了一个多资源协同优化决策模型；然而此模型规模巨大，难以快速求解。因此，如何融合大规模组合优化理论与机器学习技术快速求解模型是本项目的另一个关键科学问题。

3. 研究本科学问题过程中的创新点

针对不正常航班恢复问题，融合运筹优化与机器学习等科技创新技术，实现了不正常航班产生前的精准预测、产生后的智能恢复。其创新点主要包括三个方面：①针对成因复杂、不确定性高、难以预测的大规模航班不正常问题，提出基于航班网络的延误传播计算和预估方法，实现直接延误与连锁延误预期的精准快速计算与提前预警，有效降低航班延误风险；②基于历史航班恢复案例大数据，构建不正常航班场景的运行调整规则库，首创自适应航班恢复规则的机器学习模型和参数自动更新算法，实现航班调整参数和规则的自适应匹配；③针对多资源协同决策问题，创新性地提出了一个基于行列生成的航空公司多资源协同恢复算法，实现对航班、机组、机务、旅客等多种核心资源的一体化智能恢复，大幅度提升了航班恢复的效率和效果。

阐述研究过程中采用的研究方法：基于航班网络的延误传播计算和预估方法、自适应航班恢复规则的机器学习模型和参数自动更新算法、基于行列生成的航空公司多资源协同恢复算法。

在组织方式上，项目组深入实际问题一线，在运用运筹优化和机器学习等理论工具解决实际问题的同时，将航空公司的经验积累转化为可量化的知识，融合在机器学习和优化算法中，快速提升算法效果。

4. 研究本科学问题的意义

针对航空公司大规模不正常航班恢复问题，融合运筹优化与机器学习等科技创新手段，开展了航班网络延误传播计算和预估、基于不正常航班场景的航空公司运行调整规则库构建、航班多资源一体化恢复等关键技术研究。研究成果为国内自主研发，打破国外企业对航空公司航班恢复系统的垄断，实现关键技术的国有自主知识产权，填补国内在该领域的空白。目前，相关科研成果已推广至厦门航空、四川航空、吉祥航空、顺丰航空等企业的实际应用中，并产生了一定经济效益与社会效益。以厦门航空为例，在2019年和2020年两年中，其借助该技术共调整航班39万余班次，其中减少航班取消370个，增加收入5550万元；减少延误7700小时，折合成本2772万元；每年节省人工100人，折合成本3000万元，总计增收节支1.13亿元。大规模不正常航班恢复用时从原来最长的20小时，缩短至30分钟内，极大地提升了旅客服务质量。

描述解决本应用难题产生的重要作用。

案例点评

航班不正常起降的原因有自然因素和人为因素两种，自然因素包括天气、飞机故障等，人为因素则主要有航线上的临时空中管制、飞机操纵失误、空中交通调度失误、旅客行为严重失范等。一个航班的起降不正常往往会产生连锁反应，因为维持航线运转的物质资源和人力资源在时空上是有限的，顾此就可能失彼，顾前就可能失后。连锁反应造成的损失是巨大的，无论是航空公司、机场，还是旅客，都对此重点关注。由于原因难以预测，涉及的利益主体多，结构又是动态复杂的，大规模不正常航班的快速恢复问题一直是我国民航业的痛点。

凝练的第一个关键科学问题是预测延误，尤其是连锁延误。因为航线存在结构，所以连锁延误是有逻辑规律的，只要把握了航班之间的时间联系、乘务与服务人员联系、旅客联系等内部关系，是可以比较精准地预测延误的，从而为航班整体恢复打下基础。解决一个航班的恢复并不难，难的是解决所有相关航班的问题。第二个关键科学问题是采用智能技术快速恢复所有相关航班。传统的办法是序贯的局部优化，耗时还不准确。智能化方法建立在第一个科学问题的结果数据基础上，大数据支持、全局即时优化，这是一个规模大、约束多、变量关系复杂的动态优化决策问题，需要用到先进的优化和机器学习技术。

研究中提出的基于航班网络的延误传播计算和预估方法，构建的航班运行调整规则库，发展的基于列生成技术的资源协同算法，是创新的，应用也是非常成功的，大幅度提升了航班恢复的效率和效果，在我国民航业有巨大的推广价值。

案例供稿部门：管理科学部一处

案例审读人：浙江大学　章魏

案例点评人：北京航空航天大学　黄海军

十六、慢性病管理个性化筛查、预测与控制

凝练科学问题的过程及意义

1. 问题来源

慢性病已成为威胁我国国民健康的首要因素。随着人口老龄化进程的加快以及生活条件改善后居民饮食结构的变化，我国慢性病患者人数正在持续增长。最新发布的《全国第六次卫生服务统计调查专题报告》显示，我国 55 岁至 64 岁人群慢性病患病率达 48.4%，65 岁及以上老年人慢性病患病率达 62.3%。同时，因慢性病死亡的比例也在持续增加，《中国居民营养与慢性病状况报告（2020 年）》显示，我国因慢性病及其并发症导致的死亡人数已占到全国总死亡人数的 88.5%。

阐述本研究的应用需求，慢性病已成中国人健康头号杀手。

近年来，随着物联网与互联网技术的发展，慢性病检测出现了许多新兴工具，包括各种智慧医疗设备和传感器。这些新工具产生了大量的健康监测数据和电子医疗记录，在一定程度上降低了慢性病患者入院检查成本，同时减轻了现有医疗机构的接诊压力，但面对海量智慧医疗设备数据，却广泛存在被忽略或用不好的困境：首先，各种智慧医疗设备和传感器生成的患者健康状态监测数据存在不准确现象，这种不准确性带来的误诊令人们对这些数据退避三舍；其次，同一种慢性病的发展受患者的遗传因素、生活习惯和生活环境等因素的影响，

描述无法解决的具体障碍：海量数据使用及治疗中的两个难题。

在不同患者中具有个体差异性，导致个体患者的慢性病发展存在不确定性和用药效果的差异性。因此，如何高效地从海量含噪声数据中提取慢性病患者的个性化特征，并据此对患者实现个性化智能诊断预测与控制是数据驱动的慢性病管理研究的关键问题。

2. 将实际应用需求转化为科学问题的思考、探索过程

慢性病管理问题长期困扰各医疗机构的主要原因在于：海量智慧医疗设备数据的不精确和患者的个体差异。首先，在海量的数据中，既包含有效信息也包含噪声干扰，过多的噪声干扰会导致慢性病管理过程中的决策错误，造成重大医疗事故；其次，当前慢性病患者往往被无差别化管理，不能根据慢性病患者身体的个性化特征进行有针对性的诊断、预测与给药，导致医疗效果受限。为了提高慢性病患者的生活质量，在慢性病管理的各个环节均需做到个性化、精准化决策。因此，项目组开展调研并凝练得到相应的两个关键科学问题。

从需求中寻找研究切入点：数据不精确和患者个体存在差异。

依照前期研究，得出结论：必须做到个性化、精准化决策。

（1）筛查诊断与病情预测的一体化决策。常规筛查策略首先确定面向慢性病患者群体的固定筛查周期，然后根据筛查诊断的结果进行病情预测。这种分开决策的不足在于，考虑患者个体的差异性，对于低风险患者，频繁的常规筛查不能有效提高病情预测的准确性，只会造成筛查成本的浪费；而对于高风险患者，常规筛查受限于筛查周期不能及时发现疾病的风险，而导致治疗后效果不佳。如何利用不可靠动态监测数据，构建兼顾对象退化过程的共性规律与个性化特征的决策与预测方法，是

将“慢性病管理”凝练为两个关键科学问题进行研究。

一个关键科学问题。

（2）实现个性化精准给药与施治。当前慢性病并发症的治疗过程中，用药顺序是固定的。这种给药与施治顺序是基于慢性病患者群体疾病发展及其各阶段风险统计的共性规律制定的。事实上，在慢性病发展的不同阶段，患者个体的风险程度及其对药物与施治手段的反应有明显的差异性。传统医疗手段往往依靠医生的临床经验来应对这种患者个体差异性。智慧医疗研究文献目前既没有考虑不可靠数据的应用问题，也没有实现真正意义上的个性化治疗。针对这一挑战，基于患者的个体特征以及病情的动态变化性，如何针对个性化风险动态演化的特征进行建模问题是另一个关键科学问题。

3. 研究本科学问题过程中的创新点

针对智慧医疗中慢性病管理的个性化诊断预测与控制问题，融合动态规划、运筹优化以及机器学习等技术，实现了更准确的慢性病分期诊断、慢性病发展的精准预测预警和个性化筛查以及个性化药物治疗。其创新点主要包括四个方面：①针对利用高维度、高噪声的电子健康数据对慢性病患者进行分期诊断的问题，提出分别基于整体特征和局部特征的两阶段多分类模型，实现对各分期下相关信息的筛选和噪声干扰的剔除，提高了慢性病分期诊断的正确率，为慢性病的有效药物控制奠定了基础；②针对可通过智慧医疗设备进行状态监测的慢性病，提出了基于患者病情的个体特征与群体发展规律的慢性病并发症个性化动态预测方法，综合利用了并发症发展规律的群体相似性和个体间的随机差异性进行建模，可以提高慢性病并发症预测结

阐述研究过程中采用的研究方法：基于整体特征和局部特征的两阶段多分类模型、基于患者病情的个体特征与群体发展规律的慢性病并发症个性化动态预测方法、患者不同筛

果的准确性；③针对无实时监测设备辅以诊断的慢性病，基于患者筛查历史以及群体发展规律，构建患者不同筛查决策和筛查结果下的疾病发展动态模型，提出了一个基于慢性病患者疾病状态追踪的期望净收益估计算法，实现了对慢性病患者的个性化疾病筛查，降低筛查成本的同时提高疾病的检出率；④针对个性化精准给药与施治问题，提出了一种个性化的慢性病患者精准给药策略，首次提出了基于患者个性化用药反应及药物作用效果的马尔可夫决策过程模型。通过动态调整不同反应的患者下一疗程的包括药品及剂量的用药方案，实现个性化精准给药与施治，帮助慢性病患者预防或延缓并发症的发展。

查决策和筛查结果下的疾病发展动态模型、基于患者个性化用药反应及药物作用效果的马尔可夫决策过程模型。

在组织方式上，项目组与慢性病管理一线工作者进行交流，了解并发现当前慢性病管理的痛点，运用动态规划、运筹优化和机器学习等理论工具解决这些痛点及问题，并从慢性病患者的历史数据中获取有效信息作为仿真模型参数，模拟了个性化解决方案对慢性病患者生活质量的提升效果。

4. 研究本科学问题的意义

针对智慧医疗中慢性病管理的个性化诊断预测与控制问题，融合动态规划、运筹优化以及机器学习等科技创新技术，开展了慢性病分期诊断、基于患者个性化监测数据以及群体发展规律的慢性病发展个性化预测与预警、基于患者筛查历史数据以及疾病发展规律的慢性病个性化筛查策略制定、基于患者用药反应以及药物作用一般规律的个性化用药策略制定等个性化健康管理研究。研究成果结合了新兴的医疗科技成果应用以及管理学方法，实现了慢性病管理的各个环节的优化与个性化，研究成果为国内自主研发，结果优于国外同类研究，为将来更加智能、更加个性化的健康管理提供了方向。

描述解决本应用难题产生的重要作用。

目前，相关科研成果在提高慢性病患者的生活质量方面的有效性均已得到实验证明。在浙江大学医学院附属第二医院搜集的肝纤维化数据集上的实验结果表明，基于整体特征和局部特征的慢性病分期诊断模型相较于现有的分类诊断方法在分期正确率方面能提高 13.2%～40.9%；在美国糖尿病协会的公开数据集上的实验结果也表明，基于个性化动态特征建模的慢性病并发症诊断方法相比于国际上相关方法的预测慢性病患者未来是否会患并发症的准确率提升 5.7%，对未来并发症发展的具体分期的预测误差降低 19.1%；在经现有实验数据校正的丙肝患者肝癌筛查仿真模型中，个性化筛查策略下丙肝患者的平均净收益相较于当前最好的筛查策略下提升了 503 美元，同时癌症检出率提高了 3.3%，检出及时性提高了 15.7%。另外，以糖尿病肾病（一种典型的糖尿病并发症）的治疗为案例，通过仿真实验对比了现有的固定用药顺序的施治方案与个性化精准给药的施治方案的治疗效果差异。结果显示，在个性化精准给药的施治方案下，糖尿病患者的肾病发病率降低了 17.78%。同时，本研究中的慢性病及其并发症的个性化诊断预测与控制方法对其他领域中基于数据的状态监测与动态维护问题也具有启示作用。

案例点评

该案例对研究问题背景、内容和意义的描述清楚，对相关研究焦点的凝练也比较到位。研究结果也显示，提出的问题解决方案取得了理想效果。在慢性病管理领域和若干实际场景中取得了可喜的应用创新成果。案例阐述语言通顺，条理性强。

在管理问题的研究中，研究问题存在不同的关注层面，进而存在不同的问题属性。从“科学”的关注层面考虑，一个“科学问题”通常揭示管理情境中的问题要素机理和关系性质，试图在问题求解环节上克服建模和解析难点，取得方法创新；或者在具体场景中克服传统路径依赖，取得模式创新。二者都涉及理论扩展和突破，比如前者可能扩展了某个优化理论模型，后者可能扩展了某个管理理论模型。

从这个意义上讲，该案例的科学问题凝练可以进一步深化。如果聚焦方法创新，可以针对相关方法（如预测方法、估计算法、决策过程模型等）进一步阐释方法论角度的创新及其技术维度上的新意，而不仅限于描述特定方法在具体场景中的应用；如果聚焦模式创新，可以针对相关情境（如不同的慢性病管理理论和模式）进一步阐释价值创造角度的方法赋能过程及其模式、理论上的新意，而不仅限于描述具体场景的应用效果。

该案例呈现了相关工作在具体应用场景中取得的显著效果，以及在慢性病管理方面（如个性化管理等）的重要意义。

案例供稿部门：管理科学部一处

案例审读人：浙江大学　章魏

案例点评人：清华大学　陈国青

十七、经济系统中的能源效率测度问题

凝练科学问题的过程及意义

1. 问题来源

能源效率测度是能源管理中的一项重要工作。一个经济系统的能源效率水平经常用单位国内生产总值（GDP）能耗或者单位产值能耗来测度和考核。在经济运行实践中，这些指标可能造成能源消费行为扭曲。例如，自“十一五”以来，我国提出了单位 GDP 能耗下降率的约束性指标，有些地区为了达到指标考核要求，在考核期结束之际，对部分能源密集型行业甚至居民生活“拉闸限电”，以实现短期账面上的能效提升。也有地区在指标完成进度偏紧时段，忧虑经济快速增长带动能源消耗增长，在承担和实施国家重大项目建设上有所顾虑。还有个别企业，为了实现考核指标达标，不充分考虑成本和要素优化组合，通过购入高载能产品等“外包”能耗的方式来“提升”本企业的能效。

阐述本研究的应用需求，部分地区的能源消费行为出现扭曲。

这些现象与国家节能政策初衷是相违背的，也不利于经济社会发展实践，其出现的部分原因在于单位 GDP 能耗等能源效率测度指标被简单僵化使用：首先，简单地将本地区本部门“能源消费增速低于经济增速”等同于“能源效率提高”。其次，简单地将经济系统等同于各地区各部门的汇总，忽视系统内各环节的交互关系。最后，简单地将经济

描述无法解决的具体障碍：能源效率测度指标有待改进。

系统的能源消费总量等同于各类能源的物理量加总。因此，完善经济系统中的能源效率测度指标和方法是调动各地区各部门积极性、推进高质量发展必须解决的一个前置性问题。

2. 将实际应用需求转化为科学问题的思考、探索过程

单位 GDP 能耗或单位产值能耗等传统考核指标造成用能行为扭曲的原因在于：首先，一个经济系统的目标不是单纯地减少能源消耗、降低单位产值能耗，要优化包括能源在内的资本、劳动、原材料等要素组合，以最大化经济效益或最小化成本，节能不完全等同于节约总体成本。经济系统有时很难自发达到传统能效指标的要求，这时有的地区可能会过度采用行政手段干预并造成社会经济代价。其次，受客观技术规律的制约，经济系统中的某些环节是能源密集型，这也是合理的。但在未能达到传统能效指标的要求时，企业或地方就存在转移能耗或变换能源结构以提高“账面”上能源效率的动机。

从需求中寻找研究切入点：缺乏成本信息，缺乏系统考虑。

经典的能源效率测度指标主要针对具体工况条件下的设备、工艺、产品等简单系统的效率测度，难以满足复杂经济系统的节能决策需求。为解决实际能源管理工作中出现的激励不相容困境，真正促进高质量发展，必须完善能源效率测度，经过调研，项目组凝练出如下两个关键科学问题。

依照前期研究，得出结论：必须从经济激励机制完善能源效率测度指标。

（1）能源效率指标要反映经济系统中的价格和成本等信息，符合激励相容条件。这些信息包括各类能源的实物量和价格信息，也包括资本、劳动、原材料等其他生产要素的实物量和价格信息。能源

将“能源效率测度”凝练为两个关键科学问题进行研究。

是诸多生产要素中的一类，一个经济系统的运行成本，不仅包括能源成本，还包括其他生产要素成本。各类能源的差异不只是物理上能量系数差异，更有经济意义上边际产出的差异。企业的目标不仅是节约能源量，以及节约能源成本，还要节约全部要素成本。能源效率指标不能片面地考虑能源量或能源成本。只有将各类要素成本纳入测度指标中，并用于考核一个地区或企业的能源效率水平，才可能避免前述的用能行为扭曲现象。

（2）指标设计还要反映能源与其他要素之间的替代性，以及煤炭、石油、电力等各类能源之间的替代性。这些替代是有限替代、不完全替代，即替代弹性往往不是无穷大。在要素价格发生变化时，企业会通过要素替代的方式调整要素组合，以保持实现成本最小化。在能源价格充分反映了能源消费的负外部性（如环境污染、气候变化）的前提下，能源的相对价格受供求关系影响而下降时，多消耗一些能源、少使用一些其他要素，所测算出的能源效率存在相等的可能性。能源还具有自然属性，能源的加工转换和利用要符合基本的自然定律（如热力学定律）。因此，在构建新的能源效率测度时，既要符合物理学基本定律，也要符合经济规律。

3. 研究本科学问题过程中的创新点

针对传统能源效率指标存在扭曲用能行为、造成激励不相容的问题，综合应用物理定律、经济理论和运筹学方法，改进了经济系统中的能源效率测度指标。其创新点主要包括两个方面：①把能源集成到经济系统中，依据自然科学中的热力学定律和微观经济学中的成本理论，推导出新的能源效率测

阐述研究过程中采用的基础理论和研究方法：应用热力学定律、成本理论，推导出新的能源效率测度指

度指标。②进一步应用运筹学（数学规划）方法推导出能源效率测度指标的可计算途径，并将所形成的测度指标应用到能源效率评估实践中。

标，并应用数学规划方法使其可计算。

具体而言，是将经济效率投影到能源维度，从“经济效率”分解形成“能源经济效率”，并分析该指标的一些基本性质，如可比性、单纯形性、等价性、互斥性等。之后，进一步将“能源经济效率”分解为“能源要素配置效率”和“能源要素技术效率”指标，形成能源效率测度指标体系。该指标体系的核心是“能源经济效率”，配置效率和技术效率测度可以为改进能源经济效率提供方向指引。

4. 研究本科学问题的意义

以节能实践问题为导向，运用系统思维，将能源要素置入经济系统中考察，综合考虑要素之间的相互作用，发展了存在技术替代和经济替代等复杂条件下的能源效率测度理论方法，解决了经典效率测度方法仅纳入能源物理信息、缺失市场价格和成本等经济信息导致的激励不相容问题，突破了传统的从“单位产值能耗”视角来测度能源效率绩效的局限性，实现了提高能源效率与降低成本的统一。这一研究过程综合应用了热力学定律、微观经济理论、运筹学方法。

衔接了节能激励机制理论分析与节能考核实践，有助于改进节能激励机制。据此形成的政策建议被采纳到国家有关节能工作文件中。“十四五”国家能源强度目标和总量目标统筹管理的政策也体现了这一思路，国家向地区分解能耗强度降低基本目标和激励目标两个指标等。

描述解决本应用难题产生的重要作用。

形成的能源效率测度思路和方法对于其他具

有外部性特征的资源（如水资源、矿产资源，以及碳排放权等）的利用效率评价也具有借鉴意义，对于完善这些资源政策设计有参考价值。

案例点评

能源效率指标在能源政策制定和评估中扮演着重要的角色。测度能源效率对推进我国经济与能源环境协调发展至关重要，如何测度能源效率也是当前迫切需要解决的一个重要课题。传统的单位GDP能耗指标作为能源效率的基本测度指标不能够完全反映出能源在利用过程中的经济效率的实际贡献，仅仅从物理量角度反映了一个投入产出关系的变化，是一个技术效率的指标，亟待从系统论的角度出发，将能源效率测度纳入经济系统全要素分析框架。

该案例的特点是基于政策实践中对该指标简单应用所带来的局限性和扭曲，针对性改进了能源效率的经济内涵的测度方法，在全要素投入的生产函数中考察能源要素与资本、劳动等其他要素、不同能源品种之间的替代关系，基于运筹学的方法测度出系统在成本最小化条件下的最优要素组合，以及相应的能源经济效率。对于以节能降耗为导向的政策而言，区域异质性客观存在，一刀切地根据物理效率指标下降率来评价节能行为是不够全面科学的，因此能源经济效率指标能够对不同要素禀赋条件区域的减排效率进行更加合理的测度，反映节能的综合经济成本和最优的技术选择路径，是一个具有政策价值的方法，体现了管理科学服务政策实践开展理论创新的价值和意义。

案例供稿部门：管理科学部三处

案例审读人：武汉大学　方德斌；复旦大学　吴力波

案例点评人：复旦大学　吴力波；武汉大学　方德斌

十八、多灾种耦合的非线性风险量化问题

凝练科学问题的过程及意义

1. 问题来源

随着全球性气候变化的趋势，我国极端自然灾害发生的频率逐年上升。同时，随着我国城镇化发展趋势，以及工业规模化、集聚化的发展趋势，我国自然灾害与事故灾难呈现多灾种耦合的复杂特征。多灾种耦合灾害事故间存在复杂耦合关系，如相互触发、相互放大等，导致灾害事故风险存在非线性。研究多灾种耦合的非线性风险量化问题，对于提升风险评估方法准确性与适用性至关重要。

阐述本研究的应用需求，中国灾害事故形势严峻且呈现多灾种耦合。

多灾种耦合的非线性风险量化研究面临三个难题，分别是灾害事故种类的不确定性、发展的不可预测性，以及耦合关系的复杂性：首先，自然灾害与事故灾难潜在危险源的广泛分布，导致灾害事故种类与风险点位存在高度随机性；其次，各类突发事件间的复合链生关系复杂、成链机制不明确，导致多灾种耦合灾害事故的发展难以得到有效预测；最后，多灾种耦合效应的原理机制仍不明确，耦合灾害事故后果与风险的非线性无法得到准确量化。对于多灾种耦合风险非线性特征的原理与机制的不明确，制约了自然灾害与事故灾难风险评估理论与方法的研究与发展，限制了现行安全与风险管理政策与标准的有效性。开展相应研究是公共安

描述无法解决的具体难题：多灾种耦合呈现的复杂特性。

全管理面临的最紧迫议题之一。

2. 将实际应用需求转化为科学问题的思考、探索过程

自然灾害与事故灾难的多灾种耦合特征给风险评估、灾害预防、应急管理等领域的工作开展带来了困难，同时也对开展多灾种耦合灾害与事故研究提出了迫切需求。基于这一需求，以多灾种耦合灾害与事故间的非线性关系为切入点，重点研究自然灾害引发事故灾难（Natech）事件、事故灾难事件链（多米诺事故），以及共生灾害与事故间的相互作用、相互影响的原理与机制。

从需求中寻找研究切入点：多灾种耦合之间的相互作用机制。

前期研究以 Natech 事件与多米诺事故为研究对象，初步明确了多灾种耦合灾害与事故间的相互触发关系。开展了 Natech 事件中内部、外部耦合效应影响灾害事故后果与风险的研究，围绕物理耦合效应、事故危险性耦合效应、人体脆弱性耦合效应，以及多米诺效应开展了多灾种耦合灾害事故中非线性耦合关系的量化分析。研究发现多灾种耦合灾害与事故中的非线性关系会显著影响风险评估结果，进而影响灾害与事故的风险管理水平。

依照前期研究，得出结论：多灾种耦合的非线性关系影响风险管理水平。

关键科学问题是：①研究多灾种耦合灾害与事故间非线性关系的原理机制。旨在明确灾害与事故间相互触发、相互影响的机理，量化多灾种耦合复杂关系对风险评估、安全评价等结果的影响，作为提升复杂灾害事故认知、改进风险评估方法准确性、确保灾害事故预防与应急工作有效性的理论基础。②研究多灾种耦合中相互作用的动力学表达基础。多灾种耦合中的单一风险表现形式千差万别，进行多灾种耦合的非线性风险量化，需要对这些单

将“非线性风险量化”凝练为两个关键科学问题进行研究。

一风险进行统一的动力学表达，其前提是探索出多灾种耦合中相互作用的动力学规律。

3. 研究本科学问题过程中的创新点

对多灾种耦合非线性风险的量化研究，需要基于对 Natech 事件、多米诺事故等灾害事故过程原理的研究，以及对多灾种灾害事故间耦合效应的量化。对多灾种耦合风险评估的研究改进了原有研究方法中的独立、线性假设，应用多灾种耦合非线性研究思路开展风险评估方法的创新研究。相应研究的创新点主要包括三个方面：①提出了基于模糊集理论的多灾种耦合效应分析方法，明确了多灾种耦合物理效应、事故危险性、人体脆弱性等非线性耦合效应关系，为多灾种耦合灾害与事故风险的准确评估提供了理论基础；②提出了多米诺效应的蒙特卡罗模拟定量分析方法，量化了多米诺效应对化工风险与事故后果的放大效应，为灾害与事故的安全距离准确计算提供了模型基础；③提出了多灾种耦合动态风险的非线性定量评估方法，优化了风险评估在准确性与可操作性之间的平衡，为实际复杂多灾种耦合灾害与事故的风险评估提供了适用方法。

阐述研究过程中采用的研究方法：多灾种耦合效应分析方法、蒙特卡罗模拟定量分析方法、动态非线性定量评估方法。

4. 研究本科学问题的意义

通过多灾种耦合效应研究框架的构建，明确了 Natech 事件与多米诺事故中耦合效应对风险评估结果的影响，为开展多灾种耦合非线性风险准确评估研究提供了理论基础。通过量化研究多灾种耦合灾害事故间的非线性关系，弥补了传统风险评估与安全管理方法无法有效运用于多灾种耦合灾害事故的缺点，为后续开展符合多灾种耦合特征的自然灾害与事故灾难防治、应急管理模型与方法研究提供了理论与方法基础。

基于多灾种耦合风险非线性加和的研究思路，研究应用蒙特卡罗模拟与场论的多灾种耦合风险动态定量评估方法，以及应用模糊测度与 Choquet 积分等理论的大尺度多灾种耦合风险定量评估方法，提升了灾害事故研究与安全生产应用中多灾种耦合非线性风险评估的水平。围绕本科学问题的研究成果可为实现自然灾害的精确预警、事故灾难的有效预防提供理论与方法支持，同时也可为解决城市与工业发展矛盾、协调城市与自然环境间的关系、开展用地规划、维护公共安全等工作提供参考与指导。

描述解决本应用难题产生的重要作用。

案例点评

伴随全球气候变化加剧，我国 Natech 事件的发生风险越来越高，已然成为严重影响公共安全的重要科学命题。地震、洪水、飓风等自然灾害类型多样，发生时间、地点及出现强度难以早期精准预测，而易燃易爆、有毒化学物质等技术失控方面的致灾因子在时空域上的动态分布更是复杂多变。过去，限于泛在感知和大数据获取能力及复杂算法计算建模能力的不足，大量研究主要集中在单一灾种的致灾因子风险评估，多灾种风险评估研究通常采用线性加权的综合评估方法。

该案例拟探讨多灾种耦合灾害与事故间非线性关系的原理机制和多灾种耦合中相互作用的动力学表达基础等关键科学问题，从物理耦合效应、事故危险性耦合效应、人体脆弱性耦合效应、多米诺级联效应等多维度、多层次开展多灾种灾害事故的非线性风险量化分析，能够全面清晰地呈现与探索多灾种耦合灾害事件的发生发展过程中复杂性成因的客观属性，这对于自然灾害及其衍生风险的态势预判具有重要的理论与实践价值。科学上可对链式反应作用下的非线性复杂问题求解方法提供借鉴，现实中可指导决策者以系统性综合风险的角度建立人与自然和谐共存与发展的关系，从而优化区域规划和功能区设计。

案例供稿部门：管理科学部三处

案例审读人：中国科学院自动化研究所　曹志冬；

中国科学技术大学　魏玖长

案例点评人：中国科学技术大学　魏玖长；

中国科学院自动化研究所　曹志冬

十九、生物大分子药物体内高效递释系统

凝练科学问题的过程及意义

1. 科学问题的探索过程

生物大分子药物在重大疾病治疗中具有十分重要的地位，但其结构稳定性、病灶靶向性、生理屏障透过性差，因此，临床上多为大剂量注射给药，且体内生物利用度低。高效化是生物大分子药物亟待解决的世界难题。

介绍生物大分子药物临床应用背景，提出“生物大分子药物高效化”的难题和研究方向。

为探讨其原因，2006 年 8 月 29 ~ 31 日，甄永苏院士、王静康院士和杨志民教授、张志荣教授担任执行主席，组织召开了以“生物大分子药物高效化的基础研究”为主题的香山科学会议第 282 次学术讨论会。来自全国近 30 个单位的 40 余位专家讨论后，认为生物大分子药物分子量大、结构复杂、体内活性影响因素多，需要依靠现代药物递释系统来解决这一世界难题。

2007～2013 年，国家自然科学基金委员会资助国内药剂学界进行了一些生物大分子药物递送系统（BDDS）的探索研究，结合纳米技术，在 BDDS 的构建方面取得了一些进展，但研究仍缺乏系统性，对生物大分子药物体内生物利用度的提高仍不显著。为实现突破，必须进一步凝练科学问题。

2014 年国家自然科学基金委员会医学科学部和政策局举办了主题为“生物大分子药物体内高效

递送系统前沿研究”的第 108 期“双清论坛”，来自国内外 20 多个单位的 50 位专家进行了深入讨论，研讨的科学问题包括：①生物大分子药物体内高效递送系统研究的重要性与迫切性；②BDDS 与生物活性的相关性；③生物大分子药物病灶靶向输送系统的构建与功能；④生物大分子药物穿膜输送系统的构建与功能；⑤BDDS 在细胞内的转运及释药；⑥BDDS 与亚细胞器的相互作用。

2015 年，四川大学张志荣教授在成都组织召开了生物大分子药物体内高效递送系统研讨会，参会人员包括来自四川大学、北京大学、复旦大学、中国科学院上海药物研究所、上海交通大学等本领域优势单位的科学家。经过深入讨论，最后凝练出了解决生物大分子药物高效递释的两个关键科学问题：一是如何保持生物大分子药物的结构稳定性和生物活性；二是如何实现生物大分子药物的高效递送和适时释放。

基于前期基金资助效果和多次学术研讨，确定解决生物大分子高效递释的关键科学问题：一是如何保持生物大分子药物的结构稳定性和生物活性；二是如何实现生物大分子药物的高效递送和适时释放。

基于上述关键科学问题，张志荣教授牵头四川大学、北京大学、复旦大学、中国科学院上海药物研究所、上海交通大学等单位的药剂学家，向国家自然科学基金委员会提出了“国家自然科学基金重大项目立项建议书”。2016 年国家自然科学基金委员会资助了“生物大分子药物高效递释系统”重大项目。本项目围绕 BDDS 的上述关键科学问题，设置了 5 个课题，分别研究 BDDS 的设计原理与构建方法，BDDS 对生物大分子药物结构与活性的影响规律，BDDS 的转运、释药机制，以及 BDDS 的药效与安全性评价体系。5 个课题相互协作，探讨 BDDS、药物与机体三者之间的作用规律和机制。

着手解决科学问题采取的途径与措施。

2. 解决本科学问题面临的困难

生物大分子药物的研究涉及多个不同学科的交叉。过去的研究大多仅集中于某一种生物大分子体内传递过程中的一个或两个问题，没有从成药性的角度综合考虑生物大分子药物的稳定性和高效递释。因此，在现有基础上，我们提出了如下解决思路。

如何实现深度学科交叉，从成药性的角度综合考虑生物大分子稳定性和高效性是解决本科学问题面临的最大困难。

从生物大分子药物、递释系统、机体三者间的相互作用关系入手，围绕“成药高效化”的重大科学需求，深入研究递释系统对生物大分子药物活性的影响及其规律性，创新生物大分子药物的稳定化和高效递释技术，根据不同生物大分子药物（蛋白多肽、抗体、核酸、疫苗类药物）的结构特点，设计并构建不同种类的生物大分子药物的高效递释系统；探索生物大分子药物的高效递释机制，根据生物大分子药物及其高效递释系统的特性和共性，建立 BDDS 的药效和安全性评价方法。从多层次满足生物大分子药物的高效递释要求：①维持生物大分子空间构型和体内外生物活性；②克服屏障后的病灶组织富集；③跨细胞膜的胞内转运和释放；④治疗的高效安全等。

围绕“成药高效化”形成解决困难的思路。

3. 研究本科学问题过程中的创新点

（1）掌握了部分生物大分子药物结构稳定性与活性的关系，创新了多个提高生物大分子药物稳定性、保持活性的新技术。

从生物大分子药物高效递释系统中药物分子结构和活性的关系入手，分别针对多肽、核酸、抗体、疫苗等药物的递送及体内作用过程进行了深入研究。开发了蛋白多肽药物水相-水相预制粒方法，

通过重大项目“生物大分子药物高效递释系统”的成功实施，在生物大分子药物稳定性、体内转运规律和释药

以及连续简便、质量自洽的微球制备工艺，有效保持了蛋白质药物的自然构象和生物活性。针对蛋白多肽的非注射给药问题，开发了快速溶胀的相转化微针和简捷高效的冷冻线描绘 3D 打印方法，简化了生产工艺。系统研究了递释系统表面聚乙二醇（PEG）密度对核酸药物转染效率的影响。针对新一代抗体药物研发的瓶颈问题，创造性地应用脂质自组装原理，模拟实现了抗体药物偶联物的功能和双特异性抗体的功能。针对 mRNA 疫苗脂质纳米粒（LNP）制剂结构和功能的关系进行了系统的研究，提出了不同 LNP 结构、粒径对其体内分布、转染效率及免疫原性的影响。多肽缓释微球、抗体脂质体和 mRNA 疫苗 LNP 等多项研究成果进入了临床前研究和临床申报阶段。

机制等领域实现了多重创新。

（2）发现了部分 BDDS 体内转运规律，创新了提升生物大分子药物递送效率的方法。

系统研究了 BDDS 在体内递送过程中克服生理屏障的机制，如发现了 IgM 对脂质体体内递送的影响，阐明了 BDDS 完整性跨越血脑屏障（BBB）与脑部递送的关系，发现了穿膜肽克服角膜屏障的机制，揭示了载体粒径、理化性质与形态对口服吸收和转运的影响等。

（3）揭示了部分生物大分子药物全身给药、局部注射给药和口服给药途径 BDDS 的释药机制。

例如，厘清了微环境响应性小干扰 RNA（siRNA）药物释放机制，揭示了原位智能凝胶促进渗透和影响释药速率的机制，首次发现了内质网膜修饰仿生载体经“内吞体—高尔基体—内质网”途径释放 siRNA 的机制，阐明了胞内蛋白冠对跨膜转运及释药的影响等。

4. 研究本科学问题的意义

生物大分子药物用于重大疾病治疗具有明显优势，已被全球公认是 21 世纪药物研发中最具有前景的高端领域之一。根据美国《化学化工新闻》（*Chemical & Engineering News*）杂志统计，从 1870 年至今，全球最重要的 46 种药物中，生物大分子药物就占据了其中的 7 种，比例高达 15%。但是，在全世界已经核准临床使用的 10 000 多种药物中，生物大分子药物仅有不到 200 种，占所有药物数量的不到 2%。鉴于此，欧、美、日等科技发达国家和地区均把生物大分子药物列为当代药物研究开发的科学前沿，正在加快生物大分子药物的发展。我国国家中长期科学和技术发展规划纲要也已将“蛋白质药物”及“释药系统创制关键技术”作为国家亟待解决的重大科学问题，列入“人口与健康”重点发展领域。然而，生物大分子药物的临床应用存在诸多问题，如极易降解、体内半衰期短、靶向性低、难于穿透细胞膜、生物利用度低、剂量大，以及可能引发宿主免疫系统过敏反应等。全球在生物大分子药物体内高效递释方面的研究尚属起步阶段。

本科学问题关乎国计民生，是“人口与健康”的重点发展领域。

本项目针对蛋白多肽、核酸、疫苗和抗体四类生物大分子药物在递释过程中存在的问题，结合不同种类药物的理化性质及递释系统种类和结构特点，研究 BDDS 的设计原理，并构建不同种类的生物大分子药物的高效递释系统。

对知识体系产生的增量。

解决生物大分子药物高效递释过程中的关键科学问题：系统研究生物大分子药物（包括蛋白多

肽、抗体、核酸、疫苗药物）递送系统中药物结构与活性的影响规律及其在体内的递释过程，阐释载体、药物、机体三者间的相互关系。研究生物大分子药物与递释系统的相互作用、与体内各组织器官的相互作用，以及进入细胞和胞内递送及释放过程，阐明生物大分子药物高效递释机制。

建立 BDDS 药效和安全性评价的技术体系，力争实现 BDDS 临床转化：根据生物大分子药物及其高效递释系统的特性、共性及药物发挥作用的方式，建立 BDDS 药效和安全性评价的技术体系，为后续 BDDS 药效和安全性评价提供理论指导。通过比较一系列理化特性各异的 BDDS 在药效和安全性上的差异，揭示 BDDS 的结构、组成和理化特性等与其药效和安全性间的关系，为进一步实现 BDDS 的临床转化打下基础。

项目解决了制约生物大分子药物高效递释的部分理论与技术难题，为生物大分子药物高端制剂的研发奠定了科学基础。相关成果获得国家自然科学奖二等奖 1 项，国家科技进步奖二等奖 2 项，申请国家发明专利 72 项，授权 32 项。团队新增长江学者 2 名，国家杰出青年 2 名，科技部重点领域创新团队 1 个，国家级青年人才 3 名，培养毕业博士 52 人、硕士 84 人。发表高水平学术论文 317 篇，国内外学术会议邀请报告 110 余次。

项目部分研究成果处于国际领先水平。如果在临床转化研究方面抓住机遇，利用基础研究的成果，集中力量解决生物大分子药物高端制剂产业化关键科学问题，极有可能使我国在高端制剂领域占领战略制高点，对促进我国由全球制药的原料大国

科学问题具有重要战略意义。

转型为全球精品药物制造大国具有重大战略意义。

案例点评

蛋白多肽、核酸、疫苗和抗体等生物大分子药物在重大疾病防治中起着重要作用，已成为21世纪药物研发中最具有发展前景的领域之一。但由于其结构稳定性、病灶靶向性、生理屏障透过性等性质较差等缺陷，临床上多为大剂量注射给药，且体内生物利用度低，甚至产生不良反应。因而，高效化是生物大分子药物亟待解决的世界难题，药物递释系统是解决这一难题的重要手段。为此，国家自然科学基金委员会资助了“生物大分子药物高效递释系统”重大项目。

项目组凝练出“如何保持生物大分子药物的结构稳定性和生物活性”“如何实现生物大分子药物的高效递送和适时释放”这两个关键科学问题。围绕科学问题，通过研究BDDS的设计原理，构建了不同种类的BDDS，研究了其药物结构对活性的影响规律，生物大分子药物与递释系统的相互作用、与体内各组织器官的相互作用，以及进入细胞和胞内递送及释放过程，阐释了载体、药物、机体三者间的相互关系和递释机制，揭示了部分BDDS的结构、组成和理化特性等与其药效和安全性间的关系，取得了系列重要研究成果，部分成果处于国际领先水平。

该项目准确把握、凝练了生物大分子药物的关键科学问题，解决了制约其高效递释的一些理论与技术难题，为生物大分子药物高端制剂的研发奠定了科学基础。对于我国在高端制剂领域占领战略制高点、由全球制药的原料大国转型为全球精品药物制造大国，具有重要战略意义。

案例供稿部门：医学科学部九处

案例审读人：北京大学　张强；复旦大学　陆伟跃；
中国科学院上海药物研究所　李亚平

案例点评人：中国科学院上海药物研究所　陈凯先

二十、人体肺部结构和功能的无损、定量、精准的医学影像研究

凝练科学问题的过程及意义

1. 问题来源

肺部疾病是严重威胁我国人民群众生命健康的重大因素。我国有接近 1 亿慢性阻塞性肺疾病（简称慢阻肺）患者，约占全球 70%。此外，全球约有 1/3 的肺部疾病高危人群——烟民，人数超过 3.5 亿。肺功能损伤逐渐发展至后续肺结构病变是肺部重大疾病的共同发展规律，提高对肺部微结构和生理功能损伤的检测技术水平，实现早发现、早诊断、早治疗至关重要。

阐述本研究的应用需求：肺部结构和生理功能医学影像检测。

肺部最主要的功能是进行气体交换和气血交换。临床上常用的胸部 X 线检查、计算机断层扫描（CT）和正电子发射断层成像（PET）等影像设备，存在电离辐射，且无法对肺部通气、气血交换进行功能检测。吹气肺功能检测虽无电离辐射，但无法对肺部功能进行可视化的局域评估。磁共振成像（MRI）可以无电离辐射地获得人体大部分组织的结构和功能影像，但肺部因水含量低（主要为空腔结构），是传统 MRI 检测“盲区”。目前临床常规检测技术均不能对肺部通气和气血交换功能进行无创、定量和可视化评价，极大地阻碍了肺部重大疾病早期，即生理功能损伤期的深入研究。

描述无法解决的具体障碍：临床常规和影像学检测不能对肺部通气和气血交换功能进行无创、定量和可视化评价。

2. 将实际应用需求转化为科学问题的思考、探索过程

为什么传统 MRI 检测中，肺部影像犹如一个“黑洞”呢？因为传统 MRI 信号来源于人体中水质子的信号，而肺部是空腔组织，其水质子的密度比正常组织低约 1000 倍，不足以成像。

从需求中寻找研究切入点：传统 MRI 检测中，肺部是空腔组织，不足以成像。

为了获得肺部的 MRI 影像，研究团队创新性提出一种可作为气体造影剂吸入肺部的“X 气体”，然后去寻找它。“X 气体”需要满足三个条件：①无毒副作用，对人体无害；②能溶于肺组织和血液，提供通气功能和气血交换功能信息；③磁共振信号能够被放大增强，并具有较长的自旋晶格弛豫时间。

依照前期研究，得出结论：为获得肺部的 MRI 影像，创新性提出一种气体造影剂。

从安全无毒的稀有气体中，研究团队首先筛选出磁共振信号衰减时间较长的两种元素：氦-3 和氙-129。由于我国是个贫氦的国家，且氦-3 不溶于血液，其不满足探测肺部气血交换功能的应用需求。氙-129 具有良好的生物惰性、脂溶性和化学位移敏感性，可以溶解在肺部血液和组织，在用于肺部气血交换功能检测方面具有十分独特的优势。最终，稀有气体氙-129 被选定为“X 气体”。

按照科学问题凝练的思路，引导出关键科学问题：寻找安全无毒的稀有气体，实现肺部气体磁共振影像从“不可看”到“可看”的突破。

想要实现肺部气体磁共振成像从“不可看”到“可看”的突破，气体磁共振信号需要被放大 4 个量级以上，即被“超极化”。超极化技术的主要原理是通过激光技术把光子角动量转移至碱金属原子电子，再由电子通过费米接触相互作用转移至稀有气体核，使其获得核自旋极化。

超极化后的氙-129 气体作为造影剂通过人体自主呼吸进入肺部，不仅能显示气管、支气管、肺叶等完整的肺结构，而且可以对肺部通气功能、气血交换功能进行定量评价。在结构成像方面，能无损、定量、可视化地检测肺内气体扩散能力的变化，很好地反映出肺部疾病患者肺内微结构的变化。在肺部功能成像方面，可无损地获得肺部气血屏障厚度、肺部气血交换时间、肺泡管外径和表观扩散系数等一系列重要的肺部结构和功能生理参数。

3. 研究本科学问题过程中的创新点

研究团队立足理论创新，以激光光泵与自旋交换光泵技术为基础，在超极化气体的制备、肺部气体快速磁共振成像和重建、常规临床磁共振成像装备兼容等技术方面取得了一系列重大技术突破。

阐述研究过程中采用的创新研究思路：以激光光泵与自旋交换光泵技术为基础，在超极化气体的制备、肺部气体快速磁共振成像和重建、常规临床磁共振成像装备兼容等技术方面实现肺部多维度、多模态的关联性检测，完成从“看清”到“好看”的飞跃。

气体磁共振信号增强的超极化技术——研究团队基于失谐光泵、梯度控温等理论指导，研发的医用氙气体发生器可将磁共振信号增强 70 000 倍，让肺部气体磁共振成像从“不可看”成为“可看”。

超快肺部气体磁共振成像技术——研究团队利用稀疏欠采样技术结合人工智能重建算法，发展了具有高时间分辨率的肺部快速成像技术，成像实时清晰，将“可看”提升至“看清”。

人体多核磁共振成像技术——研发团队研制出可穿戴式人体肺部气体磁共振成像探头和升降频多通道射频装置，使临床单核磁共振成像仪能扩展至多核成像系统，研发用于结构和功能成像的方法与技术，实现多维度、多模态的关联性检测，完成从“看清”到“好看”的飞跃。

4. 研究本科学问题的意义

2019 年底出现的新型冠状病毒肺炎（简称新冠肺炎，COVID-19）给全球公共卫生健康带来了严重的威胁，被世界卫生组织（World Health

描述解决本应用难题产生的重要临床意义。

Organization，WHO）定性为全球大范围流行病。经CT影像学所见的磨玻璃状影与肉眼所见肺泡灰白色病灶对应，首例新冠肺炎病逝患者尸检解剖报告提示，新冠肺炎主要表现为以深部气道和肺泡损伤为特征的炎症反应。临床上发现部分患者在出院后仍伴有不同程度的乏力、呼吸困难等症状，由于缺乏肺部功能影像定量检测手段，目前临床上无法精准评估其肺功能损伤恢复程度。

在抗击新冠肺炎疫情期间，气体磁共振成像装备应用至武汉市金银潭医院、华中科技大学同济医学院附属同济医院抗疫一线，在国际上首次实现了新冠肺炎患者肺部微结构和通气、气血交换功能定量、可视化评估，为出院患者的临床康复治疗提供了全新的科技支撑，也是现有临床影像技术的重要补充。

研究发现，虽然轻症出院患者的肺部CT影像和吹气肺功能检测参数显示正常，但其气血交换功能有明显的受损、通气功能虽有轻微损伤但相对正常，肺泡微结构没有明显改变。并且，6个月的随访数据表明，大部分轻症新冠肺炎出院患者的通气功能和气血交换功能都有所改善。本研究证明了超极化氙-129气体磁共振成像技术在新冠肺炎致肺结构和功能损伤定量可视化评估中的独特优势，有效弥补了新冠肺炎患者使用CT检测存在放射性且无法探测肺部功能的不足。这项重要研究受到国际同行的高度关注，团队首席科学家周欣研究员受约翰斯·霍普金斯大学医学院邀请，在线作关于新冠肺炎患者肺功能无损评估的学术报告。牛津大学等机构跟进并开展相关研究，其在*Radiology*发表的研究成果引用了研究团队临床结论并表示，“气体磁共振成像技术能够精确定位肺部生理受损部位”。

案例点评

肺部疾病是严重威胁我国人民群众生命健康的因素。胸部X线摄片和CT检查是肺部疾病最常用的检查技术，但X线对人体有辐射影响，而且肺功能检测有限。磁共振成像的软组织分辨率高，但肺内缺乏氢质子，磁共振成像为肺部观察的盲区，一直是研究的难点及热点。从检测观察角度看，大多数疾病的发生和发展经历着从功能到结构改变的过程。目前临床常规成像技术未能实现无创、定量及可视化对肺部通气和气血交换功能的评价，因此，同时迫切需要一种合适的技术来检测肺部的气血交换功能，用于研究重大肺部疾病患者肺部的结构和功能。

为点亮肺部磁共振成像的盲区，采用稀有气体氙-129进行肺部磁共振成像的技术应运而生。显著提高氙-129磁共振信号强度是获得有临床应用价值信息的关键。周欣教授团队研发了医用氙气体发生器、气体超极化技术，使磁共振信号增强70 000倍以上，在一定程度上解决了信号放大的难题，显著提高了肺部磁共振成像的能力。采用"稀疏欠采样和人工智能重建算法"的超快肺部气体磁共振成像技术，可使肺成像具有高时间分辨率。同时研发出了可穿戴式人体肺部气体磁共振成像探头和升降频多通道射频装置，形成人体多核磁共振成像技术，实现了多维度、多模态的关联性检测。氙-129肺部磁共振成像应用于慢性阻塞性肺疾病患者，证实该成像方法能进行肺泡功能和微结构敏感检测，得到了国际同行关注。该方法也应用于新冠肺炎患者，在肺解剖结构图像尚正常时可观察到功能异常，有助于对其临床症状及病理生理过程进行解释。该成果使磁共振成像对肺部疾病的无创诊断和早期功能研究成为可能，具有重大临床意义和科学价值。

案例供稿部门：医学科学部八处

案例审读人：东南大学　居胜红；南京大学　卢光明

案例点评人：北京大学　高家红

二十一、航天极端环境机体应激与防护策略

凝练科学问题的过程及意义

1. 问题来源

本项目的开展是我国载人航天工程任务的迫切需求。目前，我国载人航天工程已全面迈入空间站时代，并在实现从短中期太空飞行到长期太空飞行的突破。同时，深空探测已经成为航天大国科技竞争的制高点，在实现人在太空长期生存的条件保障基础上，实现载人登月、建立有人值守的月球基地的任务也迫在眉睫。我国航天医学研究的首要任务即开展空间极端环境对抗和防护研究，确保航天员的长期在轨驻留能力。在长期的航天飞行过程中对健康影响最大的极端环境因素是辐射和失重，由此造成的失重性骨丢失、肌肉萎缩、心血管功能紊乱等严重危害航天员的健康。航天极端环境因素对机体的损伤是实现长期太空飞行和深空探测的载人航天工程的关键制约因素。其根本原因是航天特殊环境对机体损伤的关键靶点不清楚、系统之间的调控关系不明确，缺乏有效的预警与评价机制，未能形成有效的对抗防护体系。

阐述本研究的应用需求：航天员在极端环境中的健康防护需求。

描述无法解决的具体障碍：航天极端环境因素对机体的损伤机制不明确，预警和防护策略不完善。

2. 将实际应用需求转化为科学问题的思考、探索过程

在长期的航天飞行过程中，机体会受到失重、辐射、密闭隔离、活动受限、噪声振动等各种复杂

环境的影响，其中对健康影响最大的极端环境因素是失重和辐射。失重是地球上人类上万年的进化过程中从未遇到过的环境因素，而太阳粒子事件、银河宇宙射线所产生的高能质子、重离子及次级粒子等空间辐射对长期在磁场屏蔽下生活的地球生物的应激响应机制和损伤修复系统提出了极限挑战。因此本研究首先聚焦航天极端环境因素中对机体影响最大的两大极端因素：失重与辐射，分别解析单个因素和复合因素的作用。

从需求中寻找研究切入点，重点关注失重和辐射这两大极端因素。

针对失重和辐射极端环境机体应激的变化特点，如何从系统调控的角度揭示极端环境应激对机体关键器官/系统的响应特征、变化机制及交互作用特点，如何确定预警和对抗防护的靶点，建立预估、预警、防护和诊疗的新技术体系，形成针对极端环境应激防护的有效策略，是亟待阐明的两大关键科学问题。在机制的解析方面，从损伤最为严重的骨骼系统和心血管系统出发，深入解析机体响应特定极端环境的异质性、时空性特征，利用系统生物学的方法确定关键的损伤靶点，同时又从系统调控的角度出发，解析航天极端环境下不同组织器官之间的调控关系，揭示航天复合环境因素条件下机体系统应激的特征规律及稳态失衡的调控机制，发现并验证一批具有原始知识产权的生物标志物和药物靶标。在评估与预警方面，科研人员突出中国人特色的预警防护体系的构建与损伤评价。在监测与评估方面，团队致力于研发具有自主知识产权的便携、可靠、精准和通用的监测设备。在对抗防护方面，突破传统的以物理锻炼和营养为主的防护方法，做到精准、有效。在整个课题的设置中突出基

将“极端环境机体应激”凝练为两个关键科学问题进行研究。

础理论的解析与实际应用的密切结合，同时根据实际防护效果对原创理论的发现来进行评价与完善。

3. 研究本科学问题过程中的创新点

本研究将聚焦航天失重和空间辐射这两个影响长期载人航天飞行的关键环境因素，充分利用我国空间站国家太空实验室的资源条件、结合我国航天实时飞行机体的变化特征及大型人体头低位卧床实验的数据资源，建立辐射与失重复合因素的机体损伤模型，利用多组学技术，研究极端环境条件下关键靶器官、敏感细胞及效应因子的变化特点及规律，聚焦线粒体应激和蛋白质泛素化修饰，系统开展空间复杂环境下机体应激响应机制研究；揭示关键分泌因子介导的组织、器官及细胞之间的交互作用对机体应激的影响并阐明其作用机制，建立航天极端环境条件下机体系统间调控网络，发现应激损伤的关键标志物和对抗防护靶点。基于新靶点、标志物结合新型的表面增强拉曼光谱（SERS）技术建立更加精准的监测方法和预测、评估体系。在此基础上针对整体和重要器官应激损伤，通过多学科交叉调控与干预研究，基于化学小分子结构解析、蛋白质降解、肠道菌群、外泌体等技术建立航天极端环境机体应激损伤的医学综合防护与干预策略。与研究内容相对应，本项目设置四个课题分别从关键靶器官、敏感细胞及效应因子的鉴定与功能，不同组织器官间的交互调控作用，风险评价与健康监测，以及综合防护策略四个方面开展多学科交叉融合研究，完成整个项目的从航天极端环境机体应激特点及机制到预警防护的研究目标，为保障国家载人航天重大工程顺利实施奠定基础。

阐述研究过程中采用的研究方法：发现应激损伤关键新标志物和对抗防护新靶点，建立更加精准的监测方法和预测、评估体系。

4. 研究本科学问题的意义

通过本项目的研究，科研人员将建立空间复杂环境应激动物模型，揭示能够响应空间极端环境的关键靶细胞及其生物学变化特征和规律，绘制空间复杂环境应激的细胞学图谱，从泛素化修饰角度阐释空间复杂环境下骨骼/心血管系统应激损伤机制，明确关键器官系统损伤的干预靶点；筛选获得航天极端环境条件下变化的新型分泌因子，明确分泌因子作为航天环境应激损伤的关键标志物，重点从新型分泌因子、代谢小分子及外泌体角度阐释航天极端环境下机体不同组织器官间的交互调控作用，确定机体损伤的关键生物标志物；建立航天极端环境下适合中国人的心血管系统、骨骼系统应激损伤的风险评价系统，制定建立航天极端环境下机体心血管系统、骨骼系统应激损伤的预警系统和健康监测方案；基于化学小分子结构解析、蛋白质降解、肠道菌群、外泌体等技术制定靶向性调控特定组织器官应激损伤的精准干预措施，建立航天极端环境下机体应激损伤的综合防护方案。

可望最终形成航天极端环境关键器官组织损伤的蛋白质稳态调控理论、航天极端环境机体应激损伤的系统调控理论两大理论突破；形成可靠灵敏的航天敏感器官损伤的评价模型和预警技术、航天极端环境下机体应激损伤的靶向及系统防护技术两大技术突破。突破制约长期载人航天飞行的瓶颈问题，为保障国家载人航天重大工程顺利实施提供切实可行的方案。

描述解决本应用难题产生的重要作用。

案例点评

空间极端环境是载人航天向深空发展的主要制约因素，该项目针对太空环境的典型要素，以机体最敏感的骨骼系统和心血管系统为研究对象，研究空间极端环境下机体的应激响应特性及其分子机制和脏器互作机制，开发健康风险评价系统、监测系统和防护策略。通过优势团队的分工协作，开展全链条、跨尺度、系统性研究，有可能更全面地了解空间极端环境下机体应激响应的规律和机制，建立可靠可行的预警监测和防护系统。

该项目以国家需求为牵引，把握载人航天向深空长周期发展亟待解决的健康风险预警预测等“卡脖子”问题，聚焦细胞器互作机制等科学前沿，借助多组学分析工具，结合肠道微环境调控和辐射敏感性的生物节律等最新进展，开发多因素综合策略，以期解决空间极端环境应激防护的世界性难题，兼具前沿性、交叉性和创新性，是应用需求类科研项目的典型案例。

案例供稿部门：医学科学部五处

案例审读人：军事医学科学院放射与辐射医学研究所　张令强

案例点评人：苏州大学　周光明

二十二、动态博弈情况下无人集群系统的协同决策与控制

凝练科学问题的过程及意义

1. 问题来源

由规模化智能无人系统组成的无人集群系统将广泛应用于物流仓储、智能制造、应急救灾以及国防军事等场景，由于这些场景具有集群规模大、环境动态变化、任务随机不确定等特点，系统级的决策优化、任务分配与执行控制都面临一系列挑战。

阐述本研究的应用需求及其关键困难。

2. 将实际应用需求转化为科学问题的思考、探索过程

无人集群系统，尤其是异构的无人集群是一个复杂的系统，它们需要在作业时实现群体的高效协同，只有这样才能快速精准地完成复杂多样化的任务。此前，国内外学术界已针对复杂网络、多智能体系统开展了深入研究，在协同控制、规划决策等方面取得了大量理论成果，然而这些理论大都针对简单理想的任务，无法适用于开放动态环境中智能无人系统所面临的高度不确定性、对抗博弈、复杂动力学特性、控制或决策约束等实际情况。应用需求与现有理论方法之间依然存在巨大偏差。通过与实际应用部门以及控制、决策等方向的专家开展深入探讨与思考，最终发现动态博弈情况下的协同决

点明此前研究的主要不足：仅考虑简单理想情况，与实际不符。

策与控制是制约无人集群系统实际应用的关键科学问题。

3. 研究本科学问题过程中的创新点

在研究过程中，创造性地运用控制、人工智能、运筹优化、系统工程、生物集群等方面的理论知识，组织了具有不同学科背景和密切合作基础的交叉研究团队，通过定期组织群体讨论班等方式协同攻关、深入融合，并邀请同行学者开展学术交流，与资深老科学家探讨，保持与实际需求部门的沟通合作。

4. 研究本科学问题的意义

研究本科学问题，突破其关键技术，无疑将有效提升无人集群系统的自主能力和博弈水平，支撑解决目标协同探测、多机器人协同作业等技术难题，填补国内外在实时协同决策与控制等方面的缺失，为最终实现无人集群的完全自主智能奠定基础。

描述解决本应用难题产生的重要作用。

案例点评

无人集群系统是指若干无人系统在一定时间、空间内协同完成复杂任务的整体系统，它是涉及多学科领域的交叉学科研究方向，具有广阔的应用前景，但尚缺乏成熟的理论支撑。其中最大的挑战是如何通过个体间的协同使得集群系统的群体智能超越个体智能之和，从而在复杂多变的场景中利用非完全信息完成复杂任务。协同决策与控制正是无人集群系统实现智能协同的核心问题。实际应用中的无人集群系统不仅面临无法感知完全环境信息、个体动力学特性多样、合作与非合作动态博弈变化等难题，而且受到群体智能涌现机制尚欠明确的制约，致使现有理论成果仍然无法满足应用需求。该科学问题从实际应用需求出发，聚焦动态博弈情况下无人集群系统的协同决策与控制研究。开展该项研究将深度推进控制科学与工程、人工智能、运筹学与控制论等相关领域的交叉、融合与发展。该案例中提出的科学问题根植于实际应用需求，并充分借鉴了交叉学科领域理论，指明了制约无人集群系统实际应用的关键要点。在研究思路上，采用多学科融合-多团队交叉合作模式，注重学科间的学术交流以及与实际需求部门的沟通合作，尝试从理论和应用两个维度解决本科学问题。在研究方法上，创造性地融合多个学科的理论知识，以多学科团队合作、协同攻关的方式促进该科学问题的解决。在无人集群系统快速发展阶段，提出该科学问题为实现无人集群系统的完全自主智能指明了方向。

案例供稿部门：交叉科学部

案例审读人：天津大学　胡清华

案例点评人：山西大学　梁吉业

二十三、航空光电成像的运动补偿与控制

凝练科学问题的过程及意义

1. 问题来源

航空光电成像技术具有观测距离远、观测范围广、空间分辨率高、机动灵活和时效性强等特点，在城市规划、环境监测、军事巡侦等领域有广阔的应用前景。然而，在成像过程中，航空光电成像系统相对物方目标运动和载体机械振动的“动要素”打破了光学成像要求景物与成像系统之间相对静止的条件，目标像点在成像平面发生移动，导致图像模糊，成像质量严重下降。因此，为获得“动要素”条件下对探测目标的高质量清晰图像，光电成像的运动补偿与控制成为航空光电成像研究领域必须解决的关键科学问题。

阐述本研究的应用背景和面临的挑战：飞行的“动要素”使成像需要运动补偿。

2. 将实际应用需求转化为科学问题的思考、探索过程

航空光电成像技术的关键是在复杂动态条件下实现远距离、高分辨、大视场的优质快速光学成像性能。要满足航空光电成像的实际应用需求，必须充分考虑航空飞行的环境特点、光学系统的成像机理、执行器自身的机械特性，进而结合运动补偿与控制理论，探索解决“动要素”条件下获得探测目标的高质量清晰图像问题的途径。由于研究的问题不仅涉及与航空光电成像机理相关的光学系统

从需求中寻找研究切入点：需要同时考虑航空飞行的环境特点、光学系统的成像机理、执行器自身的机械特性加以研究。

优化设计，更涉及航空飞行的环境特点、执行器自身的机械特性以及控制系统的特性等，具有多学科交叉研究的属性。目前，虽然运用单一学科的知识可以一定程度上解决某一层面的技术问题，如光学设计中可以采用长焦距、大视场、低畸变的高品质光学系统有效提高成像品质，采用严格数学论证的控制理论和高可靠性的电子控制系统能够解决快速稳定的目标捕获与跟踪问题，采用现有的精密机械设计与制造技术能够实现高精度的自动化执行机构等，但要根本解决航空光电成像的实际需求，必须运用光学、力学、电子、控制科学和机械制造等多学科知识，多层面综合考虑航空光电成像的运动补偿与控制问题，通过扩展各个层面的边界条件，结合多学科的理论成果和工程实践水平实现高品质成像。

3. 研究本科学问题过程中的创新点

科研人员组建了光学、力学、电子、控制科学和机械制造的学科交叉研究团队，综合运用多学科理论知识，针对“动要素”条件下获得高质量清晰图像的目标，分类研究与综合分析相结合，厘清航空光电动态成像机理，研究航空飞行时作用在光电成像系统视轴上的复杂多源干扰特性和动态成像特点，提出了主动抗干扰视轴稳定成像、协同运动补偿宽幅成像等新方法，设计和制造出高质量的航空光电成像系统，满足重要应用的实际需求。

进一步说明具体思路：通过分析航空飞行环境对成像的影响，提出对应的运动补偿与控制方式。

4. 研究本科学问题的意义

从光学、力学、电子、控制科学和机械制造等多学科层面，研究航空光电成像的运动补偿与控制

描述解决本应用难题可能产生的重要作用。

的科学问题，可以更加深入地理解航空光电成像的机理，拓展“动态光学”的理论边界，为航空光电成像系统的设计制造提供理论指导，有效实现“动要素”条件下对观测目标的高质量清晰成像。有望从光电成像系统的设计和制造上主动适应复杂航空环境下高性能航空光电装备集成制造水平的跨越，支撑“高性能航空光电成像与集成制造技术”的重大进步，从而在地质测绘、应急减灾、城市管理、环境监测和国防等领域得到更广泛的应用。

案例点评

需求牵引、突破瓶颈类项目的科学问题往往来源于应用需求，需要依据前期研究基础或者该领域技术的研究现状，并结合实际应用需求总结和凝练关键科学问题。“航空光电成像的运动补偿与控制”是一个典型案例，很好地说明了科学问题的来源，阐述了将应用需求转化为科学问题的思考方法、研究科学问题对相关学科领域发展的推动作用，以及解决科学问题的创新点。

航空光电成像的视轴指向控制问题是航空光电成像系统集成制造的关键问题之一，涉及视轴在惯性坐标系下的稳定问题以及视轴与成像目标区域之间相对运动的控制问题，与光学成像机理、机械执行器特性、控制方法密切相关。不同于以往研究方法中多侧重于视轴指向控制中各回路控制方法的研究，该案例充分考虑了航空飞行的环境特点以及影响视轴指向稳定性的因素，提出了综合运用光学、力学、电子、控制科学和机械制造等多学科理论和知识，并协同运动补偿来实现视轴稳定宽幅成像的方法，这也是组建多学科交叉研究团队的原因和解决科学问题过程的创新点。

关键科学问题的凝练和创新点的精准提炼是申请国家自然科学

基金的关键环节，对于刚刚踏入科研领域的年轻学者来说也是最难把控的环节，相信该案例会对他们申请国家自然科学基金起到示范作用。

案例供稿部门：交叉科学部

案例审读人：宁波大学　周骏

案例点评人：南开大学　常胜江

二十四、跨介质仿生机器人机构/结构/表面融合设计理论

凝练科学问题的过程及意义

1. 问题来源

我国海岸线广阔，在海域巡视、海洋生态观察、水下装备应急检测和维护等方面仍然存在较多的盲区，亟须发展能实现跨介质作业的水陆空多栖机器人。然而介质跨越面临约束突变、交互力学复杂等挑战，跨介质多栖机器人如何稳定适应变介质复杂环境是一个巨大的难题。

阐述本研究的应用需求，点明跨介质多栖机器人相比传统机器人面临的难题。

2. 将实际应用需求转化为科学问题的思考、探索过程

自然界典型跨介质作息生物（鱼鹰、鲣鸟等）的独特宏/微生理结构及其在水、陆、空多介质环境中的高适应性运动行为给跨介质多栖机器人的设计提供了启示。本研究以解决此类机器人的跨介质运动能力为目的，希望通过探究此类生物头部、颈部、翅膀、脚掌等器官的生理结构、形态特征、运动特性与水、陆、空多介质环境交互作用规律，构建跨介质多栖仿生机器人机构/结构/表面融合设计理论。

说明研究切入点，通过探究跨介质作息生物的各种特性，建立跨介质多栖机器人的设计理论。

3. 研究本科学问题过程中的创新点

在跨介质多栖仿生机器人的运动功能实现上，拟借鉴生物软组织构造及运动机理，开展机器人机

阐述研究脉络：从多个尺度、视

构与结构刚柔耦合设计；基于生物表面微观特征及其适应介质的机理，探索高效减阻、可控黏附等多功能表界面设计方法；借鉴生物眼睛视觉、皮肤触觉的感知模式与行为决策机制，提出跨介质多栖可重构仿生机器人的感驱控方法等。

角分析生物特性，形成仿生体系。

4. 研究本科学问题的意义

本研究将解决水陆空多栖仿生机器人设计难题，突破复杂多变约束环境下机器人跨介质高适应性运动的关键理论与技术瓶颈，从而提升我国特种机器人装备研制的能力和水平，并促进仿生学、材料学、力学、机械和人工智能等领域的交叉研究，产生一批具有创新性和引领性的研究成果。

描述解决本应用难题可能产生的重要作用。

案例点评

仿生机器人机构/结构/表面融合设计一直是仿生机器人领域的重大难题，是涉及仿生学、材料学、力学、机械和人工智能等多学科领域交叉融合的重要科学问题，也是实现跨介质多栖仿生机器人的研究瓶颈。研究此科学问题，有利于推动仿生学、材料学、力学、机械和人工智能等多学科的协同式发展和进一步交叉融合；有望解决面向不同介质及界面的复杂多变约束环境下机器人宏微结合、刚柔耦合的变拓扑仿生机构设计难题；有助于在现有的水陆、陆空、水空两栖机器人设计理论基础上，提出一套研制高性能跨介质多栖仿生机器人所需的基础理论与关键技术，为将来成功研制高性能水陆空多栖仿生机器人提供理论基础和技术指导，以填补机器人在跨多介质作业领域的空白，在国防安全、科教民生等领域均具有重要意义。该案例以自然界中典型跨介质作息生物为切入点，力求通过仿生设计等手段将自然界优胜劣汰后的跨介质生物特性（如生理结构、形态特征、运动特性）迁移到仿生机器人上；从多个层面结合生物学和机器人学的知识，希望构建独特的仿生体系，研究机器人机构与结构刚柔耦合设计，高效减阻、可控黏附等多功能表界面设计，以及跨介质多栖可重构仿生机器人的感驱控方法，其探索过程、研究思路和方法均具有较好的创新性。

案例供稿部门：交叉科学部

案例审读人：清华大学　刘华平

案例点评人：重庆大学　罗均

二十五、网络化视频信号的资源受限编码原理与适配协作传输机制

凝练科学问题的过程及意义

1. 问题来源

随着智能移动设备的普及，对超高清和低延迟视频的需求激增。然而，有限的编码计算资源和通信频谱资源与这一巨大需求间形成了难以调和的矛盾。以 4K/8K 超高清视频为例，即便使用现有较为成熟的 HEVC（High Efficiency Video Coding，高效率视频编码）视频编码标准进行压缩编码，其平均码率也将达到 100Mbit/s 的量级，远远超出当前移动运营商所能提供的平均传输带宽，难以满足实时视频传输的百毫秒量级低延迟需求。如何在有限资源的约束下，从网络化视频业务的质量、功耗、带宽、延迟等多维度提升用户服务质量，是移动视频通信领域一直致力于解决的根本问题。在这一现实需求的驱动下，形成了以下三个问题。①信源端优化编码：如何克服信源的资源约束，实现更高的编码质量。②网络适配传输：如何适配网络的动态波动特性，实现网络渐进传输的效益最大化。③用户协作接收：如何适应用户的异构特性，保证用户优先级及公平性的资源分配。

阐述本研究的应用需求：超高清低延迟视频。

描述面临的主要矛盾：有限的编码计算与频谱资源。

2. 将实际应用需求转化为科学问题的思考、探索过程

信源端优化编码的核心是率失真优化，来源于

信息论，在给定码率约束下探求最小的编码信息失真。该问题由香农奖获得者 Toby Berger 教授提出，建立了基于高斯信源假设的率失真理论，之后被扩展为针对视频编码特性的视频信源率失真优化模型。然而，这些率失真优化模型的建立，并没有考虑视频编码的计算复杂度，因此忽略了编码时间及功耗等移动视频系统中关键资源约束对视频码率失真性能的影响。在码率约束下，对质量、延迟、功耗等多个目标同时优化的视频编码方案一直未被构建，其也被列为重要的开放研究问题。网络适配传输来源于移动视频业务对网络传输资源进行合理分配，以适配动态波动带宽及不同用户设备的实际需求。作为理论基础，剑桥大学的 Frank Kelly 教授开创了采用运筹学理论建立通信网络流量控制模型的先河。但是，该方法主要基于普通数据流量来控制模型，没有涉及视频信源编码自身的约束，而这一约束会涉及多目标高阶方程的优化及非凸性的约束条件，难以使用传统凸优化理论来求解，并且没有稳定和收敛保证的理论解法和工具。如何结合视频信源多维信号间的渐进结构约束，实现网络化视频信号的适配传输成为移动视频传输中的一个重要挑战。

进一步分析需求所面临的科学技术挑战。

用户协作接收来源于移动视频业务中不同用户在任意时间、任意地点访问所需质量视频的差异化观看需求。然而，现有的用户端自适应码率接收技术往往基于单个用户的网络吞吐量和缓存状态进行码率适配。当存在多个用户竞争网络资源的情况时，有可能造成不同用户的短期视频码率波动并影响各用户码率分配方案之间的公平性。因此，亟须研究能够保证多用户码率分配方案之间的公平性以及满足长期用户体验指标的多用户自适应码率接收技术。

3. 研究本科学问题过程中的创新点

从 H.264/AVC（Advanced Video Coding，高级视频编码）、HEVC 到 VVC（Versatile Video Coding，多功能视频编码），每一代新的视频编码标准都需要以成倍的计算开销来换取一倍的性能提升，而无线通信的物理层也需要消耗更多的计算和通信资源来提高抗差错性能和吞吐量。这导致现有编码、传输技术的提升为用户服务质量提升带来的边际效益已不明显。此外，信息技术还有难以在多维度性能之间合理分配资源以及无法保证用户间公平性等局限。因此，本研究采用管理科学的方法来缓解单纯使用信息技术无法再提升用户服务质量的局限。围绕“网络化视频信号的资源受限编码原理与适配协作传输机制”这一核心科学问题，为了挖掘现有资源约束下进一步提升视频服务质量的潜力，融合运用运筹学、博弈论等管理学思想和方法，以及需求、成本、定价等经济学原理，从视频编码质量提升、网络调度优化、用户协作博弈三个方面开展了研究。

阐述研究过程中采用的研究手段：运筹学、博弈论。

4. 研究本科学问题的意义

研究本应用难题，有望在编码、传输和用户三个层次上形成新的理论和方法，提升视频编码质量、优化网络调度、提高网络资源分配效率。

描述解决本应用难题产生的重要作用。

（1）在网络化视频业务的视频编码质量提升方面，针对现有基于率失真模型的视频码率控制难以适配信源计算资源受限特性的难题，在给定信源计算和通信资源等成本约束的条件下，对视频编码质量进行优化，突破传统视频码率控制技术中编码延迟和功耗不可控制的局限性。

（2）在网络化视频业务的网络调度优化方面，针对移动视频传输难以适配网络带宽动态波动特性的难题，在给定信源编码资源、网络传输带宽等成本约束的条件下，对视频的编码和传输质量进行联合调度优化，渐进逼近网络信息流的理论边界，解决联合码率失真和网络效用的网络信息流最大化难题。

（3）在网络化视频业务的用户协作博弈方面，针对移动视频传输难以适配多用户异构特性及差异化需求的难题，在给定信源编码资源、网络传输带宽等成本约束及用户的差异化需求、优先级等公平性约束条件下，提出适配异构用户的多码率接收方法，实现多用户协作和博弈的视频多码率接收。

案例点评

今天的数据通信，不仅包括以通信功能为主的智能、感知、安全通信网络建设，还要实现交互、融合、无缝覆盖下的信息深度、全息与泛在连接。随着采集、显示、传输设备和技术的迅猛发展，网络化视频数量以指数规模在云端增长，日益增长乏力的编码计算、通信资源与巨大的内容、服务需求间形成了难以调和的矛盾。从网络化视频业务角度来看，质量、语义、功耗、带宽、延迟、抖动、同步等多维度的约束条件和目标，导致当初信息理论的基本问题再次被重新提上案头：如何推导复杂网络信息流的基本极限，如何设计趋于此极限的多维信号最优表示编码方法？

从信源编码来看，每一代视频编码标准的压缩性能提升都以多项式增长的计算资源消耗为代价，无线通信的物理层通常也需要消耗更高的计算和通信资源来提高抗差错性能和吞吐量。因此，现有编码、传输技术本身的提升为网络化视频服务质量提升带来的边际效益已不明显，如何在表示编码中融合运用运筹学、博弈论等管理学思想，以及需求、成本、定价等经济学理论，来挖掘现有资源（成本）约束下进一步提升视频服务质量（效益）的潜力，成为重要的交叉研究方向。

研究该科学问题，有望在信源表示编码、网络传输优化、终端接入重构三个层次上形成新的理论和方法，提升视频编码质量、优化网络调度、提高网络资源分配效率。促成更为广义的网络信息理论的率失真理论边界和优化条件方面的研究，并由此探索多维多尺度信号的渐进表示编码、分布式及协作优化传输理论和算法。寄望探索在条件分布下的理论边界和方法突破，寻找问题的原创性答案，在信息理论和多媒体通信领域形成自主、有影响力的学术成果，具有极其重要而深远的理论意义和广泛的应用价值。

案例供稿部门：交叉科学部

案例审读人：北京大学　马思伟

案例点评人：上海交通大学　熊红凯

Part IV

第四篇

共性导向　交叉融通

一、纳米粒子-细胞界面作用的物理机制和调控策略研究

凝练科学问题的过程及意义

1. 科学问题的探索过程

纳米粒子与细胞界面作用是物理、化学、材料、生物、医学多学科交叉的前沿热点研究领域。本课题不仅对认识细胞内外物质交换、能量传递等生物物理问题有重要的科学意义，也对在生命健康领域更好利用纳米材料有极大的指导意义。20 世纪末，科学家通过将细胞膜近似为无限薄平面，运用唯象理论建立了纳米粒子在细胞表面吸附、内吞等状态的热力学自由能方程，得到了与当时实验基本一致的结果。然而，上述理论模型忽略了细胞膜的组分、厚度、流动性等分子层次信息，对纳米粒子的处理也极为简化，因此无法很好地描述纳米粒子实际的跨膜输运行为及动力学过程。进入 21 世纪，随着计算机技术的迅猛发展，特别是高性能计算能力的显著提升，利用分子模拟来研究上述问题成为可能；分子模拟可以从微观或介观尺度描述纳米粒子进入细胞的完整过程，从而更好地揭示影响纳米粒子跨膜输运效率的物理化学因素。此外，近年来随着纳米生物成像（特别是超分辨、冷冻电镜等）技术的快速发展，科学家能够在实验中获得纳米粒子与细胞作用的微观乃至实时图像，进一步加速了该领域的发展进程。总之，纳米粒子与细胞界面作用涉及很多基本的物理学问题，需要从结构、热力学、

介绍研究的潜在价值与方向选定。

总结前期研究概况以及缺陷，点明开展纳米粒子与细胞界面作用的分子模拟研究已具备条件。

动力学等方面在原子分子尺度定量研究这一相互作用，并构建具有指导意义的物理模型系统。这不仅需要实验物理学提高测量精度，也需要理论上开展分子模拟研究，从而结合高精度实验和理论模拟，全面地、系统地厘清纳米粒子与细胞界面作用的关键途径及微观物理机制。

2. 解决本科学问题面临的困难

细胞自身组成对于物理学定量研究具有高度的复杂性，常温、水环境带来的热扰动对于精密物理测量及理论模拟具有极大的挑战性，纳米粒子与细胞界面作用的媒介如蛋白质、磷脂等生物分子，其作用的空间尺度和时间尺度具有较大的跨越性。总之，影响纳米粒子与细胞界面作用的因素极多，要想揭示它们之间相互作用的物理本质并非易事。另外，由于纳米粒子、细胞内外生物分子、细胞膜等处在不同的时间和空间尺度，全原子分子模拟很难用来刻画纳米粒子-细胞膜体系；粗粒化分子模拟可以用来构建更大的体系，但其忽略了界面微观信息及大分子构象变化，而这些微观特征可能在界面作用中起到重要作用。因此，采用常规的理论模拟方法并不能很好地刻画它们之间的热力学行为及动力学演化过程。

解决本科学问题面临的局限：常规的理论模拟不能很好刻画。

3. 研究本科学问题过程中的创新点

针对上述难点，我国学者通过运用和发展跨尺度理论与分子模拟方法，并紧密结合实验，提出了一种从微观分子作用、介观动力学到宏观现象的新研究思路，深刻揭示了复杂环境下纳米粒子与细胞界面作用的普适规律，并进一步给出了多种精准调

阐明创新点：跨尺度理论与分子模拟方面。

控它们之间作用的新途径。具体包括揭示纳米粒子通过旋转入侵细胞机制，发现可通过操控纳米粒子的几何物理特征来调节它进入细胞的方式，并提出“纳米粒子可设计性”的载体开发新思路；揭示血浆蛋白在纳米粒子表面吸附的二级结构有序–无序转变机制，提出利用粒子亲疏水性来调控表面蛋白冠成分以规避免疫细胞清除的全新思路；提出“动态高分子壳”思想，利用 pH 敏感性高分子在纳米粒子表面的覆盖–去覆盖相变来提升粒子靶向肿瘤细胞效率。

4. 研究本科学问题的意义

研究的潜在应用价值：将物理方法应用于生命体系和医疗领域。

上述研究揭示了纳米粒子与细胞作用的新机制（如旋转入侵、类电荷吸引机制），很好解释了令实验学家困惑的现象；发现了多种纳米粒子与细胞作用的新方式（如自发渗透、受挫包裹方式），被后续实验证实，极大丰富纳米粒子与细胞作用的相行为；弄清了影响纳米粒子细胞输运效率及细胞毒性的物理因素，一定程度上解决了纳米粒子输运过程中的靶向性差、细胞摄取效率低及血液循环时间短等瓶颈问题，并给出了提高纳米粒子细胞输运效率的物理途径。值得一提的是，相关研究还被写入美国医疗保健教科书 *Delivering Health Care in America*，被选为靶向性药物输运方面的代表性工作进行介绍。此外，跨尺度的研究思路也得到了理论模拟同行的借鉴和跟踪，特别是引领利用分子模拟研究纳米粒子与细胞作用的国际研究热点。总而言之，这些成果表明了我国学者在该领域中的国际影响力，不仅可以有力推动跨尺度理论模拟用于生命体系等相关研究，同时也对纳米材料在癌症等重大疾病的诊断和治疗方面的广泛应用有重要的指导作用。

案例点评

从 20 世纪后期开始，科学界对于细胞界面（生物膜）自身的生物物理特性开展了广泛深入的研究，为理解细胞界面在生命过程中所起的重要作用奠定了基础。随着纳米科学与技术的飞速发展，人们开始认识到纳米粒子与细胞界面的相互作用是许多生命现象和医学研究的共性问题，对于胆固醇的吸收和运铁蛋白的内吞等生物过程，以及生物组织工程材料的构建和纳米药物的设计等实际应用具有非常重要的基础意义。

该科学问题的解决，可以对理解生物体内细胞尺度上的物质和能量交换起到重要的推动作用，同时也可以为纳米材料在生命健康领域中的应用提供很好的指导。在该科学问题的解决过程中所开发的高精度实验技术、多尺度理论和模拟方法对于软物质和生物物理领域的科学研究具有广泛的方法论意义。

所凝练的科学问题从结构、热力学、动力学等方面定量研究纳米粒子与细胞界面的相互作用，并为此构建跨尺度的物理模型，从而解决以往研究中不同时间和空间尺度的结果不能有机结合的问题。该项目采用从微观分子作用、介观动力学到宏观现象的研究思路，运用和发展相应的跨尺度理论和分子模拟方法，在软物质和生物物理的研究领域具备很强的前沿性和创新性。

案例供稿部门：数学物理科学部物理科学一处

案例审读人：中国科学院物理研究所　李明

案例点评人：中国科学院理论物理研究所　欧阳钟灿

二、生物大分子动态修饰与化学干预

凝练科学问题的过程及意义

1. 科学问题的探索过程

以生物学“中心法则”的建立为标志，人类基本掌握了生物物种遗传和进化的分子机制。然而，进入 21 世纪以来，随着人类基因组计划的完成，人们很快发现，虽然生命个体的演化主要取决于遗传基因的序列，但其复杂性和多样性无法仅由“中心法则”解释。包括蛋白质、核酸和多糖在内的生物大分子是生命活动的基本“元件”，为生命过程提供了物质基础，其自身则处于动态的化学修饰和调控当中。这些生物大分子的动态化学修饰在生物个体的发育和细胞性状的调控中均扮演了关键角色，并对疾病的发生和发展起着决定性的作用。生物大分子的动态修饰已成为当前生命科学最受关注的前沿领域之一，也是化学与生命科学和医学交叉界面上最为活跃的研究前沿。

指出本研究选题的必要性和重要性：“生物大分子动态修饰与干预”是化学、生命与医学交叉的研究前沿。

越来越多的证据表明，生物大分子的化学修饰是生命过程中一种普遍存在的调控方式，其重要的生理价值和病理意义已得到人们的广泛认同和重视。这一领域的研究目前进展迅速，并极大地促进了生命科学自身的发展。然而，作为表观遗传学等新兴领域的分子基础和调控载体，目前对生物大分子基本“元件”的化学修饰研究还处于初期阶段，

阐明本研究领域的发展阶段与面临的挑战。

还存在很多困惑。例如，人们对种类繁多的化学修饰的时空特异和双向可逆等动态属性认识不足，对化学修饰所对应的生物功能和生理意义不甚了解，对动态修饰与生物学功能之间的关系的认识更是处于空白。

需要深入了解的基本科学问题是发现和阐明生物大分子化学修饰的动态属性特征（是什么？在哪里？有多少？……），揭示其调控机制和生物学效应，并实现对生物大分子动态修饰的靶向化学干预。这需要有针对性地发展生物大分子动态修饰的特异性标记和检测工具，以化学为主导结合生命科学、医学等多学科交叉研究思路和研究手段，解析生物大分子动态修饰的功能和调控机制，从中发现全新的分子靶标，并开发高效的化学工具和分子进行干预，提高对生命过程的认识和调控能力，为重大疾病的诊断与防治提供基础性和前瞻性的科学和技术储备。本科学问题的凝练得益于化学、生命科学、医学等学科的前期自由探索和跨学科交叉合作讨论（如双清论坛、香山会议等），具有鲜明的学科交叉特点。

介绍研究要深入的科学问题、研究总体思路及科学问题凝练过程。

2. 解决本科学问题面临的困难

首先，传统生化方法通常是在分子水平对于特定生物大分子元件上固定类型修饰开展静态、定性的结构和功能研究，不适用于在细胞和活体水平定量分析和检测修饰及其相关网络动态变化，特别是缺少具有高时间和空间分辨率的、位点特异性的、单细胞水平的生物大分子修饰检测技术，以及在系统层面上分析和预测网络动态扰动的理论方法和实验工具。其次，传统方法通量较低，很难实现在

描述了当前理论与方法在进行本研究时的不足及局限。

复杂生命体系内系统地发现全新的修饰底物、类型和调控元件，限制了从分子到细胞再到个体水平对修饰生物机制和效应开展多维度和多尺度研究。最后，基于传统表型筛选方法得到的干预分子通常存在作用靶标不清晰、作用机制不明确、作用特异性不强、转化前景比较低等问题，且在细胞和活体内定位不可控，严重阻碍了后续精准调控和干预策略的发展。

3. 研究本科学问题过程中的创新点

高度整合化学、生命科学、医学等多学科研究模式和技术手段，发展分子探针、多维组学以及高分辨时空成像等技术实现动态修饰的化学标记和检测，从个体、细胞、分子、原子尺度分别发现和认知生物大分子动态修饰的本质和规律；创新化学生物学系列研究方法，发展结构解析和高分辨成像等新技术，结合现代分子细胞生物学和生物信息学等手段，通过解析动态修饰分子结构及调控元件和网络，揭示修饰的识别机制，阐明修饰对于细胞性状的作用规律，为基于生物大分子动态修饰的化学干预奠定基础；针对与重大疾病相关联的修饰靶标和通路，筛选、设计和优化作用机制明确、高效力、高选择性的化学方法和小分子工具，实现对关键蛋白质机器及其相互作用网络的精准的化学干预和动态可逆调控。

本研究将要聚焦的研究重点及创新点。

4. 研究本科学问题的意义

本项研究聚焦化学、生命科学、医学等学科交叉领域前沿科学问题。

首先，有望从理论和实验源头创新，建立和发展生物大分子动态修饰的化学标记与检测技术中

研究方法及技术方面的预期成果

涉及的新概念、新方法、新技术和新仪器，产生一系列与生物体系高度相容的化学工具和方法，发现全新修饰结构、底物和通路，拓展生物大分子动态修饰元件库，产出具有原创性的科学发现。

及意义。

其次，加深对细胞内信号转导调控、细胞间通信、免疫应答、细胞命运决定等重要生物学事件中生物大分子修饰和互作网络动态变化的认知，揭示生物大分子修饰的产生、消除、识别、调控的化学基础和分子机制，解析动态修饰的生物功能。

研究预期将在生命科学及医学方面的成果及解决的问题。

再次，阐明动态修饰与重大疾病的关联，推动生物医学原创基础研究，发展快速、高效、及时、精准的疾病诊断方法，建立生物大分子动态修饰与分子靶向性药物发现之间的桥梁，实现以新靶标确证和原创候选药物发现，促进具有自主知识产权的新药创制，应对我国生物医药领域的重大战略需求。

最后，促进学科深度交叉和融合，增强我国在化学、生命科学和医学交叉领域基础研究以及疾病诊断和新药研发等应用性研究领域的综合实力，进一步提升我国在国际化学生物学领域和生物医学前沿研究中的地位。

本研究在促进学科发展方面的意义。

案例点评

进入 21 世纪以来，随着一系列生命组学技术的发展，生物学家积累了大量的数据，这让人们对生命体系的复杂性有了新的认识，但同时也带来很多使用传统生物学方法难以回答的棘手问题。以生物大分子的动态化学修饰为例，人们依赖基因组学、蛋白质组学以及表观遗传技术获得了海量的组学数据，但与之不相匹配的是分子机制真正被解析的蛋白质以及被确证的药物靶标数目和种类却非常有限。其中的关键原因在于缺少用于特异标记、捕捉、检测生物大分子动态化学修饰的方法，缺乏研究这些动态化学修饰如何调控生物大分子功能的技术，从而难以在细胞甚至动物模型水平解析相应的分子机制。随着表观遗传调控的重要性日益彰显，这些瓶颈问题也极大地制约了该领域的发展以及向药物研发的转化。这一复杂的前沿生命科学问题为化学生物学研究带来了新的机遇。

化学生物学是一种建立在多学科交叉融合之上的全新研究模式，它以生命科学的重大、复杂问题为目标，通过新的化学反应、标记和检测技术以及活性小分子等工具的发展，带动生命过程分子机制的阐释和相应化学干预策略的开发。可以说，化学生物学是贯通上游生命科学、化学等基础研究和下游新药研发等应用研究的关键一环，其研究特点正好可以有效地解决当前生物大分子动态化学修饰所面临的诸多难题。在解答生物大分子化学修饰的“动态属性”、“调控机制”和“功能干预”等一系列科学问题的过程中，化学生物学标记与检测技术对具有重要功能的化学修饰进行了原位表征和动态刻画，揭示了其在细胞性状调控中的生物效应和作用规律，发现了基于动态修饰的新靶标并发展了靶向干预策略。这些工作加深了人们对生命调控原理和疾病发生发展机制的认识，为生命科学问题的解答提供了基础性和前瞻性的技术储备，促进了化学与生命科学、医学的深度交叉融合。

案例供稿部门：化学科学部化学科学四处
案例审读人：中国科学院化学研究所　郑企雨
案例点评人：北京大学　陈鹏

三、电化学合成氨中的氮气活化和竞争反应的抑制

凝练科学问题的过程及意义

1. 科学问题的探索过程

氨是工、农业生产中重要的化工原料，而且由于其含氢量高达 17.6%，也是理想的氢载体。长期以来，工业合成氨主要依赖于哈伯法（Fritz Haber 和 Carl Bosch 因在合成氨领域的贡献分别于 1918 年和 1931 年获得诺贝尔化学奖），该方法虽然经历了上百年的发展，但目前仍需在高温高压（300～500℃、200～300 atm）条件下进行，不仅能耗高，而且伴随着大量温室气体的排放。因此，在全球“碳中和”大背景下，亟须发展温和条件下的绿色合成氨新技术。

介绍研究背景及现有技术存在的问题。

目前，最具代表性的绿色固氮技术主要有生物固氮（主要是模拟固氮酶固氮）和电化学固氮等。其中，生物固氮已有上百年的研究历史，并因可在自然环境条件下实现从氮气到氨的直接转化而持续受到关注。从已阐明的生物固氮反应路径来看（$N_2 + 6H^+ + n$Mg-ATP $+ 6e^-$（enzyme）$\longrightarrow 2NH_3 + n$Mg-ADP $+ n$Pi），其实际应用主要受限于固氮酶机制中 ATP 水解所需的能量。而电化学固氮因可以规避生物固氮中的上述限制，近年来也成为人工固氮领域的研究热点。然而，与哈伯法相比，这些温

和条件下的固氮技术在氨的合成产率和规模方面还有很大的差距，其中，一个主要原因是常温条件下氮气难以被高效活化。这实际上也是哈伯法合成氨作为一个典型的放热反应，却仍需要施以高温条件来保障氨产率的根本原因。因此，要实现温和条件下氨的高效合成，首先要考虑的是如何实现氮氮三键的高效催化活化。这也是前期相关研究得出的共性结论。近年来，通过将纳米技术引入氮气活化催化剂的设计，极大地推动了温和条件下电化学合成氨等技术的发展，也正是因为合成氨产率的大幅提升，促使科研人员开始关注除氮气催化活化之外的能量效率问题。因此，如何提升固氮体系的反应效率和催化选择性也被公认为在温和条件下高效合成氨需解决的关键问题。

以电化学固氮等为代表的系列绿色合成氨技术大多停滞在概念探索阶段，其本质原因是存在以下亟待解决的关键科学问题。

（1）反应速率问题：N≡N 键键能高，在常温条件下，反应速率非常慢。

（2）析氢竞争问题：析氢电位和氮还原电位非常接近，析氢作为竞争反应严重制约了合成氨的效率。

（3）氮源问题：氮气在水中溶解度低，导致氨产率非常低。

提出关键科学问题：反应速率、析氢竞争及氮源问题。

2. 解决本科学问题面临的困难

解决上述科学问题面临的主要难点是：如何在温和条件下实现氮气的高效催化活化，以及如何平衡氮活化和析氢竞争反应。过去，基于传统电化学反应体系，通过优化催化剂设计和促进氮气扩散吸

进一步剖析在催化剂设计、氢源活化、气液传质效率等方面的科

附等手段无法从根本上克服上述瓶颈问题，其局限性在于：①在常温条件下能快速活化氮气并能生成稳定化合物的材料只有金属锂，而从催化角度来看，几乎不可能获得既有类金属锂的活性，又能满足稳定性要求的催化剂材料；②氢源（如水）比氮气更容易活化，而氢作为合成氨的原料不可或缺，因此析氢竞争反应难以避免，这也导致难以同时获得高的氨产率和电流效率；③在大多数电解质中，存在氮气溶解度低的局限性，以及气液传质合并界面传质的问题，限制了氮还原合成氨的效率。

学瓶颈。

3. 研究本科学问题过程中的创新点

为了克服上述难题，科研人员提出了中温膜反应器电催化合成氨的新思路：利用无机质子导体膜（如焦磷酸锆等）构建膜反应器，在一定的温度下（200～400℃）首先让氢气在阳极侧催化剂表面解离成质子，然后在电场驱动下通过质子导体膜可控传输至阴极侧，进而与催化剂表面吸附活化的 N_2 直接反应生成氨。这一思路包含的创新视角和创新方法主要集中在以下两个方面。

提出有针对性的创新思路：构建中温膜反应器电催化合成氨。巧妙利用膜转移质子和构建气固两相界面，解决析氢竞争反应和氮气传质等问题。

（1）通过构建膜反应器，调控质子传递速度与质子和氮气反应速率相同，避免质子过剩导致的析氢竞争反应，提高电流效率。

（2）设计了氮气与质子直接在催化剂上进行气相反应的路径，解决氮气溶解度低的问题，提高氨的产量。

相比于目前已报道的常温电化学合成氨（通常使用含水的液体电解质）技术，中温膜反应器电催化合成氨可解决析氢竞争反应和氮气在水中溶解度低的问题，确保了电化学合成氨的高选择性，进而有望同步大幅提高电化学合成氨的产率和电流效率。

4. 研究本科学问题的意义

在知识体系的增量方面：通过中温膜反应器电催化合成氨研究，有望建立质子在中温下的高效传导机制，发展新型中温质子导体膜材料的制备技术，获取电催化剂与膜反应器耦合过程中的匹配策略；在填补中温膜反应器电催化合成氨技术空白的同时，可构建基于膜反应器的新型电催化合成知识体系。

对知识体系的充实：膜反应器与电催化的耦合。

在潜在应用价值方面：中温膜反应器电催化合成氨未来的应用主要取决于电能消耗，若相关科学问题的解决能使电流效率和转化率得到大幅提高，可在电能充足的地区具有巨大的应用前景，特别是如果未来电催化过程中的驱动能量能由太阳能、风能等可再生的绿色能源供给，将有望克服哈伯法合成氨所面临的能耗、污染及安全性等方面的难题，为“双碳”目标下的合成氨技术提供有效解决方案。

未来潜在的应用场景及与可再生能源的匹配。

案例点评

合成氨是世界上最重要的化学反应之一，其发展历程是化学化工交叉融合从基础到应用最为经典的案例，产生了化学家 Fritz Haber、工业化学家 Carl Bosch 和化学家 Gerhard Ertl 三位诺贝尔奖获得者。然而，因氮气的 N≡N 键键能高、难活化，且合成氨遵循吸附解离机理（即 N≡N 键一步直接解离加氢路径），N≡N 键的解离能和 N-H_x（含氮中间物种，包括 N-H、N-H_2 和 N-H_3）的吸附能之间存在 N≡N 键的解离能和 N-H_x 的脱附能之间存在 Brønsted-Evans-Polanyi（BEP）限制关系（即 N≡N 键的解离能降低，对应中间物种 N-H_x 的脱附能会升高），导致合成氨过程仍然需要高温高压的反应条件，而实现温和条件下高效合成氨是众多科学家的奋斗目标。

该案例提出的电催化合成氨方法具有反应条件温和、可利用可再生能源电力驱动、以水为氢源和可模块化等特点，且通过逐步加氢合成氨的路径（即缔合加氢机理）也能有效规避吸附解离路径对合成氨反应效率的限制，有望推动合成氨领域的技术变革。此外，该案例详细剖析了温和条件下用水还原氮气电催化合成氨存在效率低和选择性等难题，准确凝练出电催化合成氨在反应速率、析氢竞争及氮源等方面存在的关键科学问题，创新性地提出通过构建中温膜反应器来调控质子传递、匹配氮气活化加氢反应速率和转变气液固三相界面反应为气固两相反应提高氮气传质效率的研究思路，以期突破现有电催化合成氨的效率瓶颈，大幅提高温和条件下合成氨的产率。该案例巧妙地利用电化学、膜科学和反应器工程的特点交叉融合，有望形成高效电催化绿色合成氨新技术，可为实现“双碳”目标提供新的技术源头。

案例供稿部门：化学科学部化学科学五处
案例审读人：清华大学　许华平
案例点评人：福州大学　江莉龙

四、基于生物电/磁特性和铁/钙代谢研究电磁场对骨重建作用的生物电磁学机制

凝练科学问题的过程及意义

1. 科学问题的探索过程

自 19 世纪中叶电磁学科学体系形成之后，利用电磁技术对疾病进行诊断和治疗的研究与应用一直在不断发展，产生了以磁共振成像（MRI）和经颅磁刺激（TMS）为重要标志的医学应用。近 60 多年的电磁场对骨重建相关疾病（骨折和骨质疏松等）的临床应用和基础研究已经证明了其作用的有效性，并从物理学和生物学两方面阐明了其中的部分科学机制。随着电磁理论和电工技术的发展，多种新型电磁辐射技术不断应用于医学领域，同时生物电磁学相关学科的基础理论和技术也在发展，为深入研究电磁场作用于骨重建的科学机制提供了新的可能。例如，十多年来，强静磁场和低频脉冲电磁场对骨重建作用的生物电磁学基础研究，从磁场特性（强度、方向、梯度等）、磁场力与骨骼组织中多种电/磁特性的关联、磁场对铁/钙代谢影响等方面的研究，发现了一些新的电磁生物效应及其生物电磁学机制。

介绍该领域的发展简史及研究进展，作为本研究的背景，为关键科学问题提出作铺垫。

在全面分析 60 多年来生物电磁技术在骨重建相关疾病的临床应用成果及其生物电磁学机制的基础性研究成果后，科研人员发现：系统性阐明不

通过系统性梳理前人研究成果，发现了存在的科

同特性的电磁场对骨重建相关疾病作用的生物电磁学机制，尚有很多基本的科学问题需要回答，特别是在“电磁场特性–铁/钙代谢–骨组织电/磁特性–多物理量耦合–骨重建”这个轴线上的“骨组织的内禀电/磁特性”和“电磁场作用于骨组织后的多物理量耦合”两方面仍存在认知断点和空白。这需要共性导向、交叉融通，将生物组织电/磁特性测量、电磁场作用于生物体后多物理量（磁、电、力、声、热等）耦合分析，与生物学效应有机融合，进行深入系统的研究。

学知识断点和空白：骨组织的内禀电/磁特性；电磁场作用于骨组织后的多物理量耦合。

在宏观方面，基于电磁场的物理特性与骨骼系统生物学特性，研究“电磁场特性–生物效应非线性关系”；在微观方面研究：①骨骼组织的化学组成及结构形态、铁/钙代谢、氧化还原稳态等方面的分子细胞生物学过程；②不同的骨重建过程中，骨骼组织细胞的内禀电/磁特性、在外加电磁场特性（强度、频率、能量等）以及作用方式（时间、部位等）下，骨骼组织内产生的磁、电、力、声、热等多物理量，以单一或耦合形式的物理学过程；③最终将生物学过程与物理学过程两者的“平行线”变为“交叉线”，填补对本科学问题认知的断点和空白，阐明电磁场对骨重建作用的生物电磁学机制，进一步系统性深化和发展“生物电磁学”理论。

回答关键科学问题，需要开展研究工作的主线：从“电磁场特性–生物效应非线性关系”的现象，到“多物理量耦合作用–铁/钙代谢、氧化还原稳态”等生物电磁学机制。

2. 解决本科学问题面临的困难

本科学问题难点在于其具有强的学科交叉性特点，最关键的是需要融会物理学和生物学理念，对此科学问题有系统性和交叉性的理解。①从理论上讲，生物电磁学学科体系还在不断发展。虽然发现了众多电磁场下的生物效应，也发明了许多新的

解决本科学问题面临的局限：电磁–生物结合的理论、电磁场作用下生物体内多

生物电磁技术，并建立了许多利用电磁场理论结合生物电磁特性对生物体的模拟计算建模方法，特别是近 30 年来借助分子细胞生物学技术和理论，在阐释电磁场效应的生物学机制方面取得了很多进展，但是该学科理论体系中，电磁学与生物学还是以相对表浅的“电磁-效应”现象为主的两个平行维度的发展，有机融合的、系统性的电磁学和生物学的机制方面尚有许多核心科学问题需要回答。②生物电磁学的研究技术方法还有待深入发展。虽然电磁场作用下的生物学机制已经可以依赖许多先进的、从生物体组织细胞到生物分子多尺度的生物学技术进行检测并用于揭示生物学效应背后的机制，但目前电磁场作用于生物体内组织或细胞多尺度下的磁、电、力、声、热等物理量的活体直接实时检测技术仍有局限或有待发展，基本依靠数值建模仿真计算，从技术上制约了电磁场对生物体作用的物理学机制的揭示。③不同生理/病理状态下骨组织细胞内禀电/磁特性决定着其与外加电磁场的作用效应，以及外加电磁场在生物体内的磁、电、力、声、热等物理量的产生及其相互耦合，是深入全面揭示生物效应-多物理量的关键点。目前，国内外缺乏不同生理/病理状态下骨组织细胞内禀电/磁特性的系统性实测数据参考。

物理量测量、生物组织电/磁特性测量。

3. 研究本科学问题过程中的创新点

研究本科学问题的创新点正是要整合电磁学和生物学各自的学科优势，在有机交叉融合上下功夫。从创新视角来看，该方面的研究国内外开展了 60 多年，有多篇 *Science*、*Nature* 研究论文发表，也有批准上市的医疗仪器应用，似乎“电磁场对于

基于以上困难分析，提出针对性的创新思路：“电磁场特性-铁/钙代谢-骨组织电/

骨骼系统作用的科学问题”已经得到了解决，然而实际并非如此。因为对“电磁场对骨重建作用的生物电磁学机制”这一科学问题研究的已有成果大多分别是电磁学和生物学方面的，即使在电磁场的原初作用和生物组织的电/磁特性等方面有一定的理论性成果，并且有利用分子细胞生物学方法来解释这一效应生物学机制的阐述，但两者仍然仅是简单地将电磁场宏观特性参数直接与分子细胞生物学数据关联，并未对电磁场作用于生物体内引起的磁、电、力、声、热等物理量进行单因素或多因素关联分析，而这正是本科学问题的创新思路所在：有机结合电磁学与生物学的研究方法，以“电磁场特性–铁/钙代谢–骨组织电/磁特性–多物理量耦合–骨重建”为研究主线，以电磁场的场强、频率、能量和作用方式为输入，以骨组织/细胞特有的电/磁特性为电磁生物效应的耦合点，将电磁场直接作用与/或通过其作用于骨骼组织/细胞后产生的“磁、电、力、声、热”等物理量耦合与分子细胞生物学参数进行系统性关联分析。相关的技术方法是利用电磁场数值仿真建模技术与不同生理和病理条件下的骨组织/细胞的电/磁特性实际测量相结合，能够在不同时空维度下得到电磁场作用于骨骼并产生于骨骼内部的磁、电、力、声、热等物理量；同时，结合在骨组织细胞/体外采用磁、电、力、声、热单物理量或复合物理量加载实验，进行生物等效性研究，揭示其中的生物电磁学机制。

磁特性–多物理量耦合–骨重建”“磁、电、力、声”等物理量耦合与分子细胞生物学的系统性关联。

4. 研究本科学问题的意义

本科学问题的解决和研究成果以“电磁场对骨重建作用”为研究模型、以“电磁场特性–铁/钙代

本研究对于生物电磁学知识体系

谢–骨组织电/磁特性–多物理量耦合–骨重建”为研究主线，同时有机结合电磁学和生物学研究方法揭示其中的生物电磁学机制。在此基础上，本研究思路、研究技术和研究成果不仅深化和发展了“电磁场对骨重建作用”这一生物电磁技术在骨科疾病应用中的科学基础，而且对于生物电磁学知识体系也是一定程度的丰富和发展：阐明和完善电磁场作用于生物体产生的磁、电、力、声、热等多种物理量耦合在生物效应中的作用，这是生物电磁学知识体系中应该具有的新知识。

的增量：磁、电、力、声、热等多种物理量耦合在生物效应中的作用。

本研究成果不仅有助于全面深入理解电磁场对骨重建相关疾病治疗的深层机制，也对更加安全和有效地利用电磁技术开展骨重建相关疾病的电磁诊断与治疗设备研发具有直接的指导意义和应用价值。电磁技术应用在疾病治疗方面具有安全、非侵入和使用方便等优点，而骨质疏松症是以骨重建失衡为特征的骨骼系统慢性代谢性疾病，利用电磁场对骨质疏松的作用研究与应用获得的新知识和新技术，也可对其他慢性代谢类疾病如肌肉萎缩、糖尿病、肥胖、血液和神经系统疾病的电磁物理治疗提供科学研究的思路借鉴，并对相关医疗设备的研发及应用具有重要的参考价值。

本科学问题对于生物电磁相关科学问题的借鉴，以及其直接和潜在的应用价值。

案例点评

在地球生命的延续及演化过程中，磁场起到十分重要的作用。科学家为了研究磁场对动物的影响，将一组大鼠放入类似铁球内部空间的环境中，将磁场屏蔽掉，结果发现，其寿命比放在正常环境中的大鼠明显缩短。基于这些关于地球磁场的理论，近年来，国内外诸多学者通过使用各种电磁场作用于生物体或者细胞，进行了广泛而深入的研究，以不断尝试发掘电磁场对生物体的益处。研究发现，电磁场通过影响细胞的生理活动进而对生物体产生作用。电磁场与细胞作用的初始位点是细胞膜，使其表面的蛋白分子产生电泳作用，改变了细胞膜的电荷分布，从而调节受配体结合信号转导系统，最终导致细胞的生物学行为发生改变。鉴于电磁场对生命体的影响，如何将其更好地应用于临床疾病治疗，一直是国内外众多科学家研究的热点。骨重建是骨科临床上常见的问题，目前的解决方法都存在缺陷，如果使用电磁场完美解决这一问题，将为人民健康卫生事业作出卓绝的贡献，意义深远。电磁场在骨重建方面的效应及机制是不少学者研究的重点，该科学问题提出骨组织的内禀电/磁特性；电磁场作用于骨组织后的多物理量耦合尚是研究的空白领域。提出探索从“电磁场特性–生物效应关系”到“多物理量耦合作用–铁/钙代谢、氧化还原稳态”等生物电磁学的效应机制。创新性地主张研究“电磁场特性–铁/钙代谢–骨组织电/磁特性–多物理量耦合–骨重建”、磁、电、力、声等物理量耦合与分子细胞生物学的系统性关联。

案例供稿部门：工程与材料科学部工程科学五处电气科学与工程学科

案例审读人：华中科技大学同济医学院附属同济医院　吴华；
中国人民解放军第四军医大学生物医学工程系　罗二平　景达

案例点评人：华中科技大学同济医学院附属同济医院　吴华

五、肿瘤耐药的系统动力学机制

凝练科学问题的过程及意义

1. 科学问题的探索过程

耐药是恶性肿瘤治疗面临的严峻挑战，*Nature* 杂志创刊 150 周年特辑中专门撰文讨论肿瘤耐药，*Science* 杂志创刊 125 周年的 125 个科学问题里也提出肿瘤的控制问题。从 20 世纪 40 年代化疗逐渐推广应用，到后来的靶向治疗以及最新的免疫治疗，长期以来，耐药一直是困扰恶性肿瘤治疗的难题。为搞清楚肿瘤耐药的机制，推动肿瘤治疗的精准化、个体化，相关研究涉及肿瘤模型构建、生物信息感知、智能信息处理等多个环节，是目前生物医学、信息科学、工程科学等多个学科共同关注的科学前沿。

介绍研究的潜在价值与方向选定。

随着研究的发展，研究人员逐渐认识到，肿瘤的发生发展是典型的复杂系统，而肿瘤耐药是典型的复杂生物过程。不同肿瘤具有很大的个体差异，同时细胞具有高度异质性、动态可塑性，而且会增殖与死亡，除肿瘤细胞外，微环境中的免疫细胞、基质细胞也都参与肿瘤耐药的动态过程。要搞清楚肿瘤耐药的机制，必须突破当前以还原论为中心的研究模式，从系统、动态的角度，建立针对复杂生物过程的新的科学理论与研究方法。近年来，单细胞、空间组学等技术的飞速发展，推动了对复杂生

总结前期研究概况以及得出的结论，点明肿瘤耐药为系统性复杂问题。

物过程的研究进入单细胞时代，2021 年，*Nature Reviews Genetics* 杂志的展望文章“Statistical mechanics meets single-cell biology”指出，统计力学的基本思想与分析方法已开始用于单细胞组学数据的建模与解析。最新的单细胞分辨率时空组学技术与系统动力学、机器学习等信息学理论与方法的结合，为从生物体基本的结构与功能单元理解肿瘤耐药机制提供了新机遇。

根据以上结论，凝练出新的科学问题，运用前沿生物检测技术，建立跨尺度、多模态信息整合的计算方法，从系统动力学的角度研究肿瘤耐药机制。

因此，综合运用生物成像、单细胞与空间组学等前沿技术，建立跨尺度、多模态信息整合的计算方法，从系统动力学的角度研究肿瘤耐药机制，有望在肿瘤耐药这一长期困扰肿瘤临床治疗的难题上取得突破性进展，揭示肿瘤耐药的本质规律，发展出全新的肿瘤治疗策略。

2. 解决本科学问题面临的困难

弄清楚肿瘤耐药的机制，主要面临如下两方面的挑战。

解决本科学问题面临的局限：理论机制、测量手段、样本制备、检测成本。

一方面是生物信息检测与感知的瓶颈。虽然目前单细胞、空间组学技术已经将检测的分辨率大幅提升至单细胞的尺度，但仍面临数据噪声大、连续观测难、检测成本高、样本制备繁等诸多的问题和困难。数据噪声产生的影响因素多、机制不清，导致数据去噪、信号增强非常困难，基于深度神经网络等框架的新算法效果也不佳。

另一方面是针对高维度、欠采样、非线性的复杂生物过程的描述和认识仍缺乏有效的理论与方法。经典的系统动力学通常需要较强的模型假设，只能处理有限数量的变量、较简单的状态空间，但当前可用的肿瘤数学模型和先验知识非常有限，组学数据的维度远高于现有方法可处理的量级且缺乏连续观测信息，肿瘤状态空间又极其复杂。因此，亟须突破现在研究范式的局限，发展新的肿瘤系统动力学理论与方法。

3. 研究本科学问题过程中的创新点

一是极大地促进了检测技术的创新。由于肿瘤的异质性、动态可塑性，要搞清楚肿瘤耐药的系统动力学机制，需要更高分辨率、多模态、多尺度的检测技术。近年来，单细胞分辨率空间组学技术取得了突破性进展。该技术推动肿瘤耐药研究进入了单细胞时代，也可广泛应用于其余的生命科学场景，如脑科学等。

阐明创新点：在检测技术、理论方法方面。

二是极大地推动了数据驱动与模型驱动相结合的理论与方法学创新。目前，单个数据集的规模已经逐渐发展到百万样本（细胞数）、数万特征，数据增长规模已呈现出指数级的趋势。但同时，相对于生物系统的复杂度而言，当前的数据规模又远远不够，新的理论与方法，必须能将已知的生物医学知识与组学大数据进行有效的整合。数据与模型的融合也是人工智能领域的研究热点，研究人员正在探索动态图模型、高维数据的状态空间分布及其转移概率估计等新方法。

4. 研究本科学问题的意义

肿瘤耐药既是长期困扰肿瘤临床诊疗的难题，又是具有重大研究价值的科学问题，一直以来都受到研究人员的高度关注。通过对本科学问题的探索，可推动一系列新的生物技术与信息技术的发展，包括最新的单细胞分辨率空间组学技术、各种高通量筛选技术，以及组学大数据生物信息处理技

研究的潜在应用价值。

术等。

复杂系统是当前科学研究面临的重大挑战。2021 年的诺贝尔物理学奖就颁给了复杂系统领域的两项开拓性研究。而肿瘤耐药是典型的复杂生物过程，相比于经典的复杂系统，生物系统还具有维度高、检测难、非线性、模型缺等若干新难题。针对本科学问题的相关研究，一方面，可极大地促进复杂系统基础理论与方法的发展，开创数据驱动与模型驱动相结合的系统动力学研究新方向；另一方面，肿瘤系统动力学的方法学有望从系统层面建立对肿瘤耐药生物机制的本质理解，将有可能建立基于预测和动态反馈的肿瘤治疗新模式。

案例点评

耐药是肿瘤患者治愈的主要限制因素，一直是科学研究的前沿和热点。2019 年 11 月，*Nature* 杂志发表了综述文章“A view on drug resistance in cancer”[①]，其从还原论的角度详细阐述了肿瘤耐药的关键决定因素。然而，肿瘤耐药是多种因素的综合体现，针对单一或片面因素的研究无法从根本上揭示肿瘤耐药的复杂机制。

该案例创新性地从系统和动态两方面入手来分析肿瘤耐药，将肿瘤耐药明确定义为一个系统复杂问题，进而以新兴的单细胞、空间组学技术为基础，结合机器学习等理论，针对多组学数据，从系统动力学的角度研究肿瘤耐药机制。该研究思路具有创新性。此外，该案例在技术路线上也富有创新性，从肿瘤耐药的生物学特性入手，借助申请人本学科的方法和技术，对医学领域知识和多组学大数据进行整合，实现了数据驱动和模型驱动理论的融合。

---

① Vasan N，Baselga J，Hyman D M. A view on drug resistance in cancer. Nature，2019，575：299-309.

五

该案例是一个多学科交叉问题的成功案例，具体表现在如下两个方面。①思考问题的独特视角。申请人将一个复杂的医学问题提炼为该学科的一个经典问题，赋予了医学问题新的内涵，为接下来技术路线的创新奠定了基础。②解决问题的新颖思路。针对提炼的该学科经典问题，重新从原始问题的医学特性入手，借助该学科的理论和方法，从源头上实现了多学科的交叉融合。

该案例对其他多学科交叉问题具有重要借鉴意义。

案例供稿部门：信息科学部三处

案例审读人：北京理工大学　张法

案例点评人：北京理工大学　张法

六、城市交通时空韧性标度律

凝练科学问题的过程及意义

1. 科学问题的探索过程

交通拥堵一直是备受关注的全球性难题。交通问题研究于 1898 年就出现在《科学》杂志上。从 20 世纪 50 年代基于物理视角的宏观/微观交通流模型或基于经济视角的交通均衡模型，到最近基于复杂网络方法的交通大数据研究，长期以来，对交通拥堵的机理理解一直是复杂系统交叉研究的热点问题，也是城市管理的关键问题。2016 年《科学》杂志推出“城市星球——城市是人类的未来”专刊，就提出了“智慧、可持续、健康”的城市发展基本原则。揭示交通拥堵机理，结合大数据、人工智能等信息技术，构建立足我国实践需求又面向未来的复杂系统管理理论，是管理科学、系统科学、信息科学、数学物理等多学科共同关注的重大科学挑战。

介绍研究的潜在价值与方向选定。

交通拥堵是巨量有限理性智能体在资源受限环境下非合作博弈行为的结果，属于典型的复杂系统问题。2021 年的诺贝尔物理学奖就颁给了复杂系统领域的开拓性研究，但交通系统等社会系统具有与物理系统完全不同的认知决策能力，以及因此而产生的系统适应性。从复杂系统的视角来看，有效的拥堵治理必须突破原有的局部优化管理思路，这关键在于引导系统整体适应性平衡原有脆弱性，形成系统韧性能力涌现。近年来，《自然》《科学》

总结前期研究概况以及得出的结论，点明复杂交通系统韧性研究是关键基础问题。

等杂志连续发表了关于复杂系统韧性的研究文章，从生物（《自然》2012 年）、社会（《科学》2015 年）、生态（《自然》2016 年）、金融（《科学》2016 年）等不同领域，采用了网络建模、数理统计、系统动力学、多智能体等不同的研究方法，开展系统韧性研究。

因此，充分利用数理统计、复杂网络等方法与交通科学进行交叉，基于我国特有的海量交通运行数据，围绕复杂系统的韧性涌现机理，认知交通系统的韧性恢复行为和内在形成机制，有望在交通拥堵治理这一长期困扰复杂城市系统管理的难题上取得突破性进展，揭示复杂系统管理的本质规律，发展出全新的拥堵治理策略。

根据以上结论，凝练出新的科学问题，研究交通系统的韧性恢复行为和内在形成机制。

2. 解决本科学问题面临的困难

认知交通复杂系统韧性，目前主要有两种思路：一是通过经典无量纲的韧性定义（及其变形），从宏观上进行系统韧性的事后评估；二是通过交通仿真建模，从微观上进行系统韧性的测试分析。

解决本科学问题面临的局限：表征手段、评估方法。

前者的局限性在于相应的无量纲指标几乎没有考虑网络拓扑的影响，无法描述丰富的韧性时空演化行为。城市交通系统具有典型的网络结构，其韧性在空间和时间上都存在演化，而已有研究已经指出网络拓扑对于理解和提高系统的鲁棒性和脆弱性至关重要，上述无量纲韧性指标和相关研究忽略了系统时空适应性的关键要素。

后者的局限性在于城市交通作为复杂系统，各要素多尺度交互，调控参数和寻优空间“指数爆炸”，难以通过单纯的有限次模型仿真挖掘影响系统韧性的关键因素。因此，无论被动事后评估，还是主动有限测试，都较难从根本上认知实际交通系统的内在韧性能力。需要通过已经积累的海量运行数据，结合复杂系统研究方法去挖掘系统的韧性演化机制。

3. 研究本科学问题过程中的创新点

一是促进了复杂系统涌现机理的新认知，不同于复杂系统已有研究主要关注“1+1＞2”式的正向涌现机理（功能涌现），交通拥堵实际上是复杂系统“1+1＜2”的负向涌现机理（故障涌现）。这里我们定义了具有时空特性的系统韧性子团，发现了系统拥堵恢复的适应性规律。而伴随着对系统适应性理解的加深，也将推动对复杂系统涌现机理内在的“正负对抗”机制产生新的认知。

阐明创新点：在机理认知、管理理论方面。

二是推动了机理驱动的复杂系统管理理论创新，交通是一个开放复杂巨系统，状态空间大、调控参数多，难以应用传统的调控方法；而单纯以机器学习为基础的管理方法在解决复杂系统问题时，就会面临求解结果可解释性低等问题。韧性标度律的存在说明了城市交通通过“扰动—恢复”的交互对抗自组织到某种临界状态，预示了系统韧性管理存在关键“慢变量”，结合强化学习等新方法，将可能推动形成复杂系统智能管理理论和方法。

4. 研究本科学问题的意义

交通拥堵既是城市管理的痛点问题，又是具有重大研究价值的科学问题，一直以来都受到研究人员高度关注。我们的研究预示了构建未来自适应性交通系统的可能。通过对本科学问题的不断探索，可推动一系列新的智能交通技术相应突破，包括海量时空数据挖掘技术、数字孪生决策推演技术以及大规模网络智能调控技术等。

研究的潜在应用价值。

未来交通系统是一个信息、物理、智能高度耦合的复杂社会技术系统，将呈现人机协同、人网融合等复杂系统新特征。针对本科学问题的相关研究，一方面可促进对复杂系统涌现机理核心问题的理解，开创系统适应与脆弱对抗涌现研究新方向；另一方面，系统涌现机理与智能技术的结合有助于探索复杂系统智能决策协同机制，将有可能建立复杂系统智能管理的新范式。

案例点评

交通拥堵是多智能体（车辆）在微观层面上的非合作博弈所形成的在宏观层面上的一种现象。其研究历史悠久，除了管理科学领域之外，物理学、经济学和系统科学等领域的学者也有很多研究，具有很强的交叉性。交通拥堵也同样是城市管理中的关键问题，对提高生活质量、加快经济发展和降低环境污染都至关重要。

科学问题的一大创新之处是将复杂系统韧性涌现机理与交通拥堵结合起来，在交通系统的韧性恢复行为和内在形成机制的研究中取得突破。这种结合不是简单地将复杂系统韧性涌现机理应用在交通拥堵上，而是一种深度的交叉融合，通过研究“1+1＜2”的负向涌现，为复杂系统涌现机理的研究带来了新的视角。

通过将机理研究与机器学习相融合，科学问题创新性地解决了机器学习模型可解释性低而传统模型（如仿真模型）寻优空间太大的问题。这一问题是复杂系统管理中的共性问题，研究思路和解决方案对其他类似问题也有借鉴意义。

从这两点我们也可以看出，该科学问题的凝练非常符合“共性导向，交叉融通”的科学问题属性。

案例供稿部门：管理科学部一处

案例审读人：浙江大学　章魏

案例点评人：复旦大学　洪流

七、基于 pre-gB 结构及其受体互作的 EB 病毒新型疫苗设计

凝练科学问题的过程及意义

1. 问题来源

EB 病毒（Epstein-Barr virus，EBV）属疱疹病毒科，是传染性单核细胞增多症的病因，其人群感染率高达 95%，是第一株被鉴定的人类致癌病毒。EB 病毒宿主细胞主要为 B 淋巴细胞和上皮细胞，其感染可以引起 B 淋巴细胞来源的伯基特淋巴瘤和移植后淋巴瘤，以及上皮细胞来源的鼻咽癌和胃癌。据统计，EB 病毒每年导致 20 多万新发肿瘤病例，相关肿瘤死亡占全部肿瘤死因的 1.8%。其中 EB 病毒相关鼻咽癌在广东地区的发病率远高于世界平均水平，又称为“广东癌”，严重危害人民健康。预防性疫苗是防控病毒相关肿瘤最为有效的手段，如乙肝疫苗、人乳头状瘤病毒疫苗的成功研发显著降低了肝癌、宫颈癌的发病率及疾病负担。因而迫切需要研发 EB 病毒预防性疫苗以降低相关肿瘤发病率。但已有临床试验的 EB 病毒疫苗存在的问题是免疫原性低、疫苗保护效果不持久。因此，至今尚无 EB 病毒疫苗上市。

阐述本研究的应用需求：EB 病毒可导致多种肿瘤发生，其预防性疫苗对 EB 病毒相关肿瘤的防控具有重要意义。

描述无法解决的具体障碍：现有临床试验的 EB 病毒疫苗免疫原性低、保护效果不持久。

2. 将实际应用需求转化为科学问题的思考、探索过程

EB 病毒预防性疫苗首选的免疫原为病毒表面

糖蛋白，因为这些糖蛋白如 gp350、gB、二聚体 gHgL 在 EB 病毒感染宿主细胞的黏附、融合过程中发挥关键作用，针对这些蛋白的中和抗体可以有效阻断 EB 病毒感染宿主细胞。但 40 年来的基础研究及临床试验表明现有基于 gp350 的疫苗免疫原性低、免疫效果不持久；且 gp350 主要在 EB 病毒感染 B 淋巴细胞过程中发挥作用，对 EB 病毒相关上皮细胞肿瘤的预防作用有限。因此，EB 病毒疫苗的研发需要创新思路。

从需求中寻找研究切入点：免疫原的创新性设计是研发高效 EB 病毒预防性疫苗的关键。基于 EB 病毒糖蛋白 gB 构象变化设计免疫原，有望突破研究瓶颈。

糖蛋白 gB 是疱疹病毒科高度保守的融合蛋白，属于Ⅲ类融合蛋白，在 EB 病毒感染上皮细胞和淋巴细胞中均发挥重要作用，故基于 gB 设计的 EB 病毒疫苗有望同时阻断上皮细胞和淋巴细胞感染，降低 EB 病毒相关恶性肿瘤的发病率。研究表明，流感病毒、人类免疫缺陷病毒、呼吸道合胞病毒等的融合蛋白在病毒–细胞融合过程中存在显著构象变化，基于融合前构象设计的呼吸道合胞病毒疫苗，其免疫效果显著优于基于融合后构象的疫苗，是该疫苗能够突破瓶颈取得成功的关键。但目前融合前 gB 的结构尚不清楚，已经报道的基于 gB 设计的两个疫苗，均未考虑 gB 在 EB 病毒感染过程中融合前后发生的构象变化。

前期通过建立 EB 病毒高效感染的上皮细胞模型，发现肝配蛋白 A 型受体 2（EphA2）和神经纤毛蛋白 1（NRP1）为 EB 病毒感染上皮细胞受体，EB 病毒通过其 gHgL 和 gB 与 EphA2 结合，介导病毒进入及与膜融合，又通过 gB 与 NRP1 结合启动系列下游信号通路，从而促进病毒进入宿主细胞，而 gB 在膜融合过程中发生了显著构象变化，

基于前期研究，凝练关键科学问题：gB 在膜融合过程中发生了显著构象变化，运用自组装纳米颗粒“固化”gB 于

因此，科研人员推测融合前 gB 与这两种受体的相互作用触发了 gB 变构，从而完成病毒与细胞膜的融合。此外，前期预实验还明确了在酸性条件下 gB 存在明显构象变化。因此，捕获融合前结构状态，解析高分辨率融合前 gB 结构、gB-受体及 gB-抗体复合物共结构，研发 gB 自组装纳米颗粒疫苗，“固化”gB 于融合前状态，可望突破 EB 病毒预防性疫苗研发的瓶颈，获得有保护效应的 EB 病毒疫苗，降低 EB 病毒相关肿瘤的发病率与死亡率。

融合前状态，提高 EB 病毒免疫原性。

3. 研究本科学问题过程中的创新点

本研究基于融合前结构的 gB，利用结构生物学方法及人工智能（AI）辅助蛋白设计技术，结合自组装蛋白纳米颗粒新材料的优势，研发自组装纳米颗粒疫苗，有望为 EB 病毒及其他疱疹疫苗研发带来新突破。

在前期通过建立 EB 病毒高效感染上皮细胞模型鉴定 EphA2、NRP1 为 gB 关键受体的基础上，解析原子分辨率的融合前构象 gB 的结构及 gB-受体共结构，为深入阐释 EB 病毒融合蛋白在 EB 病毒感染中的功能与机制提供了结构基础，为疱疹病毒家族的融合蛋白研究提供了首个可以作为同源参照的模型，为揭示Ⅲ类融合蛋白的结构学特征及与之相关的分子机制提供了重要的科学依据。

本项目整合免疫学、病毒学、结构生物学、AI 辅助蛋白设计技术、材料科学等多学科技术及平台优势，多学科人才联合攻关，建立新型疫苗研发平台。

阐述研究过程中的创新点：整合多学科技术优势，研发基于 gB 结构的自组装纳米颗粒 EB 病毒疫苗，提高疫苗免疫原性和保护性。

4. 研究本科学问题的意义

EB 病毒是最早鉴定的人类肿瘤病毒，与多种恶性肿瘤发病密切相关，历经 40 年努力，仍未有

描述突破性关键技术产生的重要

EB 病毒预防性疫苗上市，研发 EB 病毒疫苗亟须突破性新思路和创新技术交叉融合。针对 EB 病毒疫苗研发中免疫原性低的瓶颈问题，在前期研究已明确 EB 病毒融合蛋白 gB 存在明显构象变化的基础上，结合自组装纳米颗粒蛋白技术，突破传统免疫原研究思路，创新疫苗设计，利用多种手段捕获融合前 gB 构象，并解析（近）原子分辨率结构，阐明 gB 构象变化及其机制，明确受体-配体相互作用的关键因素；锚定抗原表位，利用颗粒蛋白等方法将 gB 固定于融合前状态，并利用 AI 辅助技术设计新型 EB 病毒预防性疫苗，最大限度地提高基于 gB 疫苗的免疫原性，以期获得高效的 EB 病毒预防性疫苗，降低 EB 病毒相关肿瘤的发病率和死亡率。

作用：提高 EB 病毒疫苗免疫原性，获得高效 EB 病毒预防性疫苗。

EB 病毒 gB 融合前结构、gB-受体及 gB-抗体复合物结构的解析，将阐明 EB 病毒感染宿主的细胞和分子机制，为抗 EB 病毒药物的筛选和鉴定提供科学依据；也将为疱疹病毒家族的融合蛋白研究提供首个可以作为同源参照的模型；为研究Ⅲ类融合蛋白的结构学特征及与之相关膜融合机制提供重要的借鉴。

描述本项目对知识体系产生的增量。

案例点评

EB 病毒是首个被发现的人类致癌病毒，每年 20 多万新增肿瘤病例与 EB 病毒感染有关，其中 EB 病毒相关鼻咽癌在我国南方地区尤为高发，当前各种治疗手段尚不足以解决 EB 病毒感染导致的疾病负担，疫苗是预防病毒感染的有效手段，因此，研制 EB 病毒预防性疫苗具有重要意义。过去 EB 病毒疫苗研发聚焦于 EB 病毒糖蛋白 gp350，但结果都不尽如人意，寻找新的 EB 病毒疫苗靶标已成为新的研究热点。EB 病毒感染细胞过程中 gB 蛋白介导的膜融合发挥关键作用，受美国国立卫生研究院和厦门大学在2013年*Science*报道的呼吸道合胞病毒融合蛋白F的融合前构象pre-F在疫苗中的保护效果显著优于融合后构象post-F的启发，EB病毒gB的融合前构象，即pre-gB很可能具备发展出高效EB病毒疫苗的潜力。该科学问题的提出立足于前期大量研究基础，有良好的创新性。随着结构生物学、生物信息学和材料学等学科的技术发展，pre-gB融合前构象的捕获及结构解析，基于AI的疫苗设计和基于自组装纳米材料的展示系统，使EB病毒pre-gB构象稳固更具可行性，有助于基于pre-gB构象研制免疫原性和保护性更佳的EB病毒疫苗。总之，该科学问题具有创新性和重要性，相关研究成果将为EB病毒疫苗和融合蛋白的融合前构象在抗病毒疫苗研究中的作用提供重要的理论依据，推动相关疫苗的转化应用。

案例供稿部门：医学科学部四处

案例审读人：厦门大学　夏宁邵

案例点评人：厦门大学　夏宁邵

八、框架核酸分子机器

凝练科学问题的过程及意义

1. 科学问题的探索过程

以原子为出发点探索原子尺度精准性对于物质性能的重塑性，挑战自最基本层次开始的材料与器件制造，一直是研究人员追求的目标。原子制造可以通过“自上而下”的各类刻蚀技术，也可以通过“自下而上”的原子操纵、组装或沉积技术等实现。“自上而下”的制造工艺高度依赖精密的外部加工设备，而这些设备与关键制造工艺由美国等少数西方国家垄断。自然界的生命系统采取的是“自下而上”的自组装过程，进化产生了具有精密的结构，可执行复杂的任务，同时维持必要的生理活动的生物分子机器，建立了由分子单元构成的生命系统。通过模仿自然形成的生物分子机器可以人为构造具有特定功能的分子机器，实现特殊复杂结构和特定分子的原子级制造。设计与合成具有智能的分子机器，模仿天然分子机器产生特定的功能，是纳米科技发展的终极目标之一。

介绍研究背景及研究方向选定：原子尺度物质性能的精准控制。

DNA 分子作为一种进化产生的遗传物质，具有卓越的碱基配对识别能力，可以实现精确且可编程的分子自组装。利用 DNA 折纸术强大的图案化能力，构筑可寻址的核酸框架结构，对纳米颗粒、蛋白质、聚合物等基元进行精准组装以实现功能

根据前期研究结论，凝练出新的科学问题：框架核酸可以提供原子尺度上物理性

化，进一步将其自身作为模块进行更高级组装。这种具有精确框架结构并具备特殊物理、化学和生物学功能的框架核酸，为在纳米甚至原子尺度上理解力学、光学和电学等物理性质，以及单分子水平化学与生化反应的精准调控提供了手段。DNA 或 RNA 自组装结构因其良好的组装效率和可靠性在纳米制造领域已经得到广泛认可，基于框架核酸理念有望实现分子或材料的精确空间组织，在纳米机器、信息处理、生物传感和疾病诊疗等领域取得了广泛应用。

质和单分子精准调控。

2. 解决本科学问题面临的困难

现有的有机分子机器受到尺度和功能的限制很难实现分子作用与简单决策过程的耦合，缺乏构筑单分子器件或单分子机器所需的智能性和复杂性，特别是难以在细胞或活体等复杂生理环境下执行功能。而 DNA 或 RNA 具有复杂且可编程的相互作用、环境响应性和与结构相关的生物学功能，是理想的构筑分子机器的元件。但如何实现 DNA 或 RNA 的可控自组装，达到稳定的力学特性，实现分子器件从功能到智能的飞跃，是需要解决的关键科学问题。

解决本科学问题面临的局限：DNA/RNA 可控自组装的机理和关键技术。

目前利用框架核酸进行原子制造的设想还停留在初步探索阶段，在组装机理和关键技术方面有许多问题亟须解决，如原子制造过程中单原子、多原子的作用规律，原子尺度的量子效应问题，从原子到宏观器件的物理或化学特性调控问题等。此外，适用于框架核酸原子制造的表征手段目前有限，直接的表征手段难以达到单原子的分辨率，还需寻找新方法或通过荧光、酶催化反应等间接方法来表征框架核酸上的单个或多个原子。发展基于框架核酸的原子制造技术有望促进原子水平操纵与表征技术的协同发展，通过进一步的学科交叉，降低与应用端接轨的技术门槛。

3. 研究本科学问题过程中的创新点

虽然目前纳米材料众多，但大部分尺寸和形貌不精确，只能分布在一定范围内，很难对其实现精确控制。通过利用DNA或RNA编程自组装的框架核酸具有单一分子量、结构精确、尺寸形貌可控、力学特性可调等特点，可以产生不同于DNA或RNA分子的新奇生物学新效应。这些特点使框架核酸具备其他纳米材料所没有的特殊功能。核酸分子通过自组装形成的一维到三维的框架结构，不仅能精准定位功能基元，还可实现在纳米级甚至原子级尺度上“定制”力学、光学和电学等物理性质，以及单分子水平上化学与生化反应的精准调控。通过框架核酸的精确编程不但可以帮助功能核酸突破细胞膜界面静电屏障，为核酸分子向活细胞内递送提供解决方案，也可以在框架核酸形成的环境中提供经过优化的结构支撑，实现精确和可控的分子识别。在此基础上，利用框架核酸在细胞和活体中的形状靶向特性，发展基于框架核酸分子机器的生物传感、细胞成像和活体诊疗等方法，可推动纳米诊疗和精准医学的发展。

基于以上困难分析，提出针对性的创新手段：通过DNA/RNA精准编程和自组装实现特定生物学功能。

4. 研究本科学问题的意义

框架核酸概念的提出及其设计与合成实现了在原子精度制造功能单元，是对现有知识体系极大的补充和拓展。借助框架核酸这一结构有序、高度可编程、精准空间定位的可寻址平台，可实现具有

对知识体系产生的增量。

复杂功能的分子器件的构建。进一步，基于框架核酸的分子器件，可实现功能单元的原子级人工自组装、精准空间物理排布与多功能集成，推动从原子出发，自下而上构建更大规模、更为复杂的组装体，制备宏观功能器件和新材料。

人工设计的框架核酸分子机器极大地改变了合成生物学、纳米技术和生物医学等诸多领域的研究范式。近年来，DNA 纳米技术的快速发展引起了蛋白质的精确调控的研究热潮，框架核酸的可精确编程特性为不同功能的蛋白酶/纳米酶的级联、耦合、调控提供新方法、新思路，极大地促进了智能纳米器件领域的发展。例如，利用框架核酸调控蛋白间距从而实现蛋白功能以及有序组装的调控；以框架核酸作为支架构建酶级联体系并探索其反应活性的影响因素。此外，基于框架核酸可以构建纳米机器人用于肿瘤或癌症患者的药物靶向递送和可控释放及复杂电子器件的原子制造。框架核酸分子机器的研究对基于其他类型生物分子智能材料的创制也具有重要启发意义。

研究的潜在应用价值。

案例点评

在 1959 年美国物理学会的报告中，费曼首次展望了在原子特征尺度实现信息处理的巨大潜力。之后的数十年中，多个学科的交叉融合，推动了这一方向的发展。其中，2016 年诺贝尔化学奖获得者的研究成果——合成分子机器就是一个典型例证。通过调控单分子机器的原子精准结构，可以实现信息驱动的定向机械移动与开关功能。

但是相对于进化产生的活细胞生物分子机器，目前合成分子体系的特征尺寸往往比较小，典型信息功能单元的进一步集成还面临着很多困难，应用范围往往不够广泛。因此，“框架核酸分子机器”这一项目的核心科学问题，即在于如何从小分子合成体系拓展至多维度、大分子体系，从原子尺度静态结构的调控发展为动态响应的编程，从简单的单分子开关升级为分子智能器件，从“师法自然”进化成为对生命体系的反馈调控。

项目的关键创新方法，首先在于通过框架核酸理念，结合原子水平的操纵与表征技术的发展，实现结构信息引导的大规模、原子精准构筑。在此基础上，以结构-功能的特征对应关系为引导，发展原子、分子尺度的物理信号、化学反应等信息的综合感知与动态调控能力。最后，利用框架核酸分子机器的生物兼容与智能响应特性，探索其在纳米诊疗和精准医学中的应用前景。从而完整展示框架核酸分子机器的信息集成、调控与反馈特性，在原子特征尺度深入探索具有信息处理能力的新体系、新方法、新应用场景。

案例供稿部门：交叉科学部

案例审读人：南京大学　曹毅；清华大学　朱听

案例点评人：北京大学　孙伟

九、物理本质和计算机体系结构中局部性的统一建模

凝练科学问题的过程及意义

1. 科学问题的探索过程

高性能计算的内涵是提升建模的效率，而建模是一个复杂的、系统性的问题，涉及物理建模、数学建模和计算建模的深度交叉融合。局部性原理是计算机体系结构设计和性能优化的基本原则，通常计算机研究人员仅局限于代码优化和硬件架构的局部性原理应用，往往导致理论和实践的不适配问题，从而使得实际应用的效率极低。通过参与高性能计算机的研制和应用工作，一个显而易见的事实是：局部性贯穿了物理建模、数学建模和计算建模的各个环节，所谓的不适配问题就是没有实现物理本质上和计算机体系结构中局部性的统一。

介绍研究的背景，点明关键问题：物理本质上和计算机体系结构中的局部性没有统一。

2. 解决本科学问题面临的困难

实现计算建模的局部性统一的难点是如何表达跨层局部性特征，并探索出最优的局部性空间。计算建模本质上是构建数据访问模型和运算模型，事实上，传统方法以计算驱动，导致多数应用场景下物理建模和数学建模所保持局部相关性的信息丢失，限制了计算效率的理论上限。进一步，对局部性空间探索大多是保守变换或手工特例化，使得多数情况下实际计算效率低。

进一步分析关键问题导致的后果：限制计算效率的理论上限。

3. 研究本科学问题过程中的创新点

鉴于局部性贯穿了建模的各个层次，我们以学科交叉的方式跨层考虑物理建模、数学建模和计算建模的关联，开展了构建局部性的高性能建模技术研究。一个非常关键的思路是结合计算机思维，直接围绕所解决的科学问题，从物理/生物角度出发，寻找可实现局部性统一的物理建模方法、数学建模方法，进而以数据流的思路设计适配的计算建模方法。同时，在探索局部性空间研究方面，创新性地应用了人工智能的技术手段，应对局部性和并行性优化出现的参数爆炸挑战。

介绍关键的研究思路。

4. 研究本科学问题的意义

注意到摩尔定律即将失效的可能性，计算建模准确度、全面性和效率的持续提升亟须寻找单纯依靠硬件技术之外的可行手段，极有必要从学科交叉的角度研究计算建模以获得后摩尔时代的极致性能。本研究所提出的保持局部性特征的渗透模型和探索局部性空间的自动调优器等创新技术填补了高性能建模的协同优化方面的缺失，为未来解决高维复杂应用建模的效率问题提供了一条有效技术路线。

研究的应用价值。

案例点评

分而治之是计算机科学中解决复杂问题的主要思想，具体又可以分为同一抽象层的组合/分解（水平方向）和不同抽象层的抽象/精化（垂直方向）。但是如何利用分而治之思想解决实际复杂问题是非常困难的，因为实际问题来源于不同领域，使得领域问题模型（一般表示成各种物理模型和数学模型）结构和计算机求解的计算模型（包括数据模型和算法模型）结构不一致，导致在计算模型层根据局部性（分而治之）结构优化计算资源和效率时不能兼顾问题模型（物理模型和数学模型）对应的局部性。该案例指出了高性能计算中存在的上述各个抽象层模型结构对应问题，提炼出具有重要理论意义和重大应用价值的科学问题。

该案例解决思路的创新之处在于开展学科交叉研究，将问题模型（物理模型和数学模型）的本质特征和计算模型的局部性建立对应，从而在计算模型中对计算资源和效率进行优化时，可以充分利用领域问题模型物理本质，达到极致优化。

案例供稿部门：交叉科学部

案例审读人：湖南大学　李肯立

案例点评人：中国科学院软件研究所　詹乃军

十、濒危药材独特疗效物质研究

凝练科学问题的过程及意义

1. 科学问题的探索过程

濒危药材包括濒危动物药材和濒危植物药材，是中医药的重要组成部分，在临床疾病治疗中具有独特的不可替代的作用。然而，濒危药材因濒临灭绝或已功能性灭绝，亟须进行拯救性研究。濒危药材独特疗效药物研究是拯救濒危药材、实现中医药现代化的重要举措。我国濒危药材的独特疗效与千百年来积累的用药经验为开展其现代化研究提供了科学基础和重要源泉，但由于濒危药材往往生长于极端或者特殊的生态环境，产生的代谢产物结构极其特殊、多样，包括小分子、大分子（多肽、多糖、核酸、蛋白质等）、常量物质、微量物质等，构成了一个复杂体系。同时，濒危药材作用机制十分复杂。这些均严重制约了我国中医药特别是濒危药材的现代化进程。濒危药材独特疗效药物研究涉及资源、化学、生物、医学、药学等领域的科学问题，故必须借助多学科交叉、开拓创新思维、构建新研究范式、在新视角下开展濒危药材独特疗效物质研究，实现濒危药材药效物质明确、作用机制清楚和体内过程清晰的目标。

介绍研究背景及研究方向选定：濒危药材需要拯救性研究。

项目计划开展濒危药材独特疗效物质研究，拟解决的关键科学问题以递进的方式呈现：①濒危药材独特疗效物质基础是什么？这是濒危药材独特疗效物质研究的根本。②濒危药材独特疗效物质干预生命过程的机制是什么？这是濒危药材独特疗效物质研究的拓展。③如何研制濒危药材原创人工代用品？这是濒危药材独特疗效物质研究的升华。项目以创新的研究方法和整体性思维作为两个抓手进行了科学问题的凝练。从方法上，项目采用现代科学精确表征传统功效并对特效物质的化学成分进行系统研究的方式，获得传统功效与化学成分的相关性。在整体性思维上，项目基于特效药材体系复杂和物质多样的特点从建立传统功效与疾病的映射关系入手阐释药效物质构–效、量–效和组–效三个层面的协同作用。

根据前期研究结论，凝练出新的科学问题：濒危药材独特疗效物质基础是什么？濒危药材独特疗效物质干预生命过程的机制是什么？如何研制濒危药材原创人工代用品？

2. 解决本科学问题面临的困难

解决本科学问题目前面临的难点在于：①中医药功能主治的描述与现代医学术语之间的沟通障碍造成传统中医理论与现代医学联系脱节；②传统功效与化学成分的构–效研究严重不足。濒危药材的“功效”需要现代药理模型的科学再现，只有根据每种药材的特定功效创建多维度、跨尺度的系列分子、细胞和整体动物模型，方能诠释其药效，这也导致研究成本高且难度极大。当前研究局限于单一研究手段而忽视了中药作用的整体性，且研究主要集中于小分子物质，关注点局限于氨基酸、核苷等在动物药中广泛存在的共性物质，不具有专属性，鲜见大分子活性物质的报道，无法体现濒危药材的整体性和特殊性。同时，复杂体系的化学研究需要与上述现代综合药理研究体系深入交叉方能

解决本科学问题面临的难点：①中医药功能主治的描述与现代医学术语之间的沟通障碍造成传统中医理论与现代医学脱节；②传统功效与化学成分的构–效研究严重不足。

确定濒危药材的独特药效物质，揭示中药功效与化学成分的相关性。

3. 研究本科学问题过程中的创新点

项目首先利用现代药理模型系统准确表达传统功效，进而确定独特疗效，在此基础上将独特疗效和物质基础研究紧密结合以发现独特疗效物质。项目采用靶标及信号通路、肠道微生态（化学通信）干预处置过程探究独特疗效物质的疾病调控网络。项目在解析独特疗效物质编码基因、生物合成和调控机制的基础上采用基因工程和蛋白质工程实现对独特疗效物质的高效绿色制备。通过阐明不少于10 种濒危药材的独特疗效物质及其重大疾病发生发展干预机制等，探索濒危药材独特疗效物质研究的规律和特点，建立濒危药材复杂体系“分解—融合—创新—产出”多维度、多层次的创新研究范式。针对发现的濒危药材中独特疗效物质，寻找并鉴定其作用靶标与调控网络，揭示靶标蛋白及作用通路在疾病发生发展中的功能，阐明这些物质对疾病的干预和调节作用机制。

基于以上困难分析，提出针对性的创新手段：现代药理模型系统，靶标及信号通路、肠道微生态（化学通信）干预处置过程，在解析独特疗效物质编码基因、生物合成和调控机制的基础上采用基因工程和蛋白质工程。

4. 研究本科学问题的意义

本科学问题的解决将填补羚羊角、穿山甲、石斛等 10 余种濒危药材中独特疗效物质的种类、结构、含量和比例的知识空白并确定其中的独特疗效物质，为羚羊角、穿山甲等濒危药材中独特疗效物质的高效绿色制备提供理论和技术支撑。选择研究的对象为常用名贵濒危药用物种，其数千年临床使用早已证明其特殊药效，其中一定含有结构新颖、功能独特的成分。因此，通过化学生物学研究，发现独特疗效物质的作用靶标，并阐明其对疾病相关蛋白的调节机制；通过多组学系统研究，发现独特疗效物质在基因、蛋白质、细胞、整体水平与微生物外环境之间相互干预及影响机制。对这些独特疗效物质进行深入的作用靶标和作用机制研究，有可能带来重大疾病发生发展机制的新认知或颠覆性认知，创建重要生命过程整体干预的新模式。项目可能研制出 2 种濒危动物药材原创代用品，面向人民生命健康，满足国家对濒危中药的重大需求，引领濒危动物药原创代用品的研究方向。项目对保证我国含有濒危药材的国宝级和名贵中成药的有效传承、促进中医药事业的可持续发展，以及中医药现代化、濒危动物的保护和生态文明的建设均具有重大意义。

对知识体系产生的增量。

研究的潜在应用价值。

案例点评

濒危药材在传统医学中有独特的功能和明确的临床疗效。无节制的消耗或环境变化等，使得这些药材变得濒危稀缺，严重制约传统优势中药品种的临床供给。尽管这些药材应用历史悠久，但仍然存在着药效物质基础不清、药理作用机制不明、深入开发和利用不足等科学问题。因此，亟须开展濒危药材的拯救性研究，为濒危药材的可及、可用、可持续提供科学支撑。

该课题通过创建筛选与评价模型搭建现代科学研究和传统应用的桥梁，评价与指导濒危药材独特疗效成分的挖掘和发现，揭示独特疗效成分的生物合成与调控机制，探秘合成编码基因，开展生物合成研究和代用品试验，突破濒危药材资源“危”的瓶颈制约，为传统贵稀中药的继往开来、可持续供给奠定研究基础。

课题选择临床应用广、疗效明确，方药中使用频次高的濒危药材羚羊角、穿山甲等十种药材开展功能成分发现、作用机制阐明等基础研究和在此基础上的替代品研发，以最终实现濒危药材的人工替代，达到物质相同、药效相等替代的目标，同时有望衍生出对传统医学规律和疾病治疗的新认知，为濒危药材解决方案提供一种新范式。

案例供稿部门：交叉科学部三处

案例审读人：北京大学　周德敏

案例点评人：山东大学　娄红祥

十一、生理和病理状态下运动系统组织细胞亚群和微环境构成及其互作

凝练科学问题的过程及意义

1. 问题来源

当前运动系统组织再生的基础研究和临床转化技术取得显著进展，但仍然面临诸多困难和局限，主要包括：①目前实现临床转化的组织再生技术较少，多种疾病无有效技术转化。②部分组织工程应用患者的临床治疗效果不理想，如超10%的软骨细胞移植患者疗效不佳。③组织修复效率和质量有很大提升空间，当前治疗时间需持续数周乃至数月，且修复组织质量与正常组织仍有差距。这些局限性产生的主要原因是对疾病和组织特异性缺乏正确认知，对疾病缺乏精准分类，对运动系统组织（骨、软骨、肌腱、肌肉等）生理和病理状态下的细胞亚群与细胞外基质的动态构成及互作缺乏系统性认识，修复运动系统组织的生物材料发展不够，满足不同阶段组织修复的智能动态生物材料缺乏等，这些不足阻碍了组织修复的临床效果，限制了临床转化。为发展动态适应生物材料和精准组织工程技术，最终实现精准的病理阻断和高效组织再生，项目凝练出“生理和病理状态下运动系统组织细胞亚群和微环境构成及其互作”的科学问题。

阐述本研究面临的困难和局限，点明为什么运动系统再生研究仍有巨大提升空间。

描述困难和局限产生的原因：缺乏系统性认知。

按照科学问题凝练的思路，提出关键科学问题。

2. 将实际应用需求转化为科学问题的思考、探索过程

人类平均寿命延长、生产生活活动加剧等导致机体组织的修复需求急剧增加，其中占人体组成70%的运动系统组织的修复重建需求尤为突出。上亿患者因骨关节炎、肌腱病、创伤等疾病致残，严重影响生活质量。世界卫生组织相继将2000～2010年和2011～2020年定为两个“骨与关节十年”。当前骨关节疾病的临床治疗方式为早期止痛对症治疗和晚期进行假体置换，但是对症处理治标不治本，疗效不佳，而且置换假体使用寿命有限，不适合中青年患者，无法满足当前临床需求。

从需求中寻找研究切入点，提出当前治疗方式的不足。

组织工程与再生医学技术的提升是改善运动系统组织修复质量、恢复运动功能的重要手段。针对运动系统自愈能力不足的难题，前期已通过交叉协同多学科力量，探索了运动系统的干细胞特征及其分化调控，研发了系列“运动系统组织工程与修复再生技术”，可显著提升运动系统关节软骨损伤等难治性疾病的治疗效果，推动了组织工程软骨移植和蚕丝医用材料的相关行业标准制定及临床移植转化示范，实现了组织工程技术临床转化和蚕丝材料的临床应用，让软骨损伤患者避免关节切除和假体置换。蚕丝材料首次成为国家药品监督管理局批准的中国特色医用材料，能够替代部分进口医用高分子原材料，可帮助我国突破生物医用原材料“卡脖子”难题。

依照前期研究结论，归纳出潜在研究内容。

目前，对运动系统组织细胞亚群和微环境及其互作在生理、病理过程中的作用还没有全面系统的研究，因而缺乏针对运动系统组织特异性干细胞分

按照科学问题凝练的思路，引导出关键科学问

化调控的系统认知，限制了体外运动系统组织干细胞规模化培养、精准有效扩增和分化及质量控制等体系的规范建立。当前组织工程技术由于缺乏对组织复杂微环境和微结构的精准调控，无法实现损伤组织的快速再生与完美修复。目前接受组织工程技术治疗患者的康复情况存在极大差异，患者的疾病病因、病理进程及个体的免疫反应、代谢功能等方面的动态异质性都与临床疗效密切相关。因此，基于领域内前期工作基础，需要深入开展运动系统组织细胞亚群和微环境及其互作的研究，实现难治性疾病精准分型诊断、再生医疗新材料与新技术构建，建立精准的组织工程技术体系，以解决“生理和病理状态下运动系统组织细胞亚群和微环境构成及其互作”的科学问题。

题：“生理和病理状态下运动系统组织细胞亚群和微环境构成及其互作”。

3. 研究本科学问题过程中的创新点

本研究通过解析生理与病理条件下运动系统组织的细胞图谱和微环境构成，建立系统的针对运动系统组织特异性干细胞的分化调控体系，规范建立体外扩增或体内原位扩增运动系统组织干细胞的规程。根据运动系统组织的动态高清微结构和成分图谱，开发智能仿生材料，并通过 3D 打印技术，实现对组织复杂微环境成分和微结构的精准调控，建立创新升级的组织工程技术体系，实现损伤组织的快速再生与完美修复。

阐述研究过程中采用的创新方法，借助运动系统组织的高清微结构、成分图谱和组织工程技术，创新升级体外扩增或体内原位扩增运动系统组织干细胞的试剂和方法。

通过研究获得的成分与结构图谱和组织工程技术，综合临床组织病理学和精准医学指标，建立系统而规范的运动系统疾病分期分型标准，开发精准阻断病理的治疗策略，建立超快速组织再生方案。解决骨关节炎、肌腱病等难治性疾病的精准分型诊断问题和构建再生医疗新材料与新技术。

4. 研究本科学问题的意义

本项目的研究成果将提升研究者对运动系统骨关节、肌腱等组织的科学认知，从目前的解剖学和组织学水平的宏观构象进入单细胞、分子水平的时空构象，生成运动系统骨关节、肌腱等组织的细胞谱系标志、分化、细胞外基质生物学和疾病亚型标志等新知识。新的科学进展将推进运动系统骨关节、肌腱等组织工程和再生技术更新迭代到高清仿生层级，研发系列用于运动系统组织再生修复的新细胞、新材料和新器械，促进运动系统疾病的“精准阻断病理，快速启动再生”的更有效临床治疗模式的形成。

运动系统疾病是全球残疾的主要原因，且严重限制行动能力和灵活性，给患者、家庭、社会带来了沉重的负担。本研究成果将运用于因骨关节炎、肌腱病、骨折不愈合等运动系统难治性疾病致残的治疗，加快再生速度，提升修复效果，缓解运动系统疾病导致的生活和工作困难。预期将突破组织工程技术临床转化的瓶颈，创建运动系统组织工程医疗新技术，推动临床再生医学学科的发展，面对我国近 2.8 亿老年人口的老龄化社会，将造福上亿患者。

描述解决本应用难题产生的重要作用。

案例点评

人口老龄化诱发的衰老相关退行性疾病严重影响患者的生活质量和身心健康。其中骨关节炎目前已成为最常见的退行性关节疾病，患者人数众多，严重影响生活质量。关节软骨的健康已成为老年人体面生存的一项重要指标。

在软骨修复和骨关节炎的治疗方面，尽管已有大量的文献报道，但总体而言效果不理想。究其原因，软骨没有自愈能力，损伤之后极易发生不可逆性病变，导致整个关节失去活动能力，修复难度大。其深层次的原因在于我们目前对衰老和疾病认识不足，对运动系统组织的生理和病理状态下的细胞亚群、细胞外基质的构成及其互作缺乏系统性认识，对修复材料进入体内后与细胞的互作了解更少。由此导致对修复材料选择有限，无法达到理想的修复和治疗效果。

该项目从临床问题出发，凝练出“生理和病理状态下运动系统组织细胞亚群和微环境构成及其互作”这一科学问题来切入，这是困扰该领域的关键所在。解析和回答清楚这一问题，将会推进对于运动系统的科学认知，包括生理和病理条件下运动系统的细胞图谱和微环境构成，建立针对运动系统组织特异性干细胞的分化调控等，对材料的仿生设计及临床治疗中更精准的疾病分型分期和相应的药物研发，都具有重要作用。

项目的研究内容涵盖了生物信息学、组织工程、临床治疗等领域，体现了多学科交叉融合的特点。

案例供稿部门：交叉科学部三处

案例审读人：中国科学院长春应用化学研究所　陈学思

案例点评人：上海大学　刘昌胜

十二、复杂人机紧耦合系统人因安全的影响机制与保障原理

凝练科学问题的过程及意义

1. 问题来源

航空航天等复杂系统常运行在“四特”（特殊环境、特殊任务、特殊装备和特殊人员）条件下，高安全风险性是其首先要考虑的问题。例如，美国1986年“挑战者号”和2003年“哥伦比亚号”航天飞机因决策失误先后发生重大灾难，导致14位航天员牺牲；2018年、2019年波音737 MAX8两次失事，造成300多人丧生。研究表明，各类航空、航天、航海、核电等重大安全事故中人因安全问题占比达70%以上，人因安全理论研究严重滞后，主要表现为复杂装备系统设计多依赖经验和定性分析，且主要关注设备的安全性和可靠性，并将设备与人分别考虑，对人与复杂系统的相互作用认识不足，未充分考虑人的特性、能力局限、人机匹配度等因素，也缺乏从系统全域角度对人机系统整体安全性的分析与评估。

阐述本研究的应用需求：“四特”领域的人因安全问题。

描述无法解决的具体障碍：系统设计未考虑人与复杂系统的相互作用。

2. 将实际应用需求转化为科学问题的思考、探索过程

基于对重大事故报告和其他文献的分析得知，导致复杂人机系统人因安全问题的原因可以归结

为四大类：第一，人员状态不佳和行为不当；第二，人机交互设计不合理；第三，人机功能分配设计和权力分配机制设计不科学；第四，新技术在复杂系统中的应用不恰当。目前，我国空间站正在建造中，载人登月也正处于方案设计阶段，航天员在长期空间飞行和地外生存条件下的人身安全问题面临着严峻挑战。Morphew①在对国际空间站建造运营进行评述时指出，“长期太空飞行需要考虑的人因问题远不止物理交互界面，还包括对行为学、生理学以及其他影响人的绩效和安全性因素的考虑。这也将使人因工程学在太空飞行中扮演更加重要的角色”。然而，国家重大工程中人因安全方面的基础和应用研究还比较薄弱，缺乏系统深入的理论指导和行之有效的设计评估方法。针对该重大需求，项目组织人因学、心理学、系统工程、安全科学、计算机仿真等多学科科研人员进行了多轮研讨，对航天、核电等领域的重大安全事故进行了深度剖析，提出了“人员异常操作行为”“人机紧耦合”“人因缺陷”“人机冲突”等新概念和新假说，并在此基础上分别从人、机和系统角度提炼了复杂人机紧耦合系统人因安全的影响机制与保障原理的系列重大科学问题，包括：①复杂人机紧耦合系统中人员异常操作行为的特征、规律、产生机制和检测方法；②面向安全的人机功能分配理论及人机交互界面

从需求中寻找研究切入点：人员状态、人机交互设计等。

凝练出系列关键科学问题。

① Morphew E. 2001. Psychological and human factors in long duration spaceflight. McGill Journal of Medicine, 6(1): 74-80.

对安全的影响机理；③基于人机冲突特征及规律的人因安全问题系统性分析、一体化仿真、预测及评估。

3. 研究本科学问题过程中的创新点

针对以上系列科学问题，开展人因工程、心理学、人工智能、系统工程、建模与仿真、安全科学等多学科交叉协同研究，研究中的创新点主要体现在三个方面：首先，融合心理物理实验、生物生理特征分析、社会学质性研究和计算机建模等多学科方法，从生理、心理和社会等三个层次研究异常操作行为；其次，结合国家重大工程需求及未来智能技术发展趋势，融合多维度、多模态测量技术，构建体现“四特”条件下复杂人机紧耦合系统典型任务特征的实验平台，建立面向安全的及时响应情境变化的人机功能分配理论及人机交互界面设计原理；最后，采用多学科跨域交叉研究的组织形式，结合建模仿真和系统工程方法，构建人机一体化模型，形成基于人机冲突的人因安全问题定量分析、预测和干预的理论与方法。

阐述研究过程中的创新点：融合多学科研究方法。

4. 研究本科学问题的意义

面向航空、航天、航海、核电等国家重大工程领域，开展人、机（装备）和系统三个层次的研究，从人机冲突的新视角，系统探索人因安全问题的影响因素与深层次发生机制，提出消除人因安全隐患、避免重大灾难事故的原理、途径与方法，形成人因安全的多视角全方位理论体系，为复杂人机系

描述解决本应用难题产生的重要作用。

统的研究提供新的平台范式，为系统设计和安全管理提供指导。研究成果将充实和丰富人因工程理论，并可应用于保障和提升复杂人机紧耦合系统的安全性和可靠性，不仅为我国航空、航天等复杂系统领域的安全保障提供科学支撑和技术保障，也可为其他社会和工业系统的安全性分析与设计提供重要借鉴。

案例点评

近几十年来，“四特”领域发展迅速，但过往多将人和机器系统分开考量，对人机交互复杂系统研究不足，极大制约了对“四特”领域人因安全事故的解决。

该研究面向“四特”领域安全重大需求，确立了复杂人机紧耦合系统人因安全的影响机制与保障原理等系列关键科学问题。从人因问题的风险及异常检测、人机交互因素耦合分析及预测干预三个层次，该研究梳理出了复杂人机紧耦合系统关键问题及研究路径；提出了融合生理特征分析、脑与认知、人工智能和控制工程等多学科交叉创新的建模和实验分析方法，对复杂人机交互过程中的多维度、多模态人因数据进行量化分析，通过自适应动态建模构建多维复杂人机紧耦合系统预测及干预模型，形成多要素、全阶段、可重复和可应用的人因安全研究新范式。该研究为“四特”领域复杂人机紧耦合系统应用提供有效的人机交互设计理论指导、评估和训练手段，对错误征兆进行有效监控干预，从而有望强化人–机–任务–环境匹配与协调的关系，有效解决人机交互高延迟、过负载与交互风险等关键问题。

该研究的研究思路及方法丰富发展了当前的人因安全理论，该研究也可以从提高紧耦合物理人机系统感知架构，覆盖更多的人类认知数据，支撑人机交互认知负载评估，建立安全和自然的人机交互与人机功能分配的设计准则，推动实现真正意义上的安全有效的人机共融系统环境方面，进一步为我国空间站建设、“四特”领域等极端环境的科学研究提供理论指导、技术支撑和安全保障。

案例供稿部门：交叉科学部

案例审读人：浙江大学　沈模卫

案例点评人：华南理工大学　徐向民

十三、海岸带环境变迁与文化文明演替

凝练科学问题的过程及意义

1. 科学问题的探索过程

大陆架区域历来是国际海洋权益争端的敏感区。中日韩就东海大陆架划分提出了各自不同的主张。中国政府根据《联合国海洋法公约》自然延伸原则，主张我国东海的大陆架在地形地貌、地质构造和物质来源上可以自然延伸到冲绳海槽，查清大陆架早期人类活动与我国文明形成发展的关系，是争取我国最大海洋权益的有力证据。2020 年 12 月，习近平总书记作出重要批示：“建设中国特色中国风格中国气派的考古学 更好认识源远流长博大精深的中华文明”①。

介绍研究的潜在价值与方向选定：中华文明形成发展研究。

我国东部沿海地区许多先进的新石器文化在内陆找不到源头，且在距今 8000 年前后、距今 6000 年前后和距今 4000 年前后同时发生演替，成为长期困扰考古界的难题。在此背景下，海岸带环境变迁与新石器文化演替的关系，越来越受到考古学家的重视。自末次盛冰期以来，随着海平面从约–120 米上升到现今高度，海岸带的范围、位置发生了巨大变化，从山前滨海平原到大陆架边缘的沉积体

总结现有研究的痛点，并找到本项研究的切入点：海岸带沉积物为中华文明发展研究提供了新证据。

① 《建设中国特色中国风格中国气派的考古学 更好认识源远流长博大精深的中华文明》(《求是》2020 年第 23 期)。

系，蕴藏着丰富的人类史前活动遗存，是重建环境变迁与新石器文化演替关系不可多得的载体，为中华文明形成发展研究提供了独一无二的环境变迁证据。

对此，国家自然科学基金委员会组织了考古学、海洋地质学、生命科学、信息科学等领域专家共同研讨 10 余次，经中华文明起源研究驱动、多学科深度交叉融合，形成了以下两个关键科学问题：①海岸带环境变迁是如何影响中华文明演替、发展的？驱动机制如何？②海岸带早期文化是如何影响海岸带环境变化的？对中华文明和世界文明有着怎样的贡献？

结合现有研究痛点和本项研究切入点，凝练出两个关键科学问题。

2. 解决本科学问题面临的困难

解决本科学问题面临的主要困难是如何重建 2 万年以来海岸带–大陆架环境变迁、农业起源、人类活动和文明演替的证据链。从空间上，需要揭示 2 万年以来海平面变化、海洋沉积物覆盖陆架的穿时性过程和阶段性海平面变化关键时段（距今 1.5 万年、1.2 万年、8000 年、6000 年和 4000 年）的古海岸线分布，查明适合早期人类生存的地貌环境位置；从时间上，需要揭示 2 万年以来典型地貌单元高分辨率海进、海退历史和自然环境变化过程，从中提取人类活动的环境古 DNA、土壤侵蚀等多种信息。现有的农业起源和文明起源考古学理论属于内陆绿洲–大河文明起源理论体系，主要采用传统的地层类型学分析方法，而面对广阔的海岸带–大陆架沉积区域，在文明起源探索的时间深度、空间广度上，都需要突破原有研究思路和技术方法的限制。

解决科学问题面临的困难：如何重建 2 万年以来海岸带环境变迁的证据链？

3. 研究本科学问题过程中的创新点

通过自然科学和社会科学的交叉融合，本项目旨在发展海岸带新石器文化研究的新范式、新理论，预期取得技术方法、科学证据两方面的创新突破。

技术创新：通过海底三维“CT”，构建古地貌沉积数字模型，实现大陆架考古调查从二维到三维的跨越；通过海底可视化智能大口径发掘采集技术、浅海-滩涂钢结构基坑技术，实现考古发掘从表层到深层的跨越；通过对环境事件、人类活动时空节点的大数据分析，实现环境-文化协同演化研究从单因素到多因素的跨越。

基于以上困难分析，提出针对性的创新手段：地质调查新技术、大数据分析新方法、学科交叉新思路。

科学突破：通过地球物理勘探技术与考古地层学的交叉，获取海岸带-大陆架史前早期人类遗存科学证据，实现研究区域从陆地到海洋的突破；通过生命科学 DNA 技术与早期人类材料的交叉，获得人群迁徙和融合证据，实现研究材料从宏观到微观的突破；通过地质沉积记录与数字模拟大数据的交叉，获得气候演变和农业起源历史的证据，实现研究记录从定性到定量的突破。

4. 研究本科学问题的意义

通过对我国海岸带-大陆架不同区域、不同时间尺度的关键地质-考古记录分析和交叉研究，本项目的预期研究意义包括以下四点。

（1）发现新证据，提出新理论：扩展研究范围，实现寻找农业起源、早期文明新证据从河谷-平原到海岸带-大陆架的延伸；改变研究思路，实现从“大河文明”向“海岸带文明”的理论转变；升华研究目标，实现人类起源研究关注点从“中华文明多元一体”向“世界文明的和谐与共同繁荣”的迈进。

对知识体系产生的增量：提出新的文明演化理论。

（2）发展新学科，构建新范式：突破传统自然驱动或人文驱动单一的研究理念，确立海岸带人地关系相互作用、协同演化研究的新思路；融合地质学、考古学、海洋科学等多学科研究技术和方法，实现传统田野考古-水下考古向海岸带-大陆架考古新体系的转变；发展大陆架考古学新学科，构建自然科学与人文社会科学交叉融合的新范式。

（3）建设中国气派考古学：改变西方主导的科技考古体系，构建我国主导的文化-文明-环境协同演化的考古学体系；改变以区域农业、文明起源为基础的西方学术体系，构建以全球农牧渔文明系统纵深演化为核心的学术体系；改变以西方文明为中心的全球话语体系，构建以人类命运共同体为核心的全球话语体系。

（4）追溯中华文明起源，捍卫国家主权与权益：东海大陆架划界，一直是我国与相关国家之间悬而未决、争端不断的问题，事关我国的资源、经济和国防安全。建立我国陆域海域早期人类遗存区之间在年代、环境和石器文化上的关联证据链，追溯中华文明之源，为国际谈判提供无可辩驳的地理、地质和考古事实依据，捍卫国家的主权与权益。

研究的潜在应用价值：构建考古研究新范式，建设中国气派考古学，追溯中华文明起源，捍卫国家主权与权益。

案例点评

在我国东部沿海地区发现的许多早期新石器文化到目前为止还没有在内陆找到源头。它们究竟来自何方是长期困扰考古界的难题。自末次盛冰期以来的两万年间，随着气候的变暖，海平面的上升，海岸线向陆地方向推进，留在海岸带的人类史前活动遗存逐渐被海水淹没或埋藏于沉积物之中，难以被发现。面向这一科学难题，该项目计划向海的方向寻找史前人类的“足迹”，重建两万年以来海岸带-大陆架环境变迁、农业起源、人类活动和文化文明演替的证据链。然而，要在广阔的海岸带–大陆架沉积区域，发现文化文明的遗存、确定它们的时间、限定它们的范围，都会面临严峻的挑战，难度犹如大海捞针。为此，该项目有针对性地设计出了一套完整的研究方案，逐个克服在海岸带–大陆架调查研究环境变迁与文化文明演替可能遇到的技术瓶颈。总而言之，该项目利用自然科学的思维范式和方法论，充分发挥学科交叉的优势和高新技术的作用，着力解决人文社会科学领域的重大科学问题，目标是提出新的文明演化理论，构建考古研究新范式，建设中国气派考古学。该项目的研究思路新、目标高、方案好，学科交叉融合深、范围广。希望该项目能为“建设中国特色中国风格中国气派的考古学 更好认识源远流长博大精深的中华文明”做出新贡献。

案例供稿部门：交叉科学部

案例审读人：中国科学院青藏高原研究所　陈发虎

案例点评人：西北大学　张兴亮